Klassisk mekanik og kaos

Bog 1 af Fysik fra Maximal Information Emanation , en fysikserie på syv bøger.

Klassisk mekanik og kaos

ved

Stephen Winters-Hilt

Dedikation

Denne bog er dedikeret til min familie, der hjalp på denne lange opdagelsesvej: Cindy, Nathaniel, Zachary, Sybil, Eric, Joshua, Teresa, Steffen, Hannah, Anders, Angelo, John og Susan.

Indhold

Forord til Oversættelse af Fysik-serien om:
Fysik fra Maximal Information Emanation

For bog #1, på:
Klassisk mekanik og kaos

Denne bog blev oversat fra den engelske version ved hjælp af Google Translate af forfatteren og hans sønner Nathaniel Winters-Hilt og Zachary Winters-Hilt. Bestræbelserne på at validere oversættelsen bestod hovedsageligt i at oversætte tilbage til engelsk og verificere konsistens. Google translate gør et bemærkelsesværdigt godt stykke arbejde, som du vil se. Bemærk, at oversættelsen flytter pagineringen, hvilket kræver, at indholdsfortegnelsen justeres i overensstemmelse hermed, og dette blev gjort. Indekset med dets sidehenvisninger blev dog ikke rettet, så pagineringen, der er indekseret der (til den originale engelske version) vil være slået fra med et lille antal sider i oversættelsesversionen.

Forord til Physics Series om:

Fysik fra Maximal Information Emanation

"Vejen fortsætter og fortsætter
ned fra døren, hvor den begyndte. Nu langt frem er vejen
gået, og jeg må følge efter, hvis jeg kan, forfølge den med
ivrige fødder, indtil den går sammen på en større vej, hvor
mange stier og ærinder mødes .Og hvorhen så? Det kan jeg
ikke sige"

— JRR Tolkien, The Fellowship of the Ring

Variation, Formering og Emanation
Dette er en fysikserie med syv bøger, der starter med klassisk mekanik
(bog 1 [46]), derefter klassisk feltteori, såsom elektromagnetisme (bog 2
[40]), derefter Manifold Dynamics, såsom generel relativitet (bog 3 [41]
). Skiftet til en kvantemekanisk beskrivelse er givet i bog 4 [42], og til en
kvantefeltteori, QED i særdeleshed, i bog 5 [43]. En 'kvantemanifoldteori'
ville være det indlysende næste skridt, bortset fra at det ikke kan lade sig
gøre (der er ikke en renormaliserbar feltteori for gravitation). I stedet
betragtes en termisk kvantemanifoldteori, såvel som sort huls
termodynamik generelt, i bog 6 [44]. Bog 7 [45] beskriver en ny teori,
Emanator Theory, der giver en dybere matematisk konstruktion, der
ligger til grund for kvanteteorien, ligesom kvanteteori kan påvises at give
en dybere (kompleksificeret) matematisk konstruktion baseret på den
klassiske teori.

Dette er en moderne udlægning, hvor finesser af kaosteori er beskrevet i
Bog 1, af Lorentz Invariance i Bog 2, af Covariant Derivatives (General
Relativity) og Gauge Covariant Derivatives (Yang-Mills Field Theory) i
Bog3. Bog 4 om kvantemekanik giver en omfattende gennemgang af
QM, og overvejer derefter en fuldstændig selvadjoint analyse af den fulde
generelle relativistiske løsning til det sfæriske skal i-fald-system (et
resultat overført fra bog 3). Bog 5 behandler QFT grundlæggende detaljer
i detaljer, sammen med alternativ vakuum i specifikke scenarier. Bog 6
betragter termodynamik fra det grundlæggende til Hamiltons
termodynamik i nogle sorte hul-systemer. Gennemgående noteres den
ulige gentagelse af alfa-parameteren. I bog 7 ser vi på en dybere
matematisk formulering, hvorfra Quantum Path Integral-formuleringen

ville resultere, samt forklarer de ulige parametre og strukturer, der er blevet opdaget (såsom alfa- og Lorentz-invarians).

Den fysiske beskrivelse starter med de klassiske formuleringer af punktpartikelbevægelse. Den første tilgang til at gøre dette er at bruge differentialligninger (Newtons 1. ^{og} 2. ^{lov}); den anden er at bruge en variationsfunktionsformulering til at vælge differentialligningen (Lagrangian variation); den tredje er at bruge en variationsfunktionel formulering (handlingsformulering) til at vælge variationsfunktionsformuleringen. Historisk set blev det først langt senere indset, at der er to domæner for bevægelse i mange systemer: ikke-kaotisk; og kaotisk.

I en beskrivelse af partikelbevægelse, forudsat at den ikke er i et parameterdomæne med kaotisk bevægelse, findes der flere vigtige grænser. Eksempler inkluderer: de universelle konstanter fra det førnævnte kaosfænomen, der stadig stødes på i ikke-kaos regimer, hvis de drives "til kanten af kaos". Grænser findes, hvor spredning er defineret i den asymptotiske grænse, og perturbationsteori er veldefineret i den forstand, at den er konvergent. Generelt, hvis udviklingen beskrives som en 'proces', er det ofte en Martingale-proces, som har veldefinerede grænser. Så vi har beskrivelser af bevægelse, der typisk kan reduceres til en almindelig differentialligning (ODE), og for hvilke løsninger (der kræver grænse-definitioner) typisk findes at eksistere.

Den fysiske beskrivelse kæmper derefter med feltdynamik i 2D, 3D og 4D (i bog 3 [41]). Todimensionel ("2D") feltdynamik kan beskrives som en kompleks funktion (der kortlægger komplekse tal til komplekse tal). En nyhed ved den komplekse 2D-funktion er, at den også viser, hvordan man håndterer mange typer singulariteter (restsætningen), og giver således vigtig information om fundamentale strukturer i fysik såvel som grundlæggende matematiske teknikker til løsning af mange integraler. Til 3D-feltdynamikken laver vi en analyse af det elektromagnetiske felt i 3D. Dækningsniveauet begynder ved en oversigt over elektrostatik på niveau med kandidatteksten Jackson [123]. Nogle problemer fra Jackson Chs 1-3 undersøges nøje i udviklingen af selve teorien. For nogle kan dette materiale (i bog 2 [40]) være et nyttigt akkompagnement til Jacksons tekst i et fuldt kursus om EM (baseret på Jacksons tekst). Derefter gives en hurtig gennemgang af elektrodynamik og elektromagnetiske bølgefænomener. I det væsentlige ser vi mange flere eksempler på ODE-problemer med løsninger, såsom for 3D Laplacian, der normalt involverer adskillelse af variabler. Vi gennemgår derefter den berømte transformation, opdaget af Lorentz i 1899 [1 24], der relaterer EM-feltet set af to observatører, der adskiller sig med en relativ hastighed. Med eksistensen af denne transformation, der bringer tidsdimensionen ind sammen med den relative hastighed, har vi faktisk en 4D-teori.

Fra Lorentz Invarians har vi som punkttransformation rotationsinvarians under SO(3) eller SU(2). Hvis Lorentz-invarians er fundamental, bør vi se begge former for rotationsinvarians, en af vektor/tensor-typen fra SO(3) og en af spinorial-typen fra SU(2). Dette er tilfældet, da målefelter er vektorielle og stoffelter er spinoriale. Fra Lorenz Invariance som en lokal invarians har vi Minkowski (flad) rumtidsmetrikken, som derefter generaliserer til Riemann-metrikken (i generel relativitet).

Som med punktpartikeldynamikken har vi for feltdynamikken tre måder at formulere adfærden på: (1) differentialligning; (2) funktionsvariation (på Lagrangian); og (3) funktionel variation (på handlingen). Vi vil se lignende grænsefænomener som før, men også nye fænomener, herunder (i) uundgåelig BH-singularitetsdannelse (Penrose-singularitetsteoremet); (ii) FRW-universets dannelse (fra homogenitet og isotropi); (iii) BH-sammenbrudssingulariteten; (iv) den atomare kollaps radiative 'singularitet'.

Klassisk dynamik har således to feltlignende formuleringer til at beskrive verden: felt og mangfoldigt. Sådanne formuleringer kan være matematisk forbundne, så det, der sker, er mere et spørgsmål om fysik vægt og bekvemmelighed. Vægten på denne forskel, der tilsyneladende ikke er nogen forskel (matematisk), er, at forskellige fysiske fænomenologier er i spil. Feltbeskrivelser ser ud til at virke for 'materie', hvor de grundlæggende elementer er spinoriale. Manifoldbeskrivelser ser ud til at fungere bedst for geometrodynamics (GR), hvor de grundlæggende elementer er vektorielle (eller tensorielle, såsom metrikken). Stoffelter er renormaliserbare og kan således kvantiseres i standard QFT-formuleringen (beskrevet i bog 5 [43]), mens gravitationsmanifolder ikke kan renormaliseres og har begrænsninger (svag energitilstand og positiv energitilstand givet eksistensen af spinorfelter på manifold).

Præsentationen i Bøgerne 1-3 [40,41,46], om 'klassisk' fysik, er delvist gjort for at gøre overgangen til kvantefysik enkel, indlysende og i nogle tilfælde triviel. Overvej den funktionelle variation (Action) formulering af adfærden (uanset om det er punkt-partikel eller felt), dette kan fanges i integral form, som det blev gjort af D'Alembert meget tidligt [7] (dengang af Laplace [6]). Bemærk brugen af en stor konstant til at bevirke et 'stærkt dæmpet' integral til udvælgelsesformål (på variationspunktet for handlingen). For at gå over til kvanteteorien har vi også den store konstant fra 1/h, og derfor er den eneste forskel indførelsen af en faktor ' i ' for at bevirke et 'meget oscillerende' integral til selektionsformål.

Efter overgangen til en kvanteteori, for punkt-partikel beskrivelserne, er det klassiske kollapsproblem for atomkerner elimineret. Spektralforudsigelserne har fremragende overensstemmelse med teorien, men der er stadig finstruktur i spektrene, der ikke er fuldt forklaret. Teorien er ikke relativistisk, og nogle indledende korrektioner for dette er mulige (uden at gå til en feltteori), og disse indikerer tættere overensstemmelse og forklarer det meste af finstrukturens konstante uoverensstemmelse (og afslører alfa et andet sted i teorien). Det er vist i bog 3 [41] og bog 4 [42], at GR-singularitetsproblemet imidlertid forbliver uløst (for testtilfældet med sfærisk støvskalkollaps, udført i en fuld GR-analyse, derefter kvantificeret i et fuldt selv -adjoint kvantiseringsanalyse [42]).

I bog 5 [43] fortsættes overgangen til kvanteteori til feltteoribeskrivelserne. En præcis beskrivelse/aftale af atomkerner er nu mulig med QED, og inden for kernerne selv (quark indeslutning) med QCD. Felteorierne har dog et lille sæt generende uendeligheder, som til sidst løses ved renormalisering [43]. Som nævnt ser kvantiseringen af mangfoldige teorier, såsom GR, ikke ud til at være mulig på grund af ikke-renormaliserbarhed. For ikke at blive afskrækket betragter vi i bog 6 [44] en Hamiltonsk beskrivelse af et GR-system, hvis kvantisering ville involvere et energispektrum baseret på den Hamiltonianer, hvis vi derefter bruger analytisk fortsættelse til at tage os til den termiske ensembleteori baseret på partitionen funktion, der resulterer, kan vi overveje den termiske kvantetyngdekraft (TQG) af sådanne systemer.

Dette sidste eksempel (fra bog 6), der viser en konsistent TQG-teori, hvis vi bruger analyticitet, er en del af en lang række af vellykkede manøvrer, der involverer analytiske fortsættelser i forskellige indstillinger. Det, der er angivet, er tilstedeværelsen af en faktisk kompleks struktur til den angivne teori. Der er den trivielle komplekse strukturudvidelse nævnt ovenfor, der bragte os fra standard klassisk fysik teori til standard sti integral kvanteteori. Men vi ser også faktisk kompleks struktur på komponentniveau med tidskompleksering (der knytter sig til termisk version af teorien ved at definere partitionsfunktionen), og vi har kompleks struktur som dimensionsniveau i form af den succesfulde anvendte dimensionelle regulariseringsprocedure bruges i renormaliseringsprogrammet.

Ud over at dække bredden af kernefysikemner på både bachelor- og kandidatniveau (for kurser taget på Caltech og Oxford), herunder omfattende præsentation af problemer og deres løsninger, undersøger serien også, i specifikke tilfælde, grænserne for den fysiske verden "indefra" (og så senere "udefra"). Til dette formål undersøges udforskningen af sfærisk støvkollaps for at danne en singularitet i en fuldstændig generel relativistisk formalisme og overføres derefter til en kvanteminisuperspace (kvantetyngdekraft) analyse (i bog 3 og 4 [41,42]). Også undersøgt i dybden er emnerne sorte huls termodynamik og kvantefeltteori med alternativ vakuum (del af bog 5 og 6 [43,44]). Det dybdegående materiale omfatter emnerne i min ph.d.-afhandling [81], hvoraf dele er publiceret [82-85].

I nyere arbejde med maskinlæring, der inkluderer statistisk læring på neuromanifolds [24], finder vi en mulig ny kilde til et grundlæggende element for statistisk mekanik (entropi) ved at søge en minimal læreproces/sti på en neuromanifold [24]. På det tidspunkt, hvor serien når termodynamik i bog 6, er de grundlæggende termodynamiske elementer derfor alle blevet etableret ud fra de fysiske beskrivelser, der blev opdaget i bog 1-5, de er bare ikke blevet sat sammen i en omfattende analyse, der giver os de grundlæggende konstruktioner termodynamik og statistisk mekanik. Når det er sagt, ser det ud til, at termodynamikken således er fuldstændig afledt af andre, virkelig fundamentale teorier. Ikke så, i sammenføjningen af delene for at lave termodynamik har vi noget større end summen af delene. I 'system'-beskrivelserne finder vi, at der eksisterer nye fænomener. Dette er i det mindste unikt for termodynamik, så det er fundamentalt i denne "sum større end delenes aspekt.

I Bog 7 (den sidste) af serien betragter vi den fysiske standardverden, beskrevet af moderne fysik, "udefra." Ved at gøre dette har vi allerede elimineret en del af mysteriet om entropi ved den geometriske 'neuromanifold' beskrivelse. Hvis vi kan forstå andre mærkværdigheder i standardteorien og komme frem til dem naturligt, så kan vi måske have et endnu dybere dyk ned i moderne fysik, afprøve grænserne for, hvad der er muligt, og se mulige fremtidige udviklinger og foreninger af teorien.

Dette er, hvad der er beskrevet i artikler [70,87-90], og organiseret sammen med aktuelle resultater i den sidste bog i serien.

Indsatsen i den sidste bog i serien involverer valg og begreber identificeret i de foregående seks bøger i serien, og teoretiske manøvrer hentet fra de mest avancerede kurser i fysik og matematisk fysik taget mens du var på Caltech (som bachelor og derefter som kandidat) og Oxford Mathematics Institute (som kandidat) og University of Wisconsin i Milwaukee (som kandidat).

Den brede vifte af emner, der er dækket i serien, ligner oprindeligt Landau & Lifshitz-lærebogsserien (se [27]), med en lignende udlægning om klassisk mekanik i starten af bog 1. Selv med veletableret klassisk mekanik , dog er der væsentlige, moderne opdateringer, såsom (moderne) kaosteori. I de sidste to bøger i serien (bog 6 og 7 [44,45]) når vi frem til statistisk mekanik og termodynamik, sammen med moderne emner som sorte huls termodynamik, termisk kvantetyngdekraft og emanatorteori.

Fysikkens nøglekonstanter og -strukturer, deres opdagelse fra de eksperimentelle data og deres teoretiske placering i "Grand Scheme", understreges gennem hele serien. Den konstante alfa, også kaldet finstrukturkonstanten, optræder i adskillige indstillinger, så der vil blive lagt særlig vægt på forekomsten af alfa i hvert kapitel. Dette er tilfældet selv i begyndelsen med bog 1, på grund af fundamentale numeriske konstanter, der fremgår af kaosteori. I bog 7 ser vi oprindelsen af alfa, som en maksimal forstyrrelsesmængde, optræder naturligt i en formalisme for maksimal informations-'emanation'. Men maksimal forstyrrelse i hvilket rum og på hvilken måde? I bog 7 i serien [45] vil vi se en mulig repræsentation af en sådan informationsentitet og dens eksistensrum i form af chirale trigintaduonioner.

Dette er således i sidste ende et forsøg på at fortælle om en rejse til et særligt sted "hvor mange stier og ærinder mødes", hvilket giver anledning til emanatorteori og et svar på mysteriet om alfa. En del af denne rejse svarer til at 'finde arkenstone ' (alfa) på de mest usandsynlige steder, trigintaduonion-emanationsmatematikken, der understøtter emanatorformalismen (f.eks. Smaug's Lair, beskrevet i bog 7 [45]). Hvorfor jeg skulle have vandret ind på et så mærkeligt sted (matematisk set), og hvorfor jeg skulle anføre en dybere form for kvanteudbredelse ved hjælp af hyperkomplekse trigintaduonioner, her kaldet emanation, er grunden til, at der er så omfattende baggrund om standardemner. Denne omfattende baggrund påvirker endda den klassiske mekanikbeskrivelse via dens moderne kaosteorimateriale (på grund af en mulig relation mellem C_∞ og alfa). Den kritiske rolle af emergente fænomener forstås først til sidst, herunder for manifolds i geometri og neuromanifolds i statistisk mekanik, og fører til en bog 6, der går fra meget grundlæggende (initial termodynamik) til meget avanceret (emergent fænomener). Meget bliver gjort klart med emanatorteori, herunder hvordan virkeligheden er både fraktal og emergent. På dette tidspunkt af rejsen, som med Tolkien, kan jeg sige så meget: "Vejen fortsætter og fortsætter ... Og hvorhen så? Det kan jeg ikke sige".

De syv bøger i serien er som følger:
    Bog 1. Klassisk mekanik og kaos
    Bog 2. Klassisk feltteori
    Bog 3. Klassisk mangfoldighedsteori
    Bog 4. Quantum Mechanics and the Path Integral Foundation
    Bog 5. Kvantefeltteori og standardmodellen
    Bog 6. Termisk og statistisk mekanik og sorthuls termodynamik
    Bog 7. Maksimal information Emanation og Emanator Theory

Oversigt over bog 1

Bog 1 er en moderne udlægning af klassisk mekanik, herunder kaosteori, og herunder også bånd til senere teoretiske udviklinger. Udlægningen består gennemgående af præsentation af interessante problemer med mange løste, de øvrige overladt til læseren. Problemerne er hentet fra klassisk mekanik (CM) og matematikkurser taget ved Caltech, Oxford og University of Wisconsin. Kurserne spænder fra bachelorniveau til avanceret kandidatniveau. Kurserne havde et rigt og sofistikeret udvalg af lærebog og opslagsmateriale, som man kunne forvente, og de referencetekster er ligeledes trukket på her. Disse klassiske mekaniske tekster, opført efter forfatter, omfatter: Landau og Lifshitz [27]; Goldstein [25]; Fetter & Walecka [29]; Percival & Richards [28]; Arnold (ODE) [32]; Arnold (CM) [37]; Woodhouse [38]; og Bender & Orszag [39]. Læg mærke til, hvordan den første Arnold-reference og Bender og Orszag-referencen involverer lærebøger med fokus på almindelige differentialligninger (ODE'er). Ligeledes afslører en analyse af den fremragende og hurtige udlægning af Landau og Lifshitz, at den delvist skrider frem gennem materialet ved at gå gennem ODE'er med stigende kompleksitet (svarende til f.eks. mere komplicerede pendulbevægelser, såsom ved at tilføje en friktionskraft). Denne stærke tilpasning til den underliggende matematik for ODE'er fortsættes i denne udstilling, så

meget, at der gives et appendiks til en hurtig gennemgang af ODE'er fra
det anvendte matematikperspektiv.

Partikeldynamik, med og uden kræfter, er beskrevet, hvor alle når frem til
beskrivelser med kaotisk bevægelse, med kaos beskrevet i sidste halvdel
af bog 1 [46]. Generelt har det vist sig, at systemer, der går over til
kaotisk adfærd, gør det med en bemærkelsesværdig periode-
fordoblingsproces, og dette vil blive beskrevet både matematisk og med
computerresultater. I analysen af sådanne dynamiske systemer vil vi
opdage, at periodiske fysiske systemer kan beskrives som gentagne
"mappings", fx klassiske dynamiske mappings [91], og når de beskrives
på denne måde, bliver overgangen til kaos gjort meget mere matematisk
tydelig. (som det vil blive vist). Det velkendte Mandelbrot-sæt er
genereret af sådan en gentagen kortlægning, hvor dets "kanten af kaos" er
defineret af fraktalgrænsen for det klassiske Mandelbrot-billede.

Egenskaber for det klassiske Mandelbrot-sæt vil være relevante for
fysikken diskuteret i bog 1 og bog 7, herunder egenskaben, at
fraktalgrænsen har en fraktal dimension på 2 (grænsens fraktale
dimension kan være mellem 1 og 2, for at få ens til 2 er speciel). Med
Mandelbrot-sættet genvinder vi også de velstuderede konstanter
forbundet med de universelle Feigenbaum-konstanter [19]. I Mandelbrot-
sættet kan vi tydeligt se den fundamentale konstant for maksimal
forstyrrelse, der er ved maksimal antifase (negativ) med størrelse C_∞,
hvor de samme resultater gælder for en familie af grundlæggende
formuleringer (for en række lagrangiske formuleringer, for eksempel).

Ud fra den lagrangske variationsformulering af 'handling' for
partikelbevægelse vil vi i sidste ende definere den vejintegrale
funktionelle variationsformulering, der involverer den samme lagrange
for at nå frem til en kvantebeskrivelse for den ikke-relativistiske
kvantepartikelbevægelse (beskrevet i detaljer i bog 4 [42] , og relativistisk
i Bog 5 [43]). Fra kvantebeskrivelsen når vi frem til
udbredelsesformalismen til beskrivelse af dynamikker (denne findes også
i den klassiske formulering, men bruges typisk ikke meget i den
sammenhæng). Komplekse propagatorer vil så vise sig at have bånd til
statistisk mekanik og termodynamiske egenskaber (bog 6 [44]).
Forbindelserne til statistisk mekanik understreges yderligere, når man er
på "kanten af kaos", men med kredsløbsbevægelsen stadig begrænset.
Dette kan være forbundet med et ergodisk regime, således et ligevægts-
og martingaleregime, hvis eksistens så kan bruges i starten af bog 6 [44]

statistisk mekanik og termodynamiske afledninger med eksistensen af ligevægt etableret i begyndelsen. Eksistensen af de velkendte entropimål er allerede angivet i neuromanifoldbeskrivelsen (Bog 3 [41]), og sammen med ligevægte er Bog 6 termodynamiske beskrivelse i stand til at begynde med et veletableret grundlag, som ikke hævdes af fiat, snarere hævdet som et direkte resultat af, hvad der allerede er blevet bestemt i teorien/eksperimentet beskrevet i de tidligere bøger i serien.

Oversigt over bog 2 og 3
Når man går fra en teori om punktpartikler til en teori om felter, er der ikke megen diskussion i kernefysikbøgerne om felter i generel forstand, det springer som regel direkte til hovedrelevansen, Elektromagnetisme (EM). Hvis den er avanceret, kan den også dække General Relativity (GR), som med [125]. I det følgende vil vi dække disse emner, men vi vil også dække de mere grundlæggende felter i 1, 2 og 3D (inklusive væskedynamik), såvel som 4D Lorentzianske feltformuleringer (til speciel relativitet), Gauge Field-formuleringen (således Yang Mills dækket i en klassisk sammenhæng), og GR geometriske og gauge formuleringer. Dette etablerer grundlaget for standardkræfterne, og ved kvantisering (bog 4 og 5 i serien) lægges grundlaget for standard renormaliserbare kræfter (alle undtagen gravitation).

Gravitationskoblingskonstanten 'G' er en dimensionsmæssig kobling (ikke som med alfa i EM), og gravitation med manifoldkonstruktion kan beskrives som en målefeltkonstruktion, selvom den ikke kan renormaliseres. Gravitation og tilhørende geometri/manifold ser ud til at relatere til sin egen emergent struktur, som det vil blive diskuteret i bog 6. Fra den lokale Lorentziske geometri og Lorentziske feltbeskrivelser ser vi også det første af mange eksempler, hvor der er systeminformation i kompleksificeringen af en eller anden parameter, her tidskomponenten. Hvis Lorentzian flyttes til kompleks tid, skifter dette til at være et euklidisk felt med formelt veldefinerede konvergensegenskaber (som det sker i statistisk mekanik). Kompleks tid viser også dybe forbindelser mellem klassisk bevægelse og tilhørende Brownsk bevægelse (hvor tilfældig gang afslører pi). Det burde således ikke være overraskende, at en emergent manifold kan have kompleks struktur, således at der også er en emergent 'termisk' manifold, muligvis neuromanifolden beskrevet i bog 3 og de relaterede partitionsfunktioner undersøgt i bog 6. Ligesom lokalt fladt rum- tid er en naturlig konstruktion i GR, så også er optimerings-"indlæringstrin" på en neuromanifold sådan, at relativ entropi vælges som et foretrukket mål, og ud fra det Shannon-entropi og

Boltzmanns statistiske entropi. Således har den mangfoldige konstruktion, der vises i bog 3, vidtrækkende indvirkning på grundlaget for den termodynamiske og statistiske mekaniske teori beskrevet i bog 6.

Inden vi overhovedet kommer til de mangfoldige/geometriske kompleksiteter af GR, har vi imidlertid allerede etableret meget med EM-feltdelen af teorien: (i) fra 'fri' EM uden sagen får vi lysets hastighed c, Lorentz-invarians, og fra den særlige relativitetsteori og lokalt flade rumtid; (ii) fra EM med stof får vi den dimensionsløse koblingskonstant alfa.

Når vi gennemgår feltteorier for at beskrive stof, kraftfelter og stråling, beskriver vi først de klassiske feltteorier (CFT'er) for fluidmekanik, EM og generel relativitet, med mange eksempler vist. Dette overføres derefter til beskrivelsen af kvantefeltteorien (QFT) i bog 5. En gennemgang af de matematiske kernekonstruktioner anvendt i CFT og QFT er givet i tillægget. Selvom den matematiske fysik-tilgang vokser i sofistikering, opnår vi stadig løsninger via variations-ekstrema. Derfor bliver det nu fokus for indsatsen at bestemme udviklingen af systemet fra dets variationsoptimum. System 'udbredelse' fra én gang til et senere tidspunkt kan beskrives af en propagator. Selvom en 'propagator'-formulering er mulig matematisk i klassisk mekanik (CM) og klassisk feltteori (CF), som er vist, gøres dette normalt ikke, til fordel for enklere repræsentationer til den aktuelle eksperimentelle anvendelse. Efterhånden som vi bevæger os til beskrivelser i kvanteområdet, bliver brugen af propagatorformalismen imidlertid typisk, og når den bruges i stiintegralformuleringerne, når vi frem til en kompakt formulering, der beskriver både evolutionen og stationærfaseløsningen på én gang.

I bog 2 fokuseres der på klassisk feltteori i en fast geometri, det vigtigste fysiske eksempel er EM. I denne indstilling optræder alfa f.eks. i beskrivelsen af et elektron-positron-par: $F = e^2/(4\pi\varepsilon a^2)$ for elektron-positron-afstand 'a' fra hinanden, hvor alfa vises som koblingskonstanten. Senere, i kvantemekanik (QM), både moderne og i den tidlige Bohr-model, har vi, at alfa = $[e^2/(4\pi\varepsilon)]/(c\hbar)$. Forekomsten af alfa i disse situationer forekommer i bundne systemer. Hvis vi på den anden side undersøger EM-interaktioner, der er ubundne, såsom med Lorentz Force $F = q(E \times v)$, opstår der her ingen alfa-parameter, og heller ikke med den tidlige kvantemekaniske analyse af sådanne systemer, såsom med Compton-spredning. Således ser vi en tidlig rolle for alfa, men kun i bundne systemer, altså kun i systemer med (konvergent) forstyrrende udvidelser i systemvariable.

I bog 3, klassisk feltteori med *dynamisk* geometri, altså GR, ser vi slet ikke alfa. I stedet ser vi mangfoldige konstruktioner og matematikken i differentialgeometri (og til en vis grad differentiel topologi og algebraisk topologi). Mangfoldige konstruktioner er helt indkapslet i den matematiske baggrund givet i bog 3 og tillægget der. En applikation inden for neuromanifolds (se [24]) viser, at ækvivalenten til en geodætisk sti i denne indstilling er evolution, der involverer minimale relative entropitrin. I lighed med beskrivelsen af et lokalt fladt rum-tid har vi nu en beskrivelse af 'entropi', der stiger/udvikler i henhold til minimal relativ entropi.

Generel relativitetsteori (GR) adskiller sig fra de andre kraftfelter. Alle de øvrige kraftfelter er en del af en adjoint repræsentation af standardmodellen i forhold til stabilitetsundergruppen U(1) xSU (2) $_L$ xSU (3). Formen er afledt af de chirale T ensidede produkter beskrevet i bog 7. Standardmodellen er unikt opnået i denne proces, og uden omtale af GR. Husk dog, at den tilstødende repræsentation virker på et eller andet rum (hyperspinorial i tilfælde af simple octonion højre-produkter, for eksempel). 'Kraften' på grund af tyngdekraften er den på grund af manifoldkrumning, hvor manifoldkonstruktionen muligvis fremkommer på operationsrummet. Således er oprindelsen af GR-kraften helt anderledes, og den vil ikke tillade kvantisering som de andre kræfter, og dens enkeltstående løsninger vil heller ikke være opløselige via kvantefysik alene, som med EM i bøger 4 og 5, men vil også have behov for termisk fysik (som vil blive beskrevet i bog 6).

Eksistensen af singulære GR-løsninger, uden for specielt symmetriske tilfælde (de klassiske sorte hul-løsninger), var ikke fast etableret før Penrose singularitetsteoremet [93] (tildelt Nobelprisen i fysik for dette i 2020). Noget af dette materiale er dækket i bog 3 for at vise, hvordan den matematiske formalisme skifter til differentialtopologimetoder for at beskrive singulariteterne, med eksempler, der refererer til Hawking og Ellis-klassikeren [94] og bruger Penrose-diagrammer. Dette vil til gengæld være nyttigt, når man skal beskrive de klassiske FRW-kosmologier med strålings- og stofdominerede faser (ved at bruge noter fra Peebles [95], vandt Peebles Nobelprisen i fysik i 2019).

GR-udviklingen ville være eftergivende, hvis den ikke kort dykkede ned i kosmologiske modeller, især de klassiske FRW-kosmologier. Med de udviklede GR-værktøjer undersøges kosmologiske resultater, begyndende med den kosmologiske konstants indtræden i formalismen (en kandidat til mørk energi). Forskellige observationsdata om galakserotationer og universssimuleringer af galaksehobedannelse indikerer begge eksistensen af mørkt stof. Dette betyder så, at vi har nyt stof, der ikke interagerer undtagen gravitationsmæssigt, og dette er faktisk i overensstemmelse med de seneste observationsdata om muon g-2 værdien [96], hvor uoverensstemmelsen mellem teori og eksperiment er vokset til 4,2 standardafvigelser , hvor en tilbygning i Standardmodellen ser ud til at være på vej. Dette er praktisk, da Emanator-teorien (Bog 7 [45]) forudsiger en sådan udvidelse.

Vi kan således nå frem til feltligninger for EM, GR og Yang-Mills Gauge Fields (Stærke og svage). Vi kan opnå bølge- og hvirvelfænomener (som antydet i væskedynamik). Vi viser den klassiske ustabilitet for atomart stof (klassisk EM-ustabilitet) og klassisk gravitationel ustabilitet (fører til dannelse af sorte huler med singularitet). Ud fra lagrangiske formuleringer kan vi så nå frem til en QFT-formulering (bog 5). QFT-formuleringen fuldender QM (bog 4)-kuren af "ikke-relativistisk atomustabilitet" med helbredelsen af den fuldt relativistiske atombeskrivelse af strålingssammenbrudsustabiliteten. Introduktion af QFT fører også til ny ustabilitet eller uendeligheder, men disse kan elimineres ved renormalisering af EM og elektrosvage formuleringer og Yang-Mills stærke formulering, men ikke GR (gauge) formuleringen. Den nuværende teoretiske formulering i moderne fysik har derfor et iøjnefaldende hul: en kvanteteori om gravitation. Måske er dette dog ikke et manglende element, hvis geometri/GR er et afledt fænomen, ligesom området for statistisk mekanik og termodynamik optrådte som afledt fænomen, når den kompleksificerede kvantepropagator giver anledning til en reel (kvante) partitionsfunktion. Antydningen af en dybere emanatorteori antyder, at man opnår nye strukturer af geometri og termodynamik i emanationsprocessen, hvor informationen, der udsendes, er informationen fra de renormaliserbare kvantestoffelter. I bog 7 [45] vil der blive fundet en præcis matematisk betydning for at beskrive maksimal informationsudstråling.

Oversigt over bog 4
I 1834 var der med Hamiltons princip et stærkt grundlag for det, der nu kaldes klassisk mekanik. I 1905, med Einsteins udgivelse om den

fotoelektriske effekt [97], blev reglerne for klassisk mekanik afløst af kvantemekanikkens nye regler. Kvantemekanikkens tidligste optræden begyndte imidlertid med de forskellige observationer af kvantisering af lys, startende med den mærkelige forekomst af spektrallinjer for brint. Brintspektret blev gjort endnu mærkeligere ved en præcis tilpasning til en kortfattet empirisk formel af Balmer i 1885 [98]. Dette er begyndelsen på en fantastisk opdagelsesperiode. Udviklingen af QM fra introduktion til avanceret følger nogenlunde denne historie.

Den tidlige fase af opdagelse for kvantemekanik bevægede sig ind i den moderne kvantemekaniske formalisme med opdagelsen af Heisenberg af den vellykkede anvendelse af matrixmekanik og det resulterende usikkerhedsprincip (1925) [16]. I 1926 viste Schrodinger, at problemet med at finde en diagonal Hamilton-matrix i Heisenbergs mekanik svarer til at finde bølgefunktionsløsninger til hans bølgeligning [17]. En fortolkning af bølgefunktionen blev derefter afklaret i 1927 af Born [107]. Dirac udviklede en åbenlyst relativistisk formalisme for bølgefunktionen og bølgeligningen for fermionisk stof (1928) [108]. En aksiomatisk omformulering af kvantemekanikken blev derefter givet af Dirac (1930) [18], hvilket lagde grundlaget for en stor del af moderne kvantenotation og for kritiske spørgsmål såsom selvtilknytning . Dirac beskrev derefter en formulering af en kvanteudbredelsessti, hvor kvantepropagator har den velkendte fasefaktor, der involverer handlingen, i sit papir "The Lagrangian in Quantum Mechanics" i 1933 [109]. I det væsentlige havde Dirac opnået en enkelt vej, i det, der i sidste ende ville blive generaliseret af Feynman til alle veje med opfindelsen af stien integral formalisme (1942 & 1948) [110,111]. Ækvivalensen af en kvantemekanisk formulering i form af vejintegraler og Schrodinger-formalismen blev vist af Feynman i 1948 [111].

I en stiintegralbeskrivelse er kvanteblandingstilstanden, semiklassisk fysik og klassiske baner alle givet af den stationære fasedominerede komponent. En stationær faseløsning, der er domineret af en enkelt vej, er typisk for et klassisk system. Variationsmetoder er således fundamentale for analyse af fysiske systemer, hvad enten det er i form af lagrangiske og hamiltonske analyser eller i forskellige ækvivalente integrale formuleringer.

Feynmans opdagelse af vejen integral formalisme var ikke udelukkende baseret på Diracs (1933) [109] tidligere arbejde, selv om dets betydning tydeligt blev understreget ved at tilføje det papir til sin ph.d.-afhandling

(1946). Feynman havde også fordel af arbejde, der gik så langt tilbage som Laplace [6] til udvælgelsesproces baseret på stærkt oscillerende integrale konstruktioner, der selv vælger deres stationære fasekomponent. Denne gren af matematikken blev til sidst forbundet med Laplaces metode til stejleste nedstigninger, derefter til arbejdet af Stokes og Lord Kelvin, derefter til arbejdet af Erdelyi (1953) [112-114].

Feynman og andre opfandt derefter kvantefeltteori for elektromagnetisme (QED) i løbet af 1946-1949 (mere om dette senere). Udvidelse til elektrosvage fandt sted i 1959 og til QCD i 1973 og til "Standard Model" i 1973-1975. Således kunne virkningen af den sti-integrale revolution i kvantefysikken mærkes langt ind i 1970'erne, men dette var kun begyndelsen. Ved deres begyndelse blev vejintegraler undersøgt af Norbert Wiener, med introduktionen af Wiener-integralet, for at løse problemer i statistisk mekanik i diffusion og Brownsk bevægelse. I 1970'erne førte dette til det, der nu er kendt som "den store syntese", som forenet kvantefeltteori (QFT) og statistisk feltteori (SFT) af et fluktuerende felt nær en andenordens faseovergang, og hvor brug af renormaliseringsgruppemetoder gjorde det muligt at overføre betydelige fremskridt fra QFT til SFT.

Den store syntese er et af mange kommende tilfælde, hvor vi ser en analytisk fortsættelse af en konstant eller en parameter, der giver anledning til velkendt fysik i de termodynamiske og statistiske mekaniske domæner, som viser en dybere sammenhæng (stadig ikke fuldt ud forstået, se bog 7). Schrödinger-ligningen kan for eksempel ses som en diffusionsligning med en imaginær diffusionskonstant. Ligeledes kan stiintegralet ses som en analytisk fortsættelse af metoden til at opsummere alle mulige tilfældige ture.

I bog 4 undersøger vi også omhyggeligt den nærmeste gravitationsækvivalent til hydrogenatomet (støvskalkollaps). Det resulterer i en ufuldstændig formulering på grund af randbetingelser, hvor du skal indtaste det tidsvalg for at få det tidsvalg. Der er ikke angivet noget specifikt valg af tidspunkt for at undgå indfald-kollaps. Resultaterne kan dog vise stabilitet og konsistens i en "fuld" termisk kvantetyngdekraftbeskrivelse, hvor analyticitet anvendes. Succes på denne måde, og ikke andre, antyder den mulige fundamentale rolle af analyticitet og termalitet (bog 6&7) og antyder også, at termisk kvantetyngdekraft TQG kan "eksistere" eller være velformuleret, mens kvantetyngdekraft QG generelt ikke "eksisterer" '. Disse resultater, vist i

Bog 6, giver indledningen til Bog 7 diskussionen om Emanator-teori, hvor kernebegreber i Bog 1-6, der knytter sig til emanatorteori, samles i en ny teoretisk syntese.

Oversigt over bog 5

I bog 5 viser vi QFT'er i gauge field repræsentationen, som klart relaterer valg af feltteori til et valg af Lie algebra, som igen kan relateres til et valg af gruppeteori (såsom U(1) og SU (3)). Ud fra dette kan vi se, at ikke-klassiske algebraiske konstruktioner er allestedsnærværende i QM og QFT, så en gennemgang af gruppeteori og løgnealgebraer er givet i appendiks, samt en gennemgang af Grassman Algebras og andre specielle algebraer, der er nødvendige i QM og QFT. Tilsvarende, hvad angår valg af tilgang, finder vi, at Schrodinger- og Heisenberg-formuleringerne ofte giver den eneste håndterbare måde at få en løsning for bundne systemer på. I kritiske teoretiske overvejelser er den vejintegrale tilgang dog bedst (som det vil blive vist). Når man søger en dybere teori, giver den mere unified path integral (PI) tilgang vigtige hints om en dybere teori (se bog 7).

I bog 5 får vi det højeste præcisionsresultat for værdien af alfa, i dens rolle som forstyrrelsesparameter. Hvis der udføres en beregning af den elektronmagnetiske momentparameter g-2, med alle Feynman-diagrammerne passende til udvidelser op til 5. ^{orden}, får vi en bestemmelse af alfa op til 14 cifre, hvor 1/alpha=137.05999...... . Dette giver os en af de mest præcise målinger af alfa kendt. Når en lignende analyse udføres for muon g-2, givet den meget større myonmasse, har partikelproduktionspar af andre partikler en målbar effekt, og vi er i stand til at sondere de lavere masser af standardmodellen, der er til stede. Ved at gøre dette er der i foreløbige eksperimenter en uoverensstemmelse, der indikerer flere partikler, f.eks. skal standardmodellen udvides (muligvis med en type 'steril' neutrino). Disse manglende partikler kunne være det manglende "mørke stof". Forudsigelsen af sådanne i Emanator Theory, og hvorfor der skulle være en ubalance mellem venstre og højre neutrinoer (hint: maksimal informationstransmission) er beskrevet i bog 7.

En del af beskrivelsen af kvantefeltteori indebærer brug af analyticitet og andre komplekse strukturer til at indkapsle mere af fysikken i en kompleks udvidelse af rummet (eller dimensionen). Dette fører ofte til formuleringer i form af kompleks integration, med valget af kompleks kontur specificeret, såsom med Feynman-propagatoren. En af de vigtigste renormaliseringsmetoder er for eksempel at bruge dimensionel regularisering, som indebærer analytisk fortsættende udtryk med dimensionalitet til dimensionalitet som en kompleks parameter. Der er også det førnævnte skift til komplekse og til "Wick rotate" udtryk med realtid til udtryk med ren kompleks tid. Ved at gøre dette opnås den statistiske mekaniske partitionsfunktion for systemet med veldefineret summering. Der er således angivet en sammenhæng mellem 'termalitet' og kompleks struktur, i hvert fald i tidsdimensionen.

Anden del af bog 5 beskriver QFT på kurvet rumtid (CST), hvor vi når frem til en tidlig analyse af sort huls termodynamik. Her finder vi, at rumtid krumning giver anledning til termalitet og partikelproduktionseffekter. Sort hul-termalitet blev afsløret i Hawking-stråling [118] på grund af årsagsgrænsen ved horisonten. En sådan termalitet ses endda i flad rumtid (bog 5), hvis årsagsgrænser er induceret, såsom i tilfældet med en accelereret observatør [143].

QFT på CST har en yderligere gave, kritisk for den statistiske mekanik-formalisme, der skal følges i bog 6, og det er spin-statistik-relationen. Dette forhold antages normalt sammen med andre kritiske begreber, såsom entropi, og forholdet mellem entropi og tæthed af tilstande. Disse er alle vist, med den præsentationsvej, der er valgt i denne fysikserie, at være grundlæggende eller afledt af den formalisme, der allerede er etableret i bog 1-5 (for at forberede bog 6).

Valget af tid er relateret til valg af vakuum, som er relateret til valg af feltgeometri eller observatørbevægelse (såsom konstant acceleration eller ekspansion). Hvis du har flad rumtid QFT med en grænse, så har du termodynamiske effekter (f.eks. Rindler-observatøren). I denne indstilling kan vi sammenligne Hawking-afledningen af Hawking-stråling ved hjælp af euklidiserings-'tricket' vs Bogoliubov -transformationerne af feltet til Rindler-geometrien fra Minkowski-geometrien (hvis valgt som den asymptotiske vakuumreference). Med QFT på CST når vi også frem til spin-statistik som nævnt, og får den endelige udvidelse af teorien ved hjælp af Grassman algebraer, for at nå frem til termodynamisk konsistente Bose og Fermi statistiske beskrivelser af kvantestof.

Oversigt over bog 6
Termodynamik er den ældste af fysikdisciplinerne (ild), med unapologetisk brug af fænomenologiske argumenter og mystiske termodynamiske potentialer (entropi). Det er klart, at termodynamik stadig er udbredt i dag, herunder i sin mere kvantificerede form via

statistisk mekanik. Hvordan er dette ikke en fejl i den mekanistiske beskrivelse af universet angivet af CM og endda QM? Begreber, der dukkede op i QM, såsom sandsynlighed, opstår nu igen. Andre nye begreber dukker også op, herunder: omtrentlige statistiske love; tilstandsligninger; varme som en form for energi; entropi som en tilstandsvariabel; eksistensen af ligevægte; ensembler/distributioner; og eksistensen af partitionsfunktionen. Mange af disse begreber optræder i sti-integralbeskrivelserne med de tidligere nævnte analyticitetsmetoder/udvidelser, så der er antydninger af en dybere teori, der kommer frem til meget af termodynamik/statistisk mekaniks fundament fra den eksisterende kvanteteori.

Bog 6 er blevet placeret efter de andre kapitler for at afvente identifikation af entropi som fundamental, idet den kan identificeres som en iboende systemfunktion, selv før man kommer til termodynamik. Vi har også allerede erfaring med mange partikelsystemer, via QFT (især i CST, hvor partikelskabelse er næsten uundgåelig), uden direkte at tackle det scenarie (på grund af at QFT faktisk allerede er mange-partikel, med analytisk bestemmelse af mange-partikel systemfunktioner, såsom entropi). Med entropi præsenteret i starten som en vigtig systemvariabel, er udledningen af termodynamiske potentialer så en ligetil proces, som det vil blive vist. Standard SM-forbindelserne til termodynamik kan derefter gives. Ved dækning af termodynamik og statistisk mekanik starter vi således med grundlaget for den mest etablerede teori, såsom entropi (også med ekvipartition svarende til sum på stier uden vægtninger osv.), uden antagelser. Alt følger direkte af de teoretiske opdagelser, der er skitseret i de foregående bøger i serien. Vi ser ikke nye forbindelser til alfa, men vi ser nye strukturer/effekter, især mangfoldige konstruktioner (som med GR, hvor vi heller ikke så nogen rolle for alfa).

De tætte bånd mellem QM Complexified, der giver anledning til en partikel-ensemble-partitionsfunktion, og QFT-kompleksificeret og field-ensemble-partitionsfunktion, er nu blot et afledt aspekt af den angivne fundamentale kompleksering. Denne kompleksisering vil blive opstillet i bog 7 med udstråling i et komplekst forstyrrelsesrum.

Fra Atomfysik, beskrevet i bog 4, får vi også standardreglerne for fuldførelse af elektronskal (som er kodet i det periodiske system). På samme måde kan vi også forstå oprindelsen af de intermolekylære kvantekemiregler. Når vi tager den statistiske mekanik (SM) ekstrem, har vi termodynamisk ligevægt, der opstår fra (loven om store tal (LLN) og omvendt Martingale-konvergens. Med færdiggørelse af anvendelsen til kemiske processer har vi klare faseovergangseffekter, såvel som ligevægt og nær-ligevægtseffekter. Den velkendte kemi resultater med faser af stof.

Fra kemisk ligevægt og næsten ligevægt, med 10^{23} grundstoffer, der interagerer svagt eller slet ikke, har vi to generaliseringer. Den første er at overveje kemisk nær-ligevægt og direkte opnå en emergent proces på dette niveau, dette er den gren, der giver os biologi/liv på sit mest primitive niveau. Den anden er at overveje ligevægt og næsten ligevægt generelt, når elementerne interagerer stærkt (med 10^{10} elementer, f.eks.), dette er den gren, der beskriver biologi/liv på dets mest avancerede sociale niveau og økonomi. I klassisk skudstøj fører granulariteten af lavstrømsflow (på grund af diskrethed fra elektronladning) til en støjeffekt. Når vi betragter situationer med færre elementer, er der således flere komplikationer, ikke mindre, på grund af granularitetsstøjeffekter, og vi går ind i maskinlæringsområdet med sparsomme data. Støjeffekter kan være betydelige i komplekse systemer, især i biologi, hvor det er en del af det, der vælges (såsom i hørelsen, til baggrundsstøjdæmpning).

Anden del af bog 6 udforsker termodynamikkens rolle i bestræbelserne på at udvide til TQFT og TQG. Dette gøres ved at udforske Black Hole-indstillingerne. Anerkendelsen af en rolle for kompleks struktur på systemvariable bliver tydelig i denne proces (ud over generaliseringen til ikke-trivielle algebraer som allerede afsløret).

I bog 6, del 2, undersøger vi Hamiltons termodynamik for nogle sorte huls geometrier med stabiliserende randbetingelser. I dette forsøg på direkte at udforske en termisk kvantetyngdekraft (TQG) løsning antager vi en sti-integral form for GR-problemet og skifter direkte til en partitionsfunktion (ved 'Wick-rotation' nævnt ovenfor). Vi ser, at TQG er muligt, hvor positiv varmekapacitet viser stabilitet. Et andet opmuntrende resultat med hensyn til en eventuel forenende teori kommer fra strengteori via dens forklaring af BH termodynamik og BH horisonteffekter med BH fuzz løsningen (via brug af den holografiske hypotese og den relaterede AdS -CFT relation [120,121]).

I bog 6, del 2, undersøger vi også propagatoren til partitionsfunktionstransformation ved kompleksdannelse, hvilket fører til en termodynamisk teori for en eller anden ligevægtsformulering, med visse parameterindstillinger, der kræves for stabilitet (positiv varmekapacitet). Dette kan lade sig gøre i en række forskellige indstillinger, hvilket antyder, hvordan sådanne termodynamisk konsistente grænsebetingelser kan være det, der begrænser den klassiske bevægelse og BH-singularitetsformulering af effekten af denne stabilisering, der manifesterer sig for visse interne geometrier. Succesfulde TQG (Thermal Quantum Gravity) formuleringer, såsom for RNadS og Lovelock rumtider vist i bog 6, via omformulering ved hjælp af analyticitet, og ikke via ikke-analytiske tilgange, antyder en mulig fundamental rolle for analyticitet endnu en gang og antyder også, at TQG kan ' eksistere' eller være velformuleret, mens QG generelt ikke 'eksisterer'. Disse resultater, sammen med kernekoncepter fra bog 1-6, der knytter sig til emanatorteori, samles i en ny teoretisk syntese i bog 7.

Oversigt over bog 7

I bøgerne 4, 5 og 6 i serien udforskede vi eksempler på QM med imaginær tid, QFT i CST, Thermal QFT, minisuperspace QG og Thermal QG. I denne indsats finder vi sti-integralen og PI-propagatoren til at give den mest generelle repræsentation. Ved at søge en dybere teori i Bog 7 bygger vi på sum-på-stierne med propagatorformulering for at nå frem til en sum-på-emanation med emanatorformulering.

Udbredelse i et komplekst Hilbert-rum, i en standard QM- eller QFT-formulering, kræver, at propagatorfunktionen er et komplekst tal (ikke reelt eller kvaternionisk, osv. [122]). Dette forbyder, hvad der ellers ville være en åbenlys generalisering til hyperkomplekse algebraer. For at opnå denne generalisering er vi nødt til at introducere et nyt lag til teorien, et med universel udstråling, der involverer hyperkomplekse algebraer (trigintaduonioner), der antages at projektere til det velkendte komplekse Hilbert rumudbredelse med tilhørende faste elementer (f.eks. emanatorformalismen fremskriver standardmodellens observerede konstanter og gruppestruktur). 'Projicering en' er en induceret matematisk konstruktion, som at have SU(3) på produkter af oktonioner, men her er det standardmodellen U(1) xSU (2) xSU (3) på produkter af emanator trigintaduonioner. Således er der i bog 7 opstillet en samlet variationsformulering, en der når frem til alfa som et naturligt strukturelt element, blandt andet unikt specificeret af betingelsen om maksimal informationsudstråling.

I Bog 7 noterer vi os også implikationerne af en grundlæggende matematisk operation på et rum, der gentages eller tilføjes. Ikke-GR-kræfterne er givet af formen af operationen (sekvensen, der danner en associativ algebra), GR-kræfterne er givet indirekte af rummets form, dette efterlader aspektet "gentaget eller tilføjet" til at blive overvejet med omhu. Hvis en rent 'gentagen' operation eller kortlægning forekommer, kan vi vende tilbage til den dynamiske kortlægningsdiskussion i bog 1, hvor kaos kan opstå og er allestedsnærværende. Der er den primære 'faseovergang', overgangen til kaos, tydelig. Hvis en operation med addition er involveret (i statistisk betydning af flere elementer), sammen med gentagne overordnede trin, når vi frem til den generelle ramme for statistisk mekanik med effekter fra loven om store tal (LLN) og omvendt Martingale-konvergens, blandt andet ting (bog 6). Mest bemærkelsesværdig er imidlertid udbredelsen af en ny effekt, den af faseovergange og fremkomsten af ny struktur (rækkefølge fra uorden), herunder de bemærkelsesværdige strukturer af kemi og biologi.

Hvorfor den tilbagevendende 'kabbalistiske formel'? var et spørgsmål selv på Sommerfelds tid [58]. Nu er den numerologiske parallel mere nøjagtig, end man var klar over på det tidspunkt, så det er for meget en tilfældighed til at være tilfældigt. Ikke-tilfældigheden synes at skyldes den maksimale karakter af informationstransmission under en række forskellige omstændigheder (i fysik, biologi og endda menneskelig kommunikation med tilstrækkelig optimering) såvel som den fraktallignende gentagelse af nøgleparametersæt, der forekommer i disse forskellige indstillinger $\{10,22,78,137 \cong 1/alpha\}$. Vi ser, at 10 udtrykker dimensionaliteten af udbredelse (eller forbindelsesknuder), mens 22 svarer til antallet af faste parametre i udbredelsen (i bog 7 udforsker vi udbredelse i et 10 dimensionelt underrum af det 32 dimensionelle trigintaduonion rum, hvilket efterlader 22 dimensioner ved faste værdier, der optræder som parametre i teorien). Vi vil se, at tallet 78 relaterer til generatorer af bevægelsen, og at der er 4 chiraliteter af bevægelse ('dobbelt chiral'). Vi vil også se, at 137 simpelthen er antallet af uafhængige tri-oktonioniske produktudtryk i den generelle chirale trigintaduonion 'emanation'.

Synopsis – Frodo lever
Tolkien skrev om eukatastrofer [127], måske forudså han den konstruktive rolle, som nye fænomener spiller i maksimal informationstransmission.

Forord til Physics Series, Bog #1, om:

Klassisk mekanik og kaos

Denne bog giver en beskrivelse af klassisk mekanik, startende med de klassiske formuleringer af punktpartikelbevægelse. Den første tilgang til at gøre dette var at bruge differentialligninger (Newtons 1. og 2. ^{lov}); den anden var at bruge en variationsfunktionsformulering til at vælge differentialligningerne (Lagrangian variation); den tredje var at bruge en variationsfunktionel formulering (handlingsformulering) til at vælge variationsfunktionsformuleringen. Denne bog vil beskrive de tre formuleringer og løse problemer i hver.

Det var ikke før den klassiske mekanik allerede var veletableret, at det blev indset, at der er to domæner for bevægelse i mange systemer: ikke-kaotisk; og kaotisk. Dette er en moderne udlægning af klassisk mekanik, der således inkluderer kaosteori og også bånd til senere teoretiske udviklinger. Udlægningen består gennemgående af præsentation af interessante problemer med mange løste, de øvrige overladt til læseren. Problemerne er hentet fra klassiske mekanik- og matematikkurser taget ved Caltech, Oxford og University of Wisconsin. Kurserne spænder fra bachelorniveau til avanceret kandidatniveau. Kurserne havde et rigt og sofistikeret udvalg af lærebog og opslagsmateriale, som man kunne forvente, og de referencetekster er ligeledes trukket på her. Efterhånden som vi går gennem materialet, vil vi se, at vi effektivt studerer almindelige differentialligninger (ODE'er) af stigende kompleksitet (svarende til mere komplicerede pendulbevægelser, f.eks. ved at tilføje en friktionskraft). Denne stærke tilpasning til den underliggende matematik for ODE'er motiverer placeringen af et appendiks til en hurtig gennemgang af ODE'er fra det anvendte matematikperspektiv.

Ud over en moderne udlægning af den underliggende ODE-teori, med kaos inkluderet, skal de andre moderne hovedelementer angive, hvor den klassiske mekanikteori kan bygge bro til de teorier, der skal komme, såsom kvantemekanik og speciel relativitet. Der er fem teoretiske implementeringsområder af klassisk mekanik, hvor kvantemekanik er trivielt angivet (ved analytisk udvidelse/fortsættelse eller ved algebraisk modifikation fra abelsk til ikke-abelsk), og sådanne områder er beskrevet i detaljer. Tilsvarende er der tre eksperimentelle anvendelsesområder, hvor Speciel Relativitet er angivet, som også er beskrevet.

Kapitel 1. Indledning

Denne bog giver en beskrivelse af klassisk mekanik, startende med de klassiske formuleringer af punktpartikelbevægelse. Den første tilgang til at gøre dette var at bruge differentialligninger (Newtons 1. og 2. [lov]); den anden var at bruge en variationsfunktionsformulering til at vælge differentialligningerne (Lagrangian variation); den tredje var at bruge en variationsfunktionel formulering (handlingsformulering) til at vælge variationsfunktionsformuleringen. Denne bog vil beskrive de tre formuleringer og løse problemer i hver.

I en beskrivelse af partikelbevægelse, forudsat at den ikke er i et parameterdomæne med kaotisk bevægelse, findes der flere vigtige grænser. Eksempler inkluderer: de universelle konstanter fra det førnævnte kaosfænomen, der stadig stødes på i ikke-kaos regimer, hvis de drives "til kanten af kaos". Spredning er defineret i den asymptotiske grænse og perturbationsteori er veldefineret i den forstand, at den er konvergent. Generelt, hvis udviklingen beskrives som en 'proces', er det ofte en Martingale-proces, som har veldefinerede grænser. Så vi har beskrivelser af bevægelse, der typisk kan reduceres til en almindelig differentialligning, og for hvilke løsninger (der kræver grænse-definitioner) typisk findes at eksistere.

Udviklingen af klassisk mekanik fandt for det meste sted i årene 1687 til 1834 [1-13]. Der var dengang et betydeligt hul, mens andre opdagelser blev gjort, lige fra quaternions [14,15] til elektromagnetisme, til kvantemekanik [16-18]. Endelig blev det sidste nøgleelement i den klassiske teori i 1976 afsløret med opdagelsen af kaos-universalitet [19]. Også i løbet af denne tid blev mere sofistikerede matematiske tilgange mere almindelige [20,21].

En stor teoriafvigelse fra klassisk mekanik fandt sted med speciel relativitet, som blev afsløret ved opdagelsen af Lorentz-transformen i 1899 (der var tidlige hints i studierne af Fizeau [22] i 1851, men dette blev ikke forstået før Einstein årtier senere [23]). Udvikling af klassisk mekanik metoder er stadig meget relevant i dag, delvist på grund af relaterede udviklinger inden for moderne AI. En af de stærkeste kendte klassificeringsmetoder, Support Vector Machine (SVM), er for eksempel baseret på en klassisk mekanik (Lagrangian) formulering i en kontrolteoriapplikation (med ulighedsbegrænsninger) [24].

En moderne lærebogsbeskrivelse af klassisk mekanik uden kaosteori kan findes i Goldstein [25]. En nøgleudvikling i teorien, i form af variationsinvarianter, blev bidraget af Noether i 1918 [26]. Andre moderne lærebøger, der trækkes på i denne bog, omfatter klassikerne af Landau og Lifshitz [27], Percival & Richards [28] og Fetter & Walecka [29]. Totidsanalyse [30] og stabilitetsanalyse [31,32] er også inkluderet i dette arbejde efterfulgt af de førnævnte kritiske udviklinger inden for kaosteori [19,33,34] og fraktalers kritiske udseende [35,36]

Dette er en moderne udlægning af klassisk mekanik, der gennemgående består af præsentation af løsninger på interessante problemer fra en række klassiske mekaniske tekster, herunder: Landau og Lifshitz [27]; Goldstein [25]; Fetter & Walecka [29]; Percival & Richards [28]; Arnold (ODE) [32]; Arnold (CM) [37]; Woodhouse [38]; og Bender & Orszag [39]. Læg mærke til, hvordan den første Arnold-reference og Bender og Orszag-referencen involverer lærebøger med fokus på almindelige differentialligninger (Almindelige Differentialligninger). Ligeledes afslører en analyse af den fremragende og hurtige fremstilling af Landau og Lifshitz, at den delvist skrider frem gennem materialet ved at gennemgå almindelige differentialligninger med stigende kompleksitet. Denne stærke tilpasning til den underliggende matematik for almindelige differentialligninger fortsættes i denne udstilling, så meget (så der er et appendiks til en hurtig gennemgang af almindelige differentialligninger fra det anvendte matematikperspektiv).

Startende med Newtons differentialligning F=ma, støder vi gradvist på mere komplekse differentialligninger. At reducere et dynamisk system til et sæt differentialligninger er ikke nogen enkel sag, og at lære Lagrangiansk analyse til at gøre dette vil være fokus i starten, men slutresultatet kan altid tages som en form i form af en almindelig differentialligning eller sæt af sådanne. Så vi kan reducere problemet med at beskrive et systems bevægelse til problemet med at løse en almindelig differentialligning, betyder det, at vi er færdige? For simplere almindelige differentialligninger, ja, rent faktisk analytisk (i appendikset ser vi f.eks., at andenordens lineære differentialligninger med konstante koefficienter altid kan løses). For mere komplekse almindelige differentialligninger, stadig ja, men beregningsværktøjer er nødvendige (løsning ikke i lukket form). Nogle gange demonstrerer almindelige differentialligninger

2

ustabiliteter, og for disse er mere sofistikerede analyser nødvendig, og der er måske ikke enkle svar (såsom eksistensen af det mærkelige attraktor-fænomen) [37]. Mere revolutionerende end blot ustabilitet er opdagelsen af kaos. En almindelig differentialligning kan være velopdragen i et regime, men kan skifte til 'kaotisk bevægelse' i et andet regime. "Kaoskanten" er præget af en universel periodes fordoblingsadfærd og er beskrevet i kapitel 7. Alt, hvad en specialist i almindelige differentialligninger kunne have frygtet kunne forekomme, for så vidt angår kompleksitet, er fundet at være tilfældet (med ustabilitet og mærkeligt attraktorer osv.), og så blev dette fordoblet med opdagelsen af det nye fænomen Kaos via Universalitet. For de her beskrevne almindelige differentialligningseksempler er fokus på fysikproblemer, så de kaotiske løsninger relaterer sig direkte til kaotisk bevægelse.

Ud over en moderne udlægning af den underliggende ordinære differentialligningsteori, med kaos inkluderet, skal de andre hovedelementer i moderne tid indikere, hvor teorien om klassisk mekanik kan bygge bro til de teorier, der skal komme, såsom kvantemekanik [42] og speciel relativitet. [40]. For forstyrrelsesteori, der involverer løsninger til en almindelig differentialligning, vises en række forskellige teknikker. Hvis der anvendes kompleks analyse, får vi for eksempel løsninger, men vi skimter også de generelle almindelige differentialligningsproblemer, man støder på i kvantemekanik. De generelle almindelige differentialligninger beskrevet i appendiks ankommer for eksempel til Sturm-Liouville-formen, som har en selvadjoint formulering, der er relevant for kvantemekanik. Endnu mere generel er Navier-Stokes-ligningen (relevant for væskedynamik), og mere generel end det er NS-ligningen uden artsbevarelse (som i en halvleder, hvor der kan være bærergenerering, således ingen konservering, med en modificeret kontinuitetsligning, etc.). De koblinger, der kræves i den relativistiske formulering, skaber til gengæld et ret kompliceret rod, der næsten aldrig løses direkte uden tilnærmelse. I praksis er 'master Navier-Stokes-ligningen' tilnærmet inden for et eller andet område, der er relevant.

I det følgende er der fem teoretiske implementeringsområder af Klassisk Mekanik, hvor Kvantemekanik er trivielt angivet (ved analytisk udvidelse/fortsættelse), og sådanne områder er beskrevet i detaljer. Tilsvarende er der tre områder for eksperimentel anvendelse, hvor Speciel Relativitet er angivet, og disse er også beskrevet.

3

1.1 En *forudsætning* for kaos og emergente fænomener

Det vil ses, at klassisk mekanik er et specialtilfælde af en større kvantemekanisk teori, så det kan se ud til, at vi har degraderet klassisk mekanik til at være en teori, der er afledt af en anden... *men for* eksistensen af kaosteori. Kaos er et fundamentalt nyt dynamisk aspekt (af alle teorier klassisk, kvante, statistisk, med passende differentialform), men det er dets enkleste (mens det stadig er velkendt) i det klassiske mekanikregime. Kaotisk bevægelse er udstillet allestedsnærværende, men kan også undgås i mange klassiske mekaniske problemer, såsom små oscillationsproblemer. Kaos, som et universelt fænomen, har også universelle konstanter, som vil blive udforsket. En simpel vej til at finde kaos er at bruge den Hamiltonske repræsentation og undersøge enhver periodisk bevægelse, der involverer ikke-lineariteter. Når det ses som et iterativt kort, er kaosdomæner så tydeligt udstillet (som det vil blive vist i kapitel 7). Tilsvarende kan statistisk mekanik ses som en afledt teori af klassisk mekanik, *men for* forekomsten af det entropiske mål og af emergent (faseovergang) fænomener (der skal diskuteres i andre bøger i denne serie [40-46], især [41]] og [44]).

1.2 Rollen af almindelige differentialligninger, fænomenologi og dimensionsanalyse

En gennemlæsning af indholdsfortegnelsen vil afsløre mange underafsnit, der vedrører anvendelse af almindelige differentialligninger. Dette fokus på almindelige differentialligninger er ikke tilfældigt, og det er heller ikke medtagelsen af et stort appendiks (bilag A) om almindelige differentialligninger. (Bilag A vil beskrive generelle almindelige differentialligningsmetoder og avancerede metoder med talrige gennemarbejdede løsninger.) Næsten altid kan det klassiske mekanikproblem reduceres til at løse en almindelig differentialligning. Da det var det, vi startede med, med Newton (en 2. ^{ordens} ordinær differentialligning), virker det måske ikke som fremskridt, men det er ofte svært, hvis ikke næsten umuligt, at nå frem til den korrekte ordinære differentialligning for et system. mellemliggende teknikker (Lagrangian og Hamiltonian). Så sådanne metoder er naturligvis nødvendige, det er bare, at der også er behov for et dybt kendskab til almindelige differentialligninger. Ved at vide, at vi vil have en differentialligning, og begrænser os til ligninger, der er i overensstemmelse med dimensionsanalyse, kan vi ofte direkte nå frem til grundlaget for en række fænomenologiske argumenter for bevægelsesligninger og deres løsninger via almindelige differentialligninger (og forslag eller forklaringer vedr.

4

nye fænomener). Dimensionsanalyse og fænomenologi er beskrevet i kapitel 9.

1.3 Kilder til problemer; Dækningsniveau; Detaljerede løsninger; Avancerede metoder

Nogle af problemerne (med og uden løsninger) er på niveau med ph.d.-kandidateksamenspørgsmål (en eksamen eller "forprøve", der tages i slutningen af andet år af et fysik-ph.d.-program for at gå videre til kandidatur, på nogle institutioner, såsom UWM og U. Chicago). Sådanne problemer plejer at være de sværeste. Nogle af problemerne, næsten lige så svære, er relateret til problemer, jeg blev tildelt i bachelor- og kandidatuddannelsen, mens jeg var studerende på Caltech. I mange tilfælde blev mine omhyggeligt gennemarbejdede løsninger brugt i de "løsningssæt", som blev givet til klassen senere. Sådanne problemer og mine løsninger er vist for problemer fra følgende Caltech (ca 1987) kurser: Emner i klassisk fysik; Avanceret dynamik; og metoder for anvendt matematik (i bilag A). Ofte var problemerne, eller eksemplerne, i kurserne afledt af problemer fra de vigtigste lærebøger, der er tilgængelige i Klassisk Mekanik. Sådanne kilder blev således også direkte trukket på nogle af de problemer, der blev løst her, og inkluderer løsninger til problemer fra følgende klassiske tekster: Goldstein [25]; Landau&Lifschitz [27]; Percival&Richards [28]; og Fetter&Walecka [29]. Løsninger er givet i omfattende matematiske detaljer, ligesom hvad der kunne gives i en klasseforelæsning, for at undervise i løsningsteknik (indeks "gymnastik") i detaljer.

1.4 Oversigt over kapitler, der skal følges

Til at begynde med overvejer vi den klassiske teori om punktpartikelbevægelse og klassisk mekanik. Dette starter, i afsnit 2.1, med en kort beskrivelse af Newtons calculus-formulering (1687) [1], hvor den newtonske kraft er lig med masse gange acceleration (en anden afledning af position i Leibnitz-notationen). Leibnitz var den anden store opfinder af calculus, med brug af integralregning i upublicerede noter i 1675 [2], og udgivet i 1684 (for oversættelse se Struik [3]). Leibnitz beskrev også den grundlæggende teorem om (moderne) calculus (det omvendte forhold mellem integration og differentiering) i 1693 [4]. Den tidlige rolle af matematikorienterede polymatikere i udviklingen af det matematiske grundlag for klassisk mekanik fortsatte med Euler og Laplace. Euler gav tidligt bidrag med Mechanica (1736) [5], men fortsatte med udviklingen inden for den underliggende matematik og matematisk fysik i flere årtier, hvilket påvirkede Lagrange mere end halvtreds år

5

senere, i 1788 (med syntesen kendt som Euler-Lagrange-ligningerne). Laplaces metode beskrevet i (1774) [6], havde på samme måde en stor indflydelse på Hamiltons omformulering i 1834 (som giver anledning til den klassiske propagator forbundet med $\int e^{Mf(x)} \, dx$,for $M \gg 1$) [6] , samt stiintegrale metoder i 1940'erne (kvantepropagator). forbundet med $\int e^{iMf(x)} \, dx, M \gg 1$) [48] .

Efter Newton var den næste store formulering af den klassiske teori med D'Alemberts beskrivelse af kraft i forbindelse med virtuelt arbejde (1743) [7]. Virtuelt arbejde, der balancerer til nul arbejde, der faktisk er udført, svarer til en form for Euler-Lagrange-ligningerne [8,9], som genindhenter bevægelsesligningerne som før, men nu med en meget lettere beskrivelse af holonomiske begrænsninger (såsom for rigid) kroppe, hvor begrænsningsligning ikke er en differentialligning). I afsnit 3.3.1 gennemgår vi typerne af begrænsninger, såsom holonomiske. I mange situationer har vi ikke-holonomiske begrænsninger (såsom for et rullende objekt). Komplikationen af ikke-holonomiske begrænsninger er let at håndtere i Hamiltons omformulering i forhold til princippet om mindste handling (1833,1834) [10-13], beskrevet i kapitel 3. Hamilton ændrer den matematiske underbygning af den teoretiske formulering til at være en variationel ekstremum af en handling funktionel defineret som integralet af en lagrangisk funktion for en punktpartikel over tid (langs en bane eller sti). Variationsminimum, f.eks. princippet om mindste handling, genopretter derefter Euler-Lagrange-ligningerne for at beskrive de samme bevægelsesligninger som med D'Alembert, bortset fra at vi nu har midlerne til at håndtere ikke-holonomiske begrænsninger ved hjælp af Lagrange-multiplikatorer (kort beskrevet i afsnit 3.3.1 og derefter brugt i nogle eksempler i afsnit 3.3.2). Hamilton var også med-opdagede quaternions (1843-1850) [14], sammen med Olinde Rodrigues (1840) [15], som ville blive brugt til at udtrykke tidlig elektromagnetisme af Maxwell (skal diskuteres i [40]), og til at angive mere komplekse algebraer (en optakt til kvantemekanikken – skal diskuteres i [42]).

Variationsformuleringen vist i kapitel 3 'forener' også den klassiske teori på andre måder [7-14], samt bygger bro til den "nye" kvanteteori (detaljer i [42]). Dette skyldes, at kvanteteorien kan udtrykkes i form af en oscillerende integralformulering, hvor begrænsningen til at have en minimal handling ikke nås som en fundamental variationsregel, men som en konsekvens af at summere over alle bevægelsesbaner, hvis handlinger indtræder som faseled i et stærkt oscillerende integral (initial matematikudvikling fra Laplaces metode [6]), der igen udvælger de klassiske bevægelsesligninger som en nulteordens tilnærmelse til det oscillerende integral (stationær fase). Ved første orden har vi semi-klassiske effekter, og en sum af den fulde kvantebeskrivelse giver den fulde kvanteteori (se [42] for yderligere detaljer).

Kapitel 3 udforsker specifikt anvendelsen af den minimale handlingsformulering i form af en funktionel (handlingen) på den lagrangske funktion integreret langs en specificeret vej. En bred vifte af klassiske systemer kan beskrives med en sådan anvendelse af variationsmetoden. Der er to hovedmåder at formulere handlingen funktionelle, der er relateret af Legendre transformation: (i) den førnævnte lagrangiske metode og (ii) den Hamiltonske metode. Hamiltonianeren, der skal beskrives (med anvendelser) i kapitel 6, er forbundet med bevarede mængder af systemet, hvis de findes, såsom energien. I denne sidstnævnte betydning, for at beskrive de bevarede mængder af systemet, introduceres Hamiltonianeren i kapitel 3 for at udtrykke de bevarede mængder i løsningerne. Analysen fra perspektivet af en fuldstændig Hamiltonsk variationsanalyse er dog først udført i kapitel 6. De mellemliggende meget korte afsnit omfatter kapitel 4 Klassisk måling; og kapitel 5 Kollektiv bevægelse.

Kapitel 3, 6 og 8 beskriver den første ordens Hamiltonianske formulering i form af kanoniske koordinater. Faserummets repræsentation af systemdynamikken i form af de kanoniske koordinater tillader derefter Hamiltonianerens egenskaber at blive udforsket, når den ses som en kortlægningsfunktion på et faserum. Vi finder ud af, at sådanne kortlægninger er områdebevarende og tillader os at beskrive den asymptotiske systemadfærd med lethed i mange situationer, herunder situationer, der tydeligt demonstrerer et radikalt nyt fænomen: 'kaos'. Den allestedsnærværende forekomst af kaos og af klassiske systemer "på kanten af kaos", beskrives derefter i kapitel 7.

Kaosets "universalitet" blev vist i Feigenbaums papir fra 1976 [19]. Denne Universalitet opstår med den antagelse, at kortlægningsfunktionen har et kvadratisk (parabolsk) lokalt maksimum. Feigenbaum angiver, at dette er et normalt forhold, men uddyber ikke yderligere. Det viser sig, at det at have en kvadratisk form for det lokale maksimum (nær et kritisk punkt) er en generel egenskab fra variationsregningen og Hilbert-rum kendt som Morse-Palais-lemmaet [20,21]. Antagelsen, der understøtter kaosets universalitet, er gyldig, hvis der eksisterer en jævn nok funktion nær kritiske punkter af interesse, f.eks. at der eksisterer en mangfoldig beskrivelse (med en jævn funktion). Antag, at vi vender dette på hovedet (som det vil blive gjort i [47]) og antag, at kaos er en fundamental grænse, der altid er til stede. Hvis dette er sandt, så skal Morse-Palais altid være anvendelig, således har vi en manifold (geometri). Dette er interessant, fordi før vi overhovedet kommer til dynamiske felter/geometrier (manifolds) i [41] ser vi beviser for en sådan matematisk konstruktion, der eksisterer som en konsekvens af universaliteten af, ja, Universalitet [19].

Kapitel 8 går ind på mere eksplicitte egenskaber ved kanoniske koordinater og transformationer mellem dem. Dette gør det muligt at vælge kanoniske koordinater, som i høj grad forenkler analysen ved at afkoble bevægelsesligningerne og gøre dem til konstanter for bevægelsen, eller koordinater for bevægelsen, i mange tilfælde. Det mest afkoblede tilfælde er beskrevet af det, der er kendt som Hamilton-Jacobi-ligningen, som, når den skiftes til operatorformalismen for kvanteteorien, beskrevet i [42], bliver den velkendte Schrödinger-ligning. En anden formulering, i form af passende valgte kanoniske variabler, giver anledning til Poisson Bracket-formuleringen. Dette diskuteres også, ikke for dets anvendelse i klassisk fysik *i sig selv* , men på grund af dets trivielle skift til en operatørkommutatorformulering for at nå frem til den anden (den første) kvantereformulering af den klassiske teori (Heisenberg-formuleringen). Kapitel 9 fortsætter med en anden fordel ved Hamilton-formuleringen, en bevaret mængde i mange systemer, via dens anvendelse på perturbationsteori. Brugen af Hamiltonianere i både klassiske og kvanteforstyrrelsessammenhænge *diskuteres* . Kapitel 9 beskriver også dimensionsanalyse, som sammenholdt med en analyse af bevarede mængder kan give anledning til overraskende løsninger baseret på selvlighed alene – med et par klassiske eksempler givet. Ekstra øvelser er placeret i kapitel 10.

Den klassiske mekanik beskrevet i denne bog berører kun kort særlige relativistiske korrektioner, dvs. den er fokuseret på partikelstof, der bevæger sig med ikke-relativistiske hastigheder. Således er der i denne bog tilnærmelsen af absolut tid, en forestilling om samtidighed og øjeblikkelig kraftoverførsel med skiftende kildeposition. Bemærk, at denne adskillelse af speciel relativitet fra den klassiske fysik i denne bog også er rimelig, fysisk, idet der på niveauet for partikelformigt, ikke-relativistisk stof undersøgt er ringe mulighed for at se særlige relativistiske effekter. Se afsnit 3.3.2 for en tidlig eksperimentel indikation af eksistensen af en 4-vektor størrelse for energimomentum i

Compton spredningsformlen. Et andet eksempel, hvor relativistiske effekter blev set, selvom de ikke blev realiseret på det tidspunkt, var i Fizeaus eksperimenter på lysudbredelse gennem strømmende vand (1851) [22]. (Einstein bemærkede, at " de eksperimentelle resultater, der havde påvirket ham mest, var observationer af stjernernes aberration og Fizeaus målinger af lysets hastighed i vand i bevægelse " [23].) Fizeau-eksperimentet (afsnit 4.3) giver anledning til en relativistisk hastighed 4 - vektoradditionsberegning (for den relativistiske Doppler-effekt). Når først den relativistiske Doppler-effekt er afsløret, kan al speciel relativitet genfindes ved hjælp af Bondi K-regningen (beskrevet i [40]).

Når vi først kommer til forestillinger om dynamiske kraftfelter i [40], afsløres Lorentz-transformationen på Maxwells ligninger (som 4-vektorer) (1899), og udvidelsen af disse transformationer til alt stof *a la* Einstein følger derefter i 1905. For dette grund, er teorien om speciel relativitet og baggrunds- og problemløsninger placeret i [40] på Fields.

Således er felterne beskrevet i denne bog, hvis overhovedet, statiske eller stationære, hvor diskussionen om deres generelle dynamiske rolle udskydes til [40]. De klassiske mekaniske systemer, der tages i betragtning, er også enkle, idet kun nogle få elementer interagerer og er i bevægelse på et givet tidspunkt. Forbindelserne til systemer med mange elementer er hovedsageligt overladt til [44] på Statistisk Mekanik. Selv på det klassiske mekanikniveau kan vi dog stadig se foreløbige tegn på nye fænomener (på grund af nye Martingale-fænomener og Law-of-Large-Numbers, LLN, adfærd). Ud fra dette kan vi begynde at se, at der er nye fundamentale parametre, såsom entropi (diskuteret i [41], med hensyn til informationsgeometri og i bog 6 om statistisk mekanik).

Bemærk, at før vi når frem til [44] om statistisk mekanik, hvor entropiens grundlæggende rolle hovedsageligt udforskes, vil vi allerede have 'opdaget' entropi i sammenhæng med den statistiske læringsteori på en neuromanifold (givet i [41]. Når statistisk læring udføres på en neural net (NN) konstruktion med NN-læring via forventning/maksimering, kan læringsprocessen beskrives ved hjælp af informationsgeometri optimal statistisk læring kan det påvises, at entropi er valgt for 'lokale' forestillinger om fordelingsafstand i en lignende proces som euklidisk afstand (flad rum-tid), der vælges som en lokal geometrisk forestilling om mangfoldig afstand. På denne måde er entropi enkelt ud som et lokalt mål ligesom lokalt flad rumtid er valgt (med lokal Minkowski-metrik Bortset fra teoriforbindelsen er direkte implementering af Statistisk Læring, i

9

form af AI-baseret SVM-læring [24], faktisk en øvelse). i lagrangiansk optimering med ikke-holonomiske ulighedsbegrænsninger (se [24]), så vil være direkte tilgængelige for dem, der har mestret materialet i denne bog.

Nu til at begynde... med Newton.

Kapitel 2. Newton, Leibnitz og D'Alembert

Matematiske beskrivelser af fysik skal forsøge at retfærdiggøre, hvorfor deres beskrivelse skal være på en bestemt måde eller udvikle sig på en bestemt måde, blandt alle de matematisk udtrykkelige muligheder. Svaret, især i kølvandet på den filosofi, som Maupertus og Leibnitz [2] støtter, er typisk en eller anden form for optimum, der er valgt på bevægelsens tilstand eller vej (for eksempel den korteste vej). I betragtning af ideen om at søge et variationsekstremum giver det mening, at der ville være opfindelsen (eller opdagelsen) af variationsregning.

Før 1660 havde præ-calculus-fysikken erhvervet en mængde observationsdata, men havde ikke matematikken opfundet endnu for at kæmpe med at beskrive baner og ekstreme stier (hvilket disse baner vil blive vist at være). Det er ikke til at sige, at en del af kritisk matematikudvikling ikke allerede havde fundet sted, der går så langt tilbage som opfindelsen af primitiv trigonometri med konceptet om vinklens sinus (sinus blev brugt i stjernesporing af indiske astronomer, Gupta-perioden, men brugen af metoden kunne spores tilbage til de gamle babyloniere med fremtidige opdagelser [75]).

Newtons fluxional calculus blev opfundet i 1665-1666 (under London-pesten), men han undgik direkte brug af infinitesimaler til at udtrykke sine konklusioner. Leibniz' kalkulus accepterer brugen og gyldigheden af infinitesimaler i starten, og begyndte den notationelle udvikling for infinitesimaler i 1675, som stadig er i brug i dag. Formel matematisk gyldighed af at bruge infinitesimaler måtte vente til 1963 på "Ikke-standardanalyse" af Abraham Robinson [76,77].

Den matematiske fysiks beskrivelse af virkeligheden blev således etableret med udviklingen af calculus i 1660'erne [1,2]. Variationsregning giver specifikt fysiske løsninger og beskrivelser af virkeligheden, der stemmer overens med observation, hvor den fysiske beskrivelse af virkeligheden er i form af et variationsekstremum [6,10,11]. Dette er beskrevet detaljeret i Classical Mechanics and Classical Field Theory. At have en variationsproces til at vælge det optimale handler ofte om at løse en form for differentialligning (gennemgået i detaljer i tillægget). Dette er

11

fint, hvis du kan løse differentialligningen, men hvis du ikke kan det, er det en fordel at have en anden analysemetode til at vælge bevægelsesligninger. Det blev således meget tidligt erkendt, at man kunne have en udvælgelsesproces baseret på stærkt oscillerende integrale konstruktioner, der selv vælger deres stationære fasekomponent [6]. Denne sidstnævnte vej vil i sidste ende lægge grundlaget for Path Integral-tilgangen til kvantefysik (se [42]), og til al den klassiske fysik, der kom før som et særligt tilfælde.

Introduktion af matematisk fysik begreber før formel matematisk validering er et tilbagevendende tema i fysik. Et andet sådant eksempel er introduktionen af delta-funktionen af Dirac, formaliseret via L $^{2-}$ fordelingsteori [78] (dette er det, der er kritisk nødvendigt i den underliggende, selvadjointende, kvanteformulering).

2.1 Newtons kraftlov og, med Leibnitz, Opfindelsen af Calculus
Lad os begynde med en genformulering af Newtons tre love:

1. $^{lov}: \frac{dp}{dt} = 0$ hvis $F = 0$, hvor $p = mv$ og m er masse, og v er hastighed.

2. $^{lov}: \frac{dp}{dt} = F \rightarrow F = ma$.

3. lov: Kraften, der udøves mellem to objekter, er lige stor og modsat ·

$$(2\text{-}1)$$

Og når der er mere end én partikel, har vi for bevægelsesligningen for den i. ^{partikel} :

$$\sum_j \vec{F}_{ji} + \vec{F}_i = \dot{\vec{p}}_i ,$$

$$(2\text{-}2)$$

hvor $\vec{F}_{ji}$ er kraften af den j · partikel på den i · partikel ($\vec{F}_{ii} = 0$), $\vec{F}_i$ er den ydre nettokraft på den i · partikel, og $\dot{\vec{p}}_i$ er den tidsafledede af impulsen af den i · partikel. Husk Newtons 3. ^{lov}, hvor kraften udøvet mellem to objekter er lige og modsat, dvs. $\vec{F}_{ji} = -\vec{F}_{ij}$ Dette kaldes den svage lov om handling og reaktion [25].

I kapitel 1 opgave 6 (s. 31) af Goldstein [25], skitseret nedenfor, finder vi, at standardligningerne for bevægelse for massecenterposition og momentum, taget som udgangspunkt, ikke kun indikerer den svage

12

handlingslov og reaktion, men også den stærke lov, *hvor kræfterne strengt taget ligger langs linjen, der forbinder objekterne* . Dette praktiske resultat opstår, fordi systemligningerne for bevægelse implicit relaterer til systemniveauets bevarelseslove, så taget omvendt ser vi globale bevarelseslove, der begrænser lokal dynamik og lokale kraftbeskrivelser, således at kræfter mellem objekter strengt taget ligger langs linjen, der forbinder objekterne. Dette er udviklet mere omfattende i sammenhæng med Noethers sætning [26] i et senere afsnit. Lad os indtil videre overveje massecentersystemet i detaljer, begyndende med en beskrivelse af massecentrumkoordinaten, der har bevægelsesligningen:

$$\vec{R} = \frac{\sum m_i \vec{r}_i}{\sum m_i}; \quad M = \sum m_i; \quad M \frac{d^2 \vec{R}}{dt^2} = \sum_i \vec{F}_i = \vec{F}^{(ext)},$$

hvor dette relaterer sig til bevægelsesligningerne for de enkelte objekter ved eliminering af massecenterkoordinat:

$$\sum m_i \frac{d^2 \vec{r}_i}{dt^2} = \sum_i \vec{F}_i.$$

En direkte sammenligning med den individuelle bevægelsesligning ovenfor, når den summeres over objekter, viser, at vi skal have:

$$\sum_{i,j} \vec{F}_{ji} = 0 \rightarrow \vec{F}_{12} = -\vec{F}_{21},$$

(2-3)

I fundamentale tilfælde af to objekter opnår vi således den svage lov om handling og reaktion (indtil videre). Lad os nu vende vores opmærksomhed mod systembeskrivelsen af vinkelbevægelse (omkring midten), som vedrører bevarelse af vinkelmomentum. Startende med systemets vinkelmoment og ændringen i vinkelmomentum med eksternt drejningsmoment:

$$L = \sum_i \vec{r}_i \times \vec{p}_i; \quad \frac{dL}{dt} = \sum_i \vec{r}_i \times \vec{F}_i,$$

vi tager først den tidsafledede direkte:

$$\frac{dL}{dt} = \sum_i \dot{\vec{r}}_i \times \vec{p}_i + \vec{r}_i \times \dot{\vec{p}}_i = \sum_i \vec{r}_i \times \dot{\vec{p}}_i$$

En direkte sammenligning af tidsafledte af vinkelmomentet indikerer så, at vi skal have:

$$\sum_{i,j} \vec{r}_i \times \vec{F}_{ji} = 0.$$

(2-4)

13

Igen, lad os fokusere på to objekter, der interagerer (mærket 1 og 2):
$\vec{r}_1 \times \vec{F}_{21} + \vec{r}_2 \times \vec{F}_{12} = 0$,og da $\vec{F}_{ji} = -\vec{F}_{ij}$vi allerede skal have: $(\vec{r}_1 -$
$\vec{r}_2) \times \vec{F}_{12} = 0$,færdiggørelse af den stærke lov om handling-
reaktionsbevis -- kræfterne ligger strengt taget langs linjen, der forbinder
objekterne (hvilket tillader en potentiel funktionsbeskrivelse i senere
analyse).

2.2 D'Alemberts princip for virtuelt arbejde

Dette afsnit opsummerer D'Alemberts argument i moderne notation ifølge
[25,37]. Antag, at systemet er i ligevægt, dvs. $\vec{F}_i = 0$, så klart $\vec{F}_i \cdot \delta \vec{r}_i = 0$.
Så, $\sum \vec{F}_i \cdot \delta \vec{r}_i = 0$, som vi nu dekomponerer som:

$$\vec{F}_i = \vec{F}_i^{(a)} + f_i,$$

(2-5)

hvor $\vec{F}_i^{(a)}$er den påførte kraft og $f_i$er tvangskraften. Dermed,

$$\Sigma_i^{\square} \vec{F}_i^{(a)} \cdot \delta \vec{r}_i + \Sigma_i^{\square} \vec{f}_i \cdot \delta \vec{r}_i = 0,$$

hvor det $\delta \vec{r}_i$kan være vilkårlige forskydninger. Vi begrænser os nu til
situationen, hvor det virtuelle nettoarbejde på grund af
begrænsningskræfterne er nul, $\Sigma_i^{\square} \vec{f}_i \cdot \delta \vec{r}_i = 0$, for derefter at få:

$$\Sigma_i^{\square} \vec{F}_i^{(a)} \cdot \delta \vec{r}_i = 0.$$

Antag, at systemet nu er i en generel indstilling, $\vec{F}_i = \dot{\vec{p}}_i$hvis vi adskiller
begrænsningens kraft som før:

$$\Sigma_i^{\square} \left(\vec{F}_i^{(a)} - \dot{\vec{p}}_i \right) \cdot \delta \vec{r}_i + \Sigma \vec{f}_i \cdot \delta \vec{r}_i = 0$$

og med den samme antagelse om nul virtuelt arbejde på grund af
begrænsninger, får vi:

$$\Sigma_i^{\square} \left(\vec{F}_i^{(a)} - \dot{\vec{p}}_i \right) \cdot \delta \vec{r}_i = 0 , \qquad D'Alembert's\ principle$$

(2-6)

Fra ovenstående form skal vi transformere til generaliserede koordinater,
der er uafhængige af hinanden, således at koefficienterne for
forskydningerne kan indstilles til nul separat:

$$\vec{r}_i = \vec{r}_i(q_1, q_2, \dots q_n, t) \rightarrow \delta \vec{r}_i = \Sigma_j^{\square} \frac{d\vec{r}_i}{\partial q_j} \delta q_j .$$

Overvej først transformationen af $\vec{F}_i^{(a)} \cdot \delta \vec{r}_i$delen (slip den 'anvendte'
hævede skrift):

$$\Sigma_i^{\square} \vec{F}_i \cdot \delta \vec{r}_i = \Sigma_{i,j}^{\square} \vec{F}_i \cdot \frac{\partial \vec{r}_i}{\partial q_j} \delta q_j = \Sigma_j^{\square} Q_j \delta q_j$$

14

$$\rightarrow \quad Q_j = \Sigma_i^{\square} \vec{F}_i \cdot \frac{\partial \vec{r}_i}{\partial q_j}$$

(2-7)

hvor dimensionen af Q ikke behøver at være dimensionen af kraften, og heller ikke de generaliserede koordinater dimensionerne af længden, men deres produkt skal stadig være dimensionen af arbejdet. Lad os nu overveje transformationen af $\Sigma_i^{\square} \, \dot{p}_i \cdot \delta \vec{r}_i$ udtrykket:

$$\Sigma_i^{\square} \dot{p}_i \cdot \delta \vec{r}_i = \Sigma_i^{\square} m_i \ddot{\vec{r}}_i \cdot \delta \vec{r}_i = \Sigma_{i,j}^{\square} m_i \ddot{\vec{r}}_i \cdot \frac{\partial \vec{r}_i}{\partial q_j} \delta q_j$$

$$= \Sigma_{i,j}^{\square} \left\{ \frac{d}{dt} \left(m_i \ddot{\vec{r}}_i \cdot \frac{\partial \vec{r}_i}{\partial q_j} \right) - m_i \ddot{\vec{r}}_i \frac{d}{dt} \left(\frac{\partial \vec{r}_i}{\partial q_j} \right) \right\} \delta q_j$$

nu,

$$\frac{d}{dt} \left(\frac{\partial \vec{r}_i}{\partial q_j} \right) = \Sigma_k^{\square} \frac{\partial^2 \vec{r}_i}{\partial q_j \partial q_k} \dot{q}_k + \frac{\partial^2 \vec{r}_i}{\partial q_j \partial t} = \frac{\partial}{\partial q_j} \frac{d\vec{r}_i}{dt} = \frac{\partial \vec{r}_i}{\partial q_j}.$$

Desuden skiftes til $\vec{r}_i = \vec{v}_j$:

$$\frac{\partial \vec{v}_i}{\partial \dot{q}_j} = \frac{\partial}{\partial \dot{q}_j} \left\{ \Sigma_k^{\square} \frac{\partial r_i}{\partial q_k} \dot{q}_k + \frac{\partial r_i}{\partial t} \right\} = \frac{\partial r_i}{\partial q_j}$$

Vi kan nu skrive

$$\Sigma_i^{\square} \dot{p}_i \cdot \delta \vec{r}_i = \Sigma_i^{\square} \left\{ \frac{d}{dt} \left(m_i \vec{v}_i \cdot \frac{\partial \vec{v}_j}{\partial \dot{q}_j} \right) - m_i \vec{v}_i \cdot \frac{\partial \vec{v}_j}{\partial q_j} \right\}$$

$$= \Sigma_i^{\square} \left\{ \frac{d}{dt} \left(\frac{\partial}{\partial \dot{q}_j} \left(\Sigma_i^{\square} \frac{1}{2} m_i \vec{v}_i^{\,2} \right) \right) - \frac{\partial}{\partial q_j} \left(\Sigma_i^{\square} \frac{1}{2} m_i \vec{v}_i^{\,2} \right) \right\}$$

og ved at skrive det kinetiske energiudtryk $\Sigma_i^{\square} \frac{1}{2} m_i \vec{v}_i^{\,2} = T$ får vi D'Alemberts princip i formen:

$$\Sigma_j^{\square} \left[\left\{ \frac{d}{dt} \left(\frac{\partial T}{\partial \dot{q}_j} \right) - \frac{\partial T}{\partial q_j} \right\} - Q_j \right] \partial q_j = 0.$$

(2-8)

Ved at bruge Force skrevet i form af en potentiel funktion $\vec{F}_i = -\nabla_i V$ (hvor ækvipotentiale overflader er veldefinerede i forhold til 'feltlinjer'), har vi:

$$Q_j = \Sigma_i^{\square} \vec{F}_i \cdot \frac{\partial \vec{r}_i}{\partial q_j} = -\Sigma \nabla_i V \cdot \frac{\partial \vec{r}_i}{\partial q_j} = -\frac{\partial V}{\partial q_j}$$

(2-9)

Hvis vi nu introducerer standarden Lagrangian $L = T - V$, finder vi, at D'Alemberts princip giver anledning til bevægelsesligningerne udtrykt i form af Lagrangian:

15

$$\frac{d}{dt}\left(\frac{\partial L}{\partial \dot{q}_j}\right) - \frac{\partial L}{\partial \dot{q}_j} = 0,$$

$$(2\text{-}10)$$

hvor den sidstnævnte kortfattede form af bevægelsesligningerne er kendt som Euler-Lagrange (EL) ligningerne. Dette fuldender udledningen af EL-ligningerne ved hjælp af D'Alemberts princip; vi vil udføre en anden udledning af EL-ligningen i sammenhæng med Hamiltons princip for mindste handling i næste kapitel.

Lad os nu overveje nogle af de enkleste kraftfelter eller fænomenologi. Antag, at kraften virker i en enkelt retning (ensartet) og er konstant, sådan ville det være et eksempel på kraften på grund af tyngdekraften på jordens overflade, hvor $F = -mg$. Når det tages med det simple pendul, har vi en komplet beskrivelse, da alle andre 'system'-parametre involverer pendulet (armlængde, som er masseløs, og pendul-bob-masse):

Eksempel 2.1. Det simple pendul

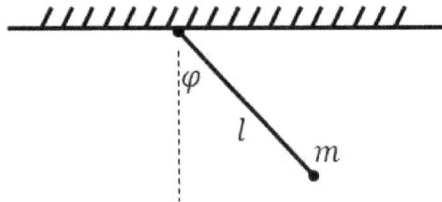

Figur 2.1 Simpelt pendul.

Lagrangian er givet af $L=KE- PE$ hvor:

$$KE = \frac{1}{2}m(l\dot{\varphi})^2 \quad and \quad PE = -lgm\cos\varphi, \quad thus\ L$$

$$= \frac{1}{2}m(l\dot{\varphi})^2 + lgm\cos\varphi$$

Øvelse 2.1. Hvad er bevægelsesligningerne for det simple pendul?

Eksempel 2.2. Det enkle forår
Lad os nu overveje, hvor kraften ikke er en konstant, men lineær i en vis forskydning, sådan ville det være tilfældet for en simpel fjeder, hvor $F = -kx$. Her kommer k ind som en fænomenologisk parameter, ikke en

16

simpel dimensionsparameter, og er materialeafhængig. Bevægelsesligningerne er således:

$$m\ddot{x} = -kx \rightarrow x = \cos(\omega t) + B\sin(\omega t), \quad where \; \omega = \sqrt{\frac{k}{m}}.$$

Øvelse 2.2. *Hvad er Lagrangian?*

Eksempel 2.3. Bordfjederproblemet.
Overvej en fjeder med den ene ende fastgjort på en bordflade, den anden ende fastgjort til en masse m. For plan bevægelse i polære koordinater har vi for kinetisk energi: $T = \left(\frac{1}{2}\right)m(\dot{r}^2 + r^2\dot{\theta}^2)$. For potentiel energi, fra Hookes lov: $\delta W = -kr\delta r$. Bevægelsesligningerne giver så: $m\ddot{r} - mr\dot{\theta}^2 = -kr$ og $\frac{d}{dt}\left(mr^2\dot{\theta}\right) = 0$.

Øvelse 2.3. Gentag i retlinede koordinater.

Det sidste eksempel viser, hvordan fortrolighedsmanipulation af differentialligninger vil være nyttigt i det følgende. Af denne grund er der givet en gennemgang af almindelige differentialligninger i appendiks (Bilag A), med en kort oversigt i det efterfølgende for nemheds skyld. Derefter vil flere EOM- og Lagrangian-eksempler blive givet i afsnit 3.3.2, når vi har lært, hvordan man håndterer begrænsninger.

2.3 Oversigt over simple banebaserede ordinære differentialligninger
Nogle korte kommentarer til den rolle, ordinære differentialligninger ved dette tidlige tidspunkt er givet, med mere baggrund og talrige eksempler givet i appendiks A. I det følgende er vi interesserede i kræfter, der er polynomiske i forskydning og ved lav orden, således ma= F bliver: ma=0; ma=konstant; eller ma=- kx ; som allerede nævnt. Siden $a = \ddot{x}$ser vi, at vi beskriver familien af almindelige differentialligninger, der involverer andenordens afledte. Manglende fra en mere generel form for en sådan almindelig differentialligning ville være førsteordens afledte udtryk, og ved at tilføje sådanne har vi nu inkluderet standardfriktionskræfter (hvis lineære i første afledte og negative). Således finder vi, næsten ubesværet, hvordan tilføjede termer i den almindelige differentialligning relaterer til fysik kinematik og fænomenologi, og kan endda bruges af sådanne (omvendt) til at identificere nye fysiske effekter, som gjort af Landau og Lifshits i opdagelsen af LL-ligning [49], og ved at kategorisere forskellige koblingsfænomener [50]. Yderligere analyse af samspillet

17

mellem almindelige differentialligninger og fænomenologi er sammen
med dimensionsanalyse givet i kapitel 9.

Kapitel 3. Hamiltons princip om mindste handling

Vi opnår nu Euler-Lagrange-ligningerne på en anden måde, som et resultat af et variationsminimum givet af Hamiltons princip for mindste handling [10-13]. Denne tilgang er mere end en Newtonsk omformulering, da den er rodformuleringen for den komplette kvanteteori, der skal beskrives i [42], og kort diskuteres i afsnit 3.2. Dette afsnit er således af særlig betydning i sin del af det konceptuelle grundlag for den fuldt generaliserede kvanteteori ([42-44]) og emanatorteori ([47]).

3.1 Lagrangian for punkt-partikel
Overvej et punktlignende objekt og lad os definere dets position ved de generaliserede koordinater $\{q_k\}$, hvor vi for K-dimensioner har koordinater: $q_1 \dots q_k \dots q_K$. Lad os nu introducere en tidsparameterisering (koordinat) t og definere de tilhørende generaliserede koordinat(positions)ændringer med tiden, f.eks. hastighederne. For koordinater og hastigheder $\{v_k\}$ har vi således : $\{q_k\}$

$$v_k = \frac{dq_k}{dt} = \dot{q}_k,$$

(3-1)

for tid t. I den tidlige fysik blev det argumenteret [2-13], at variationskonstruktioner, der er minimeret (såsom stier) eller maksimeret (såsom entropi), skulle bestemme, hvordan systemer udvikler sig, forplanter sig eller ækvilibrerer. I disse diskussioner ser vi, hvordan den tidlige dynamiske beskrivelse af Newton, $F = ma$, er en anden afledt formulering.

Navnet på variationsfunktionen af koordinater og hastigheder er som før "Lagrangian" og betegnet med L:

$$L = L(\{q_k\},\{\dot{q}_k\}) = L(\{q_k\},\{v_k\}),$$

hvor $L = L(\{q_k\},\{\dot{q}_k\})$ er formen af en præambel, der ofte vil blive brugt til at angive de uafhængige variable (variationsrelevante) i funktionsdefinitionen, her koordinaterne og deres hastigheder. Overvej Newtons 2. lov uden nogen kraft, Lagrangian for dette er:

$$L = L(\{q_k\},\{v_k\}) = \sum_k \frac{1}{2}m(v_k)^2,$$

eller, for 1 dimension, have L= $(1/2)mv^2$, det klassiske udtryk for kinetisk energi. For at genvinde Newtons 2. lov sætter vi derefter den

19

tidsafledede af hver af de Lagrangske hastighedsafledte til nul (*ikke den tidsafledede af selve Lagrangefunktionen*):

$$\frac{d}{dt}\frac{dL}{dv} = \frac{d}{dt}\frac{d}{dv}\left(\frac{1}{2}mv^2\right) = m\frac{dv}{dt} = ma = 0,$$

derved genvinde bevægelsesligningen, når ingen kraft er til stede (ma=F=0). Et direkte udtryk for en variation af en funktion, således at indstilling af denne variation til nul giver bevægelsesligningerne, er det, der opnås i "handlingsformuleringen" (først udtrykt af Hamilton i 1834 med princippet om mindste handling [10 -13]). Handlingen S introduceres som en funktion af en funktion (en funktionel) defineret af følgende integralrelation langs stier parametriseret af tidsparameter t (se figur 2.1):

$$S = \int_{t_1}^{t_2} L(q,\dot{q},t)dt$$

(3-2)

hvor komponentens abonnenter droppes (eller et-dimensionelt tilfælde). Vi vil antage, at dette er et gyldigt udgangspunkt for at udlede bevægelsesligninger, og vi beviser, at dette er tilfældet senere i analysen (hvor dette begreb om handling er genudledt i Hamilton-Jacobi-formuleringen i kapitel 8).

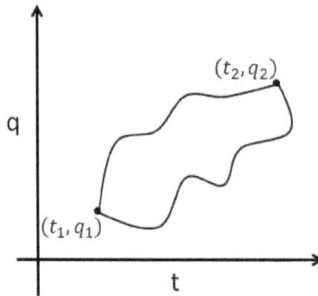

Figur 3.1. Handlingen består af integrationen af Lagrangian langs en specificeret sti. Stationaritet i handlingens variation, med faste endepunkter, giver anledning til de sædvanlige Euler Lagrange-ligninger. To integrationsveje for Lagrangian er vist i figuren, med endepunkter delt (fast), sådan at $q_1 = q(t_1)$og $q_2 = q(t_2)$.

20

I Hamilton-formuleringen er bevægelsen givet ved den tidsparameteriserede bane $q(t)$, der giver en stationær værdi for handlingen (funktionel variation er nul), og hvor de typiske randbetingelser er, at endepunkterne på bevægelsesbaner er faste ved begyndelsen t_1 og slutningen. t_2, $\delta q(t_1) = \delta q(t_1) = 0$ dvs. Forudsat at der ikke er direkte tidsafhængighed i Lagrangian, har vi så for den funktionelle afledte:

$$0 = \delta S = \delta \int_{t_1}^{t_2} L(q, \dot{q}) dt$$

$$= \int_{t_1}^{t_2} \delta L(q, \dot{q}) dt = \int_{t_1}^{t_2} \left[\left(\frac{\partial L}{\partial q} \right) \delta q + \left(\frac{\partial L}{\partial \dot{q}} \right) \delta \dot{q} \right] dt$$

$$\delta S = \int_{t_1}^{t_2} \left[\left(\frac{\partial L}{\partial q} \right) \delta q + \left(\frac{\partial L}{\partial \dot{q}} \right) \frac{d \delta q}{dt} \right] dt$$

$$= \int_{t_1}^{t_2} \left[\left(\frac{\partial L}{\partial q} \right) \delta q - \frac{d}{dt} \left(\frac{\partial L}{\partial \dot{q}} \right) \delta q + \frac{d}{dt} \left(\frac{\partial L}{\partial \dot{q}} \delta q \right) \right] dt$$

$$\delta S = \left[\frac{\partial L}{\partial \dot{q}} \delta q \right]_{t_1}^{t_2} + \int_{t_1}^{t_2} \left[\left(\frac{\partial L}{\partial q} \right) - \frac{d}{dt} \left(\frac{\partial L}{\partial \dot{q}} \right) \right] \delta q \, dt$$

Grænseleddet fra integrationen af dele er nul, da grænserne er faste for de variationer, der tages i betragtning. Dette er standardtilfældet for de fleste af de variationsproblemer, der vil blive beskrevet. Der er alternative, mere komplekse formuleringer med ikke-faste ender, som vil blive diskuteret efter behov. Således har vi nu, at Hamiltons princip om mindste handling (standardform) genskaber Euler-Lagrange-ligningerne [8], nævnt tidligere:

$$\delta S = 0 \Rightarrow \left(\frac{\partial L}{\partial q} \right) - \frac{d}{dt} \left(\frac{\partial L}{\partial \dot{q}} \right) = 0.$$

(3-3)

Euler-Lagrange-ligningerne vil blive brugt i de følgende sektioner for at opnå bevægelsesligningerne i en lang række anvendelser. Inden man går videre til disse eksempler, er der dog mere, der kan hentes ud af handlingsformuleringen end blot en gendannelse af bevægelsesligningerne, en række af bevægelsesegenskaber og bevarelseslove kan nu uddrages.

3.1.1 Mekaniske egenskaber angivet ved aktionsformulering

Tidligere afsnit henviste til Goldsteins lærebog [25] adskillige gange, og noget af udviklingen (stærk lov om handling-reaktion) kom fra at løse problemer derfra. Fremadrettet løser vi i detaljer mange af problemerne præsenteret i Landau og Lifshitz' lærebog om mekanik [27], og følger deres matematiske udvikling delvist, da det er en udlægning af de mulige andenordens differentialligninger, der kan opstå. Den Ordinary Differential Equation-centric tilgang er også gjort i Percivals tekst [28], så dette er en populær tilgang. Ordinære differentialligningers rolle i udviklingen af mekanik bliver dog gjort endnu mere eksplicit i den indsats, der præsenteres her, dog med et stort appendiks om almindelige differentialligninger og problemer/løsninger til sådanne (udtrukket fra noter taget under Caltech i AMa101, en matematikkursus på kandidatniveau om almindelige differentialligninger). En del af den her præsenterede udvikling parrer klasser af almindelige differentialligninger med bevægelsesklasser og viser derfra, hvordan man når frem til generelle systemer, inklusive dem med kaos. Kaosdelen af diskussionen foregår hovedsageligt i Hamiltons formulering svarende til lærebogen af Percival [28]. Avancerede dynamiksektioner trækker fra problemløsninger til problemer givet i lærebøgerne af Goldstein [25], Landau og Lifshitz [27] og Fetter & Walecka [29]; og fra noter fra Dynamics (Ph 106) og Advanced Dynamics (Aph107) kurser taget på Caltech (ca. 1986).

Efter beskrivelsen givet af Landau og Lifschitz i Mechanics [27], lad os først overveje et system bestående af to dele med ubetydelig interaktion. Vi skriver det samlede system Lagrangian som den simple tilføjelse af deres to dele:

$$L = L_1 + L_2.$$

Den additive egenskab indebærer en afkobling af ikke-interagerende systemer, men med fælles fælles konstant (f.eks. valg af enheder). For at vise dette, overvej at gange Lagrangian med en konstant, de resulterende bevægelsesligninger er uændrede, og de separate udtryk deler alle den samme multiplikator. Fortsæt i denne retning, overvej at tilføje en samlet tidsafledt af en funktion (afhængig af koordinater og tid) til den givne definition af en Lagrangian:

$$\tilde{L} = L + \frac{d}{dt}f(q, t)$$

Den nye handlingsfunktion, der er opnået, er:

$$\tilde{S} = S + f(q(t_2), t_2) - f(q(t_1), t_1)$$

22

hvor variationen er den samme, når endepunkterne er faste:
$$\delta \tilde{S} = \delta S.$$
En Lagrangian definerer således den samme bevægelsesligning for enhver variation, hvis den afviger med en samlet tidsafledt. (Hvis der er ikke-faste eller ikke-trivielle grænsebetingelser, er der ikke længere invarians ved tilføjelse af en total tidsafledt.)

Hvis Lagrangian ikke er afhængig af rumlige koordinater, siger vi, at der er homogenitet i rummet, det samme for tid. Hvis Lagrangian ikke er afhængig af retning i rummet, siger vi, at der er rumlig isotropi, mens det for tid, en 1-dimensionel parameter, svarer til at sige tidsvendende invarians. Så hvis vi siger, at der ikke er noget særligt ved positionen eller tidspunktet i beskrivelsen af en partikels frie bevægelse, så siger vi, at Lagrangian for sin bevægelse ikke bør have nogen $\{q, t\}$ afhængighed. Ydermere må hastighedsafhængigheden kun afhænge af størrelsen (for isotropi), som bekvemt kan skrives som en afhængighed af størrelsen af hastigheden i anden:
$$L = L(v^2).$$
Hvis dette er en gyldig funktionel form for Lagrangian, forventer vi ingen ændring under hastighedsforskydning (sandt for ikke-relativistisk, dvs. galilæisk, absolut tidsreference). Lad os prøve $\vec{v}' = \vec{v} + \vec{\varepsilon}$:
$$L' = L(v'^2) = L(v^2 + 2\vec{v} \cdot \vec{\varepsilon} + \varepsilon^2) = L(v^2) + \frac{\partial L}{\partial v^2} 2\vec{v} \cdot \vec{\varepsilon} + O(\varepsilon^2),$$
hvor afledningen til første orden i $\vec{\varepsilon}$ er eksplicit vist. For at dette skal forblive uændret ved første ordre, skal første ordens termin være en total tidsafledt. Da det allerede har en tidsafledt i hastigheden, er dette kun muligt, hvis $\frac{\partial L}{\partial v^2}$ det er uafhængigt af hastigheden (men ikke-nul), således har $L \propto v^2$, og efter konvention med Newtons specifikation af masse og inerti har vi:
$$L = \frac{1}{2}mv^2,$$

(3-4)

for den frie partikel, hvorfra anvendelsen af Euler-Lagrange-ligningen giver for bevægelsesligning v= konstant, genvinding af inertiloven.

Bemærk også, at $v^2 = \left(\frac{dl}{dt}\right)^2 = \frac{(dl)^2}{(dt)^2}$, hvor udtryk for metrikken, $(dl)^2$, i forskellige koordinatsystemer er:

kartesisk: $(dl)^2 = (dx)^2 + (dy)^2 + (dz)^2 \qquad \Rightarrow L = \frac{1}{2}m(\dot{x}^2 + \dot{y}^2 + \dot{z}^2)$

23

Cylindrisk: $(dl)^2 = (dr)^2 + (r\, d\varphi)^2 + (dz)^2$ $\qquad \Rightarrow L =$
$\frac{1}{2}m(\dot{r}^2 + r^2\dot{\varphi}^2 + \dot{z}^2)$

Kugleformet: $\qquad (dl)^2 = (dr)^2 + (r\, d\theta)^2 + (r\,\sin\theta\, d\varphi)^2 \Rightarrow$

$L = \frac{1}{2}m(\dot{r}^2 + r^2\dot{\theta}^2 + r^2\sin^2\theta\,\dot{\varphi}^2)$

$$(3\text{-}5\text{abc})$$

3.1.2 Handlingen for fri bevægelighed

Eksempel 3.1. Handlingen for fri bevægelse – minimal praktisk brug, maksimal teoretisk implikation

For en fri partikel med endimensionel bevægelse har vi $L = T = \frac{1}{2}\dot{x}^2$, for hvilken handlingen er:

$$S = \int_{t_A}^{t_B} L\, dt = \int_{t_A}^{t_B} \frac{1}{2}v^2\, dt,$$

hvor $v = \frac{x_B - x_A}{t_B - t_A}$ fra EL-ligning. Dermed,

$$S = \frac{1}{2}\frac{(x_B - x_A)^2}{(t_B - t_A)} \quad \rightarrow \quad S = \frac{1}{2}\frac{(\Delta x)^2}{(\Delta t)} \quad \rightarrow \quad (\Delta x)^2 \cong (\Delta t)\; if\; S$$

$$= constant.$$

Hvis $\Delta t = N$ tidstrin, så $|\Delta x| \approx \sqrt{\Delta t}$, som med en tilfældig gåtur (yderligere detaljer i [45]).

Øvelse 3.1. Gentag med $L = \cosh v$.

Bemærk, at handlingen for fri bevægelse er som løsningen til diffusionsligningen (løsning til 1D varmeligning), som er vores første antydning af muligheden for Schrodinger-ligningen, og det første hint af Ito Integral (Weiner Integral) formuleringer, set igen senere med den euklidiske kvanteform ved hjælp af analytisk tid (via Wick-rotation, se [43,44]). Relationen til diffusionsrelationen i en-dimension er også et tidligt antydning af de dybe forbindelser mellem dynamik og termodynamik overordnet - via (kvante)mekanik med kompleks tid eller analyticitet (skal diskuteres i [43,44]). Reificeringen af analytiske trigintaduonion-emanationsassociationer eller projektioner med fremkomsten af termalitet (martingale termodynamik), geometri (standard kosmologi) og gauge geometri (standardmodellen), diskuteres yderligere i [45].

24

Eksempel 3.2. Lagrange med højere ordens tidsafledte

Overvej et system med følgende Lagrangian:

$$L = A\ddot{x}^2 + \frac{1}{2}m\dot{x}^2.$$

Bevægelsesligningen for et sådant system kan opnås entydigt, hvis vi kræver, at handlingen er et ekstremum for alle stier med de samme værdier af x, og alle dets tidsafledte, ved stiernes endepunkter:

$$S = \int_{t_1}^{t_2} \left(A\ddot{x}^2 + \frac{1}{2}m\dot{x}^2 \right) dt = \int_{t_1}^{t_2} L(\dot{x},\ddot{x})dt$$

$$0 = \delta S = \int_{t_1}^{t_2} \left(\frac{\partial L}{\partial \dot{x}}\delta\dot{x} + \frac{\partial L}{\partial \ddot{x}}\delta\ddot{x} \right) dt$$

$$= \int_{t_1}^{t_2} \left(-\frac{d}{dt}\left(\frac{\partial L}{\partial \dot{x}}\right)\delta x - \frac{d}{dt}\left(\frac{\partial L}{\partial \ddot{x}}\right)\delta\dot{x} \right) dt$$

og en anden integration efter dele (med grænsevilkår droppet, således at totale derivater er faldet):

$$\delta S = \int_{t_1}^{t_2} \left(-\frac{d}{dt}\left(\frac{\partial L}{\partial \dot{x}}\right) + \frac{d^2}{dt^2}\left(\frac{\partial L}{\partial \ddot{x}}\right) \right) \delta x\, dt = 0 \rightarrow \frac{d^2}{dt^2}\left(\frac{\partial L}{\partial \ddot{x}}\right) - \frac{d}{dt}\left(\frac{\partial L}{\partial \dot{x}}\right)$$

$$= 0$$

Bevægelsesligningen er således:

$$2Ax^{(4)} - m\ddot{x} = 0,$$

hvor (4) angiver en fjerdeordens tidsafledt.

Øvelse 3.2. Gentag med $L = A\ddot{x}^3 + \frac{1}{2}m\dot{x}^2 + B\ddot{x}$

3.2 Mindst handling fra stærkt oscillerende integraler og stationær fase

Variationsekstremumet angivet i Hamiltons princip om mindste handling kan også opnås via et eksponentielt funktionelt integral med stor størrelse [6], hvor handlingen evalueres langs hver vej, der hver bidrager med et eksponentielt led med en stor konstant faktor (sådan at et variationsminimum dominerer , i henhold til negativ fortegnskonventionen nedenfor). Dette bruges også i kvantesti-integralformuleringen [48] (og [42]), hvor der stadig er en stor konstant (det omvendte af Plancks konstant), men det eksponentierede led er gjort imaginært, dvs. hver vej bidrager nu med sin handling som et faseled, hvor stationær fase så selekterer for det variationelle ekstremum. Den klassiske integralform kan således analytisk videreføres til en kvanteintegralform, der er direkte relevant:

$$\int e^{-Mf(x)}\, dx \quad \rightarrow \quad \int e^{iMf(x)}\, dx, \quad M \gg 1.$$

(3-6)

Bemærk, at den klassiske integralform var en mærkelig repræsentation, ikke meget brugt, da den alligevel reducerede tilbage til Hamiltons mindste handling. I dens komplekse form får vi imidlertid Schrodingers ligning, når vi reducerer til differentialform i overensstemmelse med mindste handling, og genvinder den klassiske teori ved laveste orden, med kvantekorrektioner i højere orden (se [42] for detaljer).

Forestillingen om flere stier, hvorfra stien, der bibringer stationaritet, er valgt, er grundlæggende med kvante-PI-tilgangen til kvantemekanik. PI kvantisering svarer på forskellige domæner til operator/bølgefunktion (Schrodinger) eller selvadjoint operator/Hilbert Space (Heisenberg) formuleringer, som det vil blive vist i [42], hvor valget af formulering til at løse et problem kan være afgørende for dens løsning. De variationsdefinerede klassiske konstruktioner, især dem, der er skitseret i kapitel 8, vil til sidst generalisere til den fulde kvantemekaniske formulering (i form af multiple udbredelsesveje og en stationær handling, der er funktionel over disse veje). I praksis er den fulde kvanteteori, især for bundne systemer, meget lettere at analysere, hvis vi skifter fra stiintegralrepræsentationen til en af de ækvivalente formuleringer af Heisenberg [16], Schrodinger [17] eller Dirac [18], som vil blive vist i [42]. Heisenberg operator-calculus-formuleringen er baseret på en operator-reformulering af den klassiske Hamiltonian (kapitel 6); Schrodingers ligning er baseret på en operatorbølgefunktionel omformulering af Hamilton-Jacobi-ligningerne (kapitel 8); og Diracs aksiomatiske omformulering [42] skifter til generelle systemer uden nødvendigvis at have en klassisk analog (og bygger også bro til den relativistiske bølgeligning for spin ½ fermioner i yderligere udvikling [18]).

Bemærk, at den klassiske integralrepræsentation involverede en simpel sum på stier (ingen vægtning), og senere, med analytisk fortsættelse til en kvanteformulering, havde vi stadig en sum på stier, der var uvægtede. Denne karakteristik overføres til statistisk mekanik for at blive equipartitionssætningen og kan findes via analytisk fortsættelse (Wick-rotation) fra kvantepropagatoren til den statistiske mekaniske partitionsfunktion (beskrevet i bøgerne 7 og 8 i serien). Der er således en voksende mængde beviser for, at de underliggende teorier, eller teoretiske repræsentationer, er analytiske og muligvis på flere måder, hvilket indikerer, at de muligvis er fundamentalt hyperkomplekse (diskuteret yderligere i bog 9).

3.3 Lagrangian for system af partikler
Overvej nu en flok frit bevægende partikler, Lagrangian består af kinetiske energiudtryk:

$$L = T = \sum_a \frac{1}{2} m_a v_a{}^2,$$

(3-7)

hvor indekset 'a' går over de forskellige partikler, med Lagrangian for endimensionel bevægelse eksplicit. Multidimensionel bevægelse (typisk tredimensionel) er implicit, hvor komponentindekser på vektormængder undertrykkes. Lad os nu betragte partiklerne som værende vekselvirkende og udtrykke dette som et "potentiel energi" udtryk som angivet fra den tidligere D'Alembert/Newtonske formulering:

$$L = \sum_{a=1} \frac{1}{2} m_a v_a{}^2 - U(\vec{r}_1, \vec{r}_2, \dots) = T - U,$$

(3-8)

hvor standardnotationen "T" for kinetisk energi og "U" for potentiel energi er blevet indført. Euler-Lagrange-ligningerne, der bruger standard vektornotation eksplicit på hastigheder, giver derefter:

$$m_a \frac{d\vec{v}_a}{dt} = -\frac{\partial U}{\partial \vec{r}_a} = \vec{F},$$

(3-9)

hvor F er den velkendte newtonske kraft. For at nå frem til dette fra Lagrangian ser vi igen introduktion af en potentiel funktion uden reference til tid eller informationstransmission, f.eks. refererer den til en implicit galilæisk absolut tid, med øjeblikkelig udbredelse af interaktioner. Dette vil naturligvis begynde at fejle betydeligt, når hastigheder bliver relativistiske, men på dette stadium, hvor vi undersøger klassiske mekaniske egenskaber i klassiske omgivelser (såsom pendulbevægelse), er dette en ubetydelig fejl. Husk at Lagrangian er uændret inden for en additiv konstant eller en total tidsafledt. Indtil videre overvejer vi ikke potentialer med tidsafhængighed, så fokus på "uændret til inden for en additiv konstant" betyder, at vi er frie til at flytte vores lagrangiske formulering så bekvemt at få potentialet til at falde til nul, efterhånden som afstanden mellem partiklerne bliver stor

Lad os nu betragte et system af to partikler set fra synspunktet om et system defineret i form af den første partikel (nu set som et åbent system). For det første er Lagrangian for kun to partikler:

$$L = T_1(q_1, \dot{q}_1) + T_2(q_2, \dot{q}_2) - U(q_1, q_2).$$

Antag, at vi har en løsning for den anden partikel som funktion af tiden: $q_2 = q_2(t)$, og at vi erstatter denne opløsning tilbage i vores Lagrangian. Det, der resulterer, er et kinetisk udtryk, hvor den eneste uafhængige variabel nu er tid, og kan således ses som en total tidsafledt og dermed faldet fra Lagrangian uden at ændre dens bevægelsesligninger. Den tilsvarende Lagrangian, hvor den første partikel nu er beskrevet i et "åbent" system er således:

$$L = T_1(q_1, \dot{q}_1) - U(q_1, q_2(t)).$$

Lagrangen er nu nået frem til sin hovedform $L = T - U$, kinetisk energi minus potentiel energi. Det kan virke underligt på dette tidspunkt at have en grundlæggende enhed $T - U$ i den variationelle formalisme, når bevarelse af den overordnede energi ville styre $T + U$. (Det viser sig, at sidstnævnte også fungerer som grundlag for en variationsmæssig Hamiltoniansk formalisme, som vi vil komme til i senere kapitler.) Foreløbig bliver vi ved den lagrangske formulering og går over til typen af "potentiale" implicit i et system i form af begrænsninger.

3.3.1 Begrænsninger
Mekaniske systemer håndterer ofte bevægelse under tvang ved hjælp af stænger, strenge, hængsler. Der opstår derefter to nye spørgsmål: (1) at bestemme virkningen af begrænsning på frihedsgrader (N partikler i 3D har 3N frihedsgrader, mens de er ubegrænsede, hvis de tvinges ind på en overflade, for eksempel, derefter reduceret til 2N frihedsgrader osv. .); og (2) friktion. I det følgende eksempel på problemer antager vi, at friktion er ubetydelig, men vender tilbage til en diskussion af friktion og andre fænomenologiske kræfter i kapitel 9.

Hvis en begrænsning er ikke-holonomisk, kan ligningerne, der udtrykker begrænsningen, ikke bruges til at eliminere de afhængige koordinater. Overvej generelle lineære differentialligninger af begrænsning af formen:

$$\sum_{i=1}^{n} g_i(x_1, \dots, x_n) dx_i = 0.$$

Begrænsninger kan ofte sættes i denne form, men den er kun integrerbar (og holonomisk), hvis der findes en integrerende funktion $f(x_1, \dots, x_n)$:

$$\frac{\partial(fg_i)}{\partial x_j} = \frac{\partial(fg_j)}{\partial x_i}.$$

Således bør andenordens blandede derivater af en integrerbar funktion ikke afhænge af rækkefølgen af differentiering. Som et eksempel på dette kan du overveje en disk, der ruller i et plan, med begrænsning styret af et par differentialligninger (med eksplicitte nulfaktorer vist):

$$0d\theta + dx - a\sin\theta\, d\varphi = 0 \quad and \quad 0d\theta + dy + a\cos\theta\, d\varphi = 0.$$

Til dette har vi:

$$\frac{\partial(f(1))}{\partial\theta} = \frac{\partial(f(0))}{\partial x} = 0 \quad \rightarrow \quad \frac{\partial f}{\partial\theta} = 0,$$

F har således ingen θ afhængighed. Men dette er ikke i overensstemmelse med:

$$\frac{\partial(f(1))}{\partial\varphi} = \frac{\partial(f(-a\sin\theta))}{\partial x},$$

hvor f har θ afhængighed. Rullende objekter er således et velkendt eksempel på et system med begrænsninger, der er ikke-holonomiske.

3.3.2 Lagrangianer til simple systemer
Hvis der er simple begrænsninger eller koblinger, er direkte evaluering af kinetiske termer mulig. Overvej for eksempel det enkleste dobbeltpendul (vist i figur 3.2, lavet af masseløse stænger, der forbinder punktmasser). Bemærk, at generelle multi-element systemer næsten udelukkende vil blive dækket i [44] om Statistical Mechanics.

Eksempel 3.3 Det dobbelte pendul

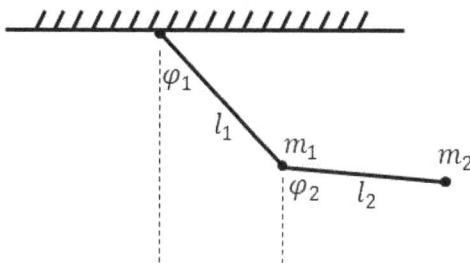

Figur 3.2. Det dobbelte pendul.

Lad os beskrive koordinaterne for m_2 masse af (x ,y):
$$x = l_1 sin\varphi_1 + l_2 sin\varphi_2 \quad and \quad y = l_1 cos\varphi_1 + l_2 cos\varphi_2$$

29

Tager vi Lagrangian som kinetisk energi minus potentiel energi, $L = K.E. - P.E.$bestemmer vi først KE:

$$K.E. = \frac{1}{2}m_1(l_1\dot{\varphi}_1)^2$$

$$+ \frac{1}{2}m_2[(l_1cos\varphi_1\dot{\varphi}_1 + l_2cos\varphi_2\dot{\varphi}_2)^2$$
$$+ (-l_1sin\varphi_1\dot{\varphi}_1 - l_2sin\varphi_2\dot{\varphi}_2)^2]$$
$$= \frac{1}{2}(m_1 + m_2)(l_1\dot{\varphi}_1)^2 + \frac{1}{2}m_2(l_2\dot{\varphi}_2)^2$$
$$+ m_2(l_1\dot{\varphi}_1)(l_2\dot{\varphi}_2)cos\,(\varphi_1 - \varphi_2)$$
$$P.E. = (m_1 + m_2)g(sin\varphi_1)l_1 + m_2gl_2sin\varphi_2$$

og Lagrangian er således:

$$L = \frac{1}{2}(m_1 + m_2)(l_1\dot{\varphi}_1)^2 + \frac{1}{2}m_2(l_1\dot{\varphi}_1)^2 + m_2(l_1\dot{\varphi}_1)(l_2\dot{\varphi}_2)cos(\varphi_1 - \varphi_2)$$
$$-(m_1 + m_2)gl_1sin\varphi_1 - m_2gl_2sin\varphi_2$$

Øvelse 3.3. Bestem bevægelsesligningerne.

Lad os nu overveje effekten på et simpelt pendul ved at modulere støttepunktet på forskellige måder (vandret i eks. 3.4; lodret i eks. 3.5; og cirkulært i eks. 3.6):

Eksempel 3.4. Det enkelte pendul med vandret svingende støtte
Lad os nu betragte det enkelte pendul (figur 3.3), når støttepunktet nu er ved, $m_1$og det svinger vandret:

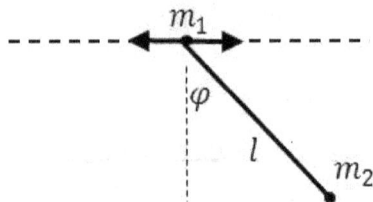

Figur 3.3. Det enkelte pendul med vandret svingende støtte.

Ved at specificere den anden masse omhyggeligt i form af kartesiske koordinater har vi:
$$x_2 = x_1 + lsin\varphi \quad and \quad y_2 = lcos\varphi.$$
Derefter definerer vi Lagrangian ved $L = K.E. - P.E.$at:
$$K.E. = \frac{1}{2}m_1\dot{x}_1{}^2 + \frac{1}{2}m_2[(\dot{x}_1 + lcos\varphi\dot{\varphi})^2 + (-lsin\varphi\dot{\varphi})^2]$$
$$= \frac{1}{2}m_1\dot{x}_1{}^2 + \frac{1}{2}m_2[\dot{x}_1{}^2 + (l\dot{\varphi})^2 + 2lcos\varphi\dot{x}_1\dot{\varphi}]$$

30

$$= \frac{1}{2}(m_1 + m_2)\dot{x}_1{}^2 + \frac{1}{2}m_2(l\dot{\varphi})^2 + m_2 l cos\varphi \dot{x}_1 \dot{\varphi}$$
$$P.E. = -lgm_2 cos\varphi$$
$$L = \frac{1}{2}(m_1 + m_2)\dot{x}_1{}^2 + \frac{1}{2}m_2(l\dot{\varphi})^2 + m_2 l cos\varphi(\dot{x}_1 \dot{\varphi} + gl)$$

Øvelse 3.4. Bestem bevægelsesligningerne.

Eksempel 3.5. *Enkelt pendul med vertikalt oscillerende støtte.*
Overvej figur 3.3, men med *vertikalt* oscillerende støtte. Ved at specificere den anden masse i form af kartesiske koordinater har vi:
$$x_2 = x_1 + l sin\varphi \quad and \quad y_2 = l cos\varphi.$$

Derefter definerer vi Lagrangian ved $L = K.E. - P.E.$at:

$$K.E. = \frac{1}{2}m_1\dot{x}_1{}^2$$
$$+ \frac{1}{2}m_2[(\dot{x}_1 + l cos\varphi\dot{\varphi})^2$$
$$+ (-l sin\varphi\dot{\varphi})^2]$$
$$= \frac{1}{2}m_1\dot{x}_1{}^2 + \frac{1}{2}m_2[\dot{x}_1{}^2 + (l\dot{\varphi})^2 + 2l cos\varphi\dot{x}_1\dot{\varphi}]$$
$$= \frac{1}{2}(m_1 + m_2)\dot{x}_1{}^2 + \frac{1}{2}m_2(l\dot{\varphi})^2 + m_2 l cos\varphi\dot{x}_1\dot{\varphi}$$
$$P.E. = -lgm_2 cos\varphi$$
$$L = \frac{1}{2}(m_1 + m_2)\dot{x}_1{}^2 + \frac{1}{2}m_2(l\dot{\varphi})^2 + m_2 l cos\varphi(\dot{x}_1\dot{\varphi}$$
$$+ gl)$$

Øvelse 3.5. Bestem bevægelsesligningerne.
Eksempel 3.6. *Det enkelte pendul med roterende skive (oscillerende) støtte.*
Overvej figur 3.3, men med *roterende* skiveoscillerende støtte. Startende med koordinaterne for pendulmassen:
$$x = l sin\varphi + a sin\gamma t \quad and \quad y = l cos\varphi + a cos\gamma t.$$
Den kinetiske energi er da:

$$K.E. = \frac{1}{2}m([l cos\varphi\dot{\varphi} + a\gamma cos\gamma t]^2$$
$$+ [-l sin\varphi\dot{\varphi} + a\gamma sin\gamma t]^2)$$
$$= \frac{1}{2}m(l\dot{\varphi})^2 + m\gamma a l\dot{\varphi}[cos\varphi cos\gamma t + sin\varphi sin\gamma t]$$
$$= \frac{1}{2}m(l\dot{\varphi})^2 + m\gamma a l\dot{\varphi}(cos(\varphi - \gamma t))$$

og den potentielle energi er:
$$P.E. = -gmlcos\varphi + gmacos\gamma t$$
$$L = \frac{1}{2}m(l\dot{\varphi})^2 + m\gamma al\dot{\varphi}(\cos(\varphi - \gamma t) + gm(lcos\varphi - acos\gamma t)$$
$$= \frac{1}{2}m(l\dot{\varphi})^2 + mla\gamma^2 sin(\varphi - \gamma t) + mglcos\varphi$$

Øvelse 3.6. Bestem bevægelsesligningerne.
Lad os nu overveje, hvornår pendularmen er en fjeder (se figur 3.4).

Eksempel 3.7 Enkelt pendul med fjeder til pendularmstøtte .

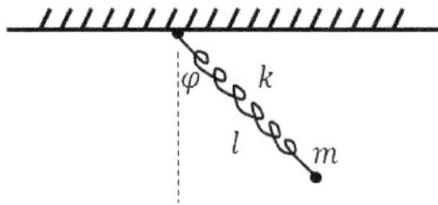

Figur 3.4. Enkelt pendul med fjeder til pendularmstøtte.
$$L = \frac{1}{2}m(\dot{r}^2 + r^2\dot{\theta}^2) + mgrcos\theta - \frac{1}{2}k(r - l)^2$$
$$\frac{d}{dt}\left(\frac{\partial L}{\partial \dot{r}}\right) - \frac{\partial L}{\partial r} = m\ddot{r} - mgcos\theta + k(r - l)$$
$$+ mr\dot{\theta}^2 = 0$$
$$\frac{d}{dt}\left(\frac{\partial L}{\partial \dot{\theta}}\right) - \frac{\partial L}{\partial \theta} = mr^2\ddot{\theta} + mgrsin\theta = 0$$

Lad os overveje små svingninger på grund af fjederen, så armlængden kan skrives som $r = l + \varepsilon$ med $\varepsilon \ll l$ og også tage en lille svingningsvinkel, vi kan skrive et lille oscillationsresultat og identificere resonansfrekvenser (dette er et eksempel på en simpel lille oscillationsanalyse, med en mere omfattende beskrivelse af mere kompleks analyse af små oscillationer givet i afsnit 3.8). Til første bestilling har vi:
$$m\ddot{\varepsilon} - mg + k\varepsilon = 0 \quad and \quad ml^2\ddot{\theta} + mgl\theta = 0.$$
Har derfor små oscillationsløsninger:
$$\varepsilon = Acos\left(\omega_0^{(1)}t + \alpha\right) + \frac{mg}{k} \quad \rightarrow \quad \omega_0^{(1)} = \sqrt{\frac{k}{m}}$$

og

32

$$\theta = Bcos\left(\omega_0^{(2)}t + \beta\right) \rightarrow \omega_0^{(2)} = \sqrt{\frac{g}{l}}.$$

Øvelse 3.7. Hvad sker der hvis $\omega_0^{(1)} = \omega_0^{(2)}$.

Lad os nu overveje, hvornår pendularmen kan understøtte spænding, men ikke kompression (f.eks. er det et reb).

Eksempel 3.8. Enkeltpendulet med kun spændingsstøtte til pendulmasse.

Overvej figur 3.4, men med *spændingsstøtte* . Igen har vi det simple pendul, med massen m holdt af en snor (eller tråd) af længde l, og vi betragter nu spændingen i tråden. Vi vil gerne undersøge det holonomiske regime, hvor strengspændingen ikke bliver slap. Igen har vi i polære koordinater, for potentiale $U = -mgr cos\theta$:

$$L = \frac{1}{2}m\left(\dot{r}^2 + r^2\dot{\theta}^2\right) + mgl cos\theta$$

Dermed

$$E_T = \frac{1}{2}ml^2\dot{\theta}^2 - mgl cos\theta$$

hvor den effektive kraft, der virker på ledningen, er radial. Lad os bruge EL-ligningen til koordinat r:

$$\frac{d}{dt}\left(\frac{\partial L}{\partial \dot{r}}\right) - \frac{\partial L}{\partial r} = Q_r$$

(3-10)

Siden $Q_r = -T_r$, strengspændingen, har vi så:

$$m\ddot{r} - mr\dot{\theta}^2 - mgcos\theta = -T_r \rightarrow T_r = \frac{2}{l}E_T + 3mgcos\theta$$

$$0 \le \frac{2}{l}E_T + 3mgcos\theta \rightarrow E_T \ge -\frac{3}{2}mgl cos\theta,$$

Til en stram snor eller reb. Hvis der findes en maksimal vinkel, θ_{max} har vi:

$$E_T = -mgl cos\theta_{max} \quad and \quad 0 \le \frac{2}{l}E_T + 3mgcos\theta_{max}$$
$$0 \le -2mgcos\theta_{max} + 3mgcos\theta_{max} \rightarrow 0 \le cos\theta_{max} \rightarrow 0 \le \theta_{max}$$
$$\le 90$$

Så hvis der er en maksimal vinkel for bevægelsen med spændt tråd, skal den ligge i $0 \le \theta_{max} \le 90$, med systemenergi:
$$-mgl \le E_T \le 0.$$
Hvis der ikke er en maksimal vinkel med stramhed, så opfylder vi betingelsen $E_T \ge -\frac{3}{2}mgl cos\theta$ for enhver vinkel, og har således:

33

$$E_T \geq \frac{3}{2}mgl$$

Lad os nu flytte den potentielle energi, således at pendulet i hvile har $E = 0$, så er intervallet af energiværdier, hvor strengspændingen opretholdes:

$$0 \leq E_T < mgl \quad and \quad \frac{5}{2}mgl \leq E_T < \infty.$$

Øvelse 3.8. Hvordan går man fra librering til rotation?

Eksempel 3.9. Et pendul med vandret støttebevægelse med fjederkraft . Lad os overveje problemet med et pendul frit til at bevæge sig i vandret retning, hvis støttepunkt også er frit til at bevæge sig i vandret retning med fjederkonstant $k/2$på både venstre og højre side (svarende til opgave 3.7 i [29]). Pendulet har en masse $m$forbundet med en masseløs stang af længde $l$til støttepunktet. Bob-bevægelsen er begrænset til at ligge i et lodret plan for pendulbevægelse, hvor vi tager koordinaterne til at være:

$$X = x + l\sin\theta \quad and \quad Y = -l\cos\theta$$

Lagrangian er så:

$$L = \frac{1}{2}m(\dot{X}^2 + \dot{Y}^2) - U, \quad where \quad U = \frac{1}{2}kx^2 - mgl\cos\theta$$

hvilket forenkler til:

$$L(x,\theta) = \frac{1}{2}m\dot{x}^2 + \frac{1}{2}m(l\dot{\theta})^2 + m\dot{x}\dot{\theta}l\cos\theta - U.$$

EL-ligningen for $x$giver:

$$m\ddot{x} + \frac{d}{dt}(m\dot{\theta}l\cos\theta) - kx = 0$$

og EL-ligningen for θgiver:

$$ml^2\ddot{\theta} + \frac{d}{dt}(m\dot{x}l\cos\theta) + m\dot{x}\dot{\theta}l\sin\theta + mgl\sin\theta = 0.$$

I den lille oscillationstilnærmelse reduceres bevægelsesligningerne til:

$$\ddot{x} + l\ddot{\theta} - \frac{k}{m}x = 0 \quad and \quad \ddot{x} + l\ddot{\theta} + g\theta = 0.$$

Vi kan kombinere for at se en relation mellem (x,θ): $x = \frac{mg}{k}\theta$, hvilket reducerer til en enkelt relation:

$$L\ddot{\theta} + g\theta = 0 \quad where \quad L = l + \frac{mg}{k}.$$

For små svingninger har vi således et pendul med effektiv længde $L = l + \frac{mg}{k}$.

Øvelse 3.9. Gentag med masse M for stang (ensartet).

34

Eksempel 3.10. Hvor højt kan du svinge, før støttespændingen går til nul?

De to dynamiske systemer, der betragtes som næste, har identiske lagrangianere bortset fra et skift i vinkelkoordinat. Begge har den samme begrænsning af konstant radial afstand, hvor kraften af begrænsning, der går til nul, enten markerer, hvor en pendulstrengspænding bliver slap, eller når et glidende objekt forlader en halvkugleformet kuplet overflade. Lad os først overveje pendulproblemet og tage fat på spørgsmålet om, hvornår pendulstrengspændingen går til nul.

Det første problem besvarer også spørgsmålet om, hvorvidt du kan komme på et gynge og gynge i større og større buer, parametrisk drevet måske, og nå frem med tilstrækkelig vinkelhastighed til at begynde at lave komplette rotationer... Svaret er aldrig, fordi en vinkelhastighed (i bunden af buen), der er $\omega > \sqrt{(5g/l)}$ påkrævet, med et 'spring' eller impuls påkrævet, da når vinkelhastigheden vokser til $\omega = \sqrt{(2g/l)}$ støttelinjen går spændingen til nul og yderligere (inkremental eller adiabatisk) vækst i systemenergi vil ikke være mulig.

Lagrangian for pendulet er nu skrevet med eksplicit Lagrange multiplikator τ (se note nedenfor) for pendulets radius r begrænset til at være længde l:

$$L = \frac{1}{2}m\left(\dot{r}^2 + r^2\dot{\theta}^2\right) + mgr\cos\theta - \tau(r - l)$$

EL-ligningerne giver os bevægelsesligningerne:

$$r: \quad m\ddot{r} - mr\dot{\theta}^2 - mg\cos\theta - \tau = 0$$

$$\theta: \quad \frac{d}{dt}\left(mr^2\dot{\theta}\right) + mgr\sin\theta = 0$$

$$\tau: \quad r - l = 0$$

Bemærk introduktionen af en "Lagrange-multiplikator", som, når den behandles som en variationsparameter i sig selv, med sin egen EL-ligning (vist ovenfor), hvor den genskaber begrænsningsligningen. Brug af Lagrange-multiplikatorer i det følgende vil på samme måde være meget simpelt, hvor vi f.eks. opnår et udtryk $-\tau(contraint\_body)$, når begrænsningsligningen er $contraint\_body = 0$ (det virker naturligvis kun for lighedsbegrænsninger, men der er en meget lignende procedure for ulighedsbegrænsninger som godt [24]).

Fra θligningen får vi en konstant for bevægelsen (bevarelse af energi):

$$\frac{d}{dt}\left(\frac{1}{2}\dot{\theta}^2 - \frac{g}{l}\cos\theta\right) = 0$$

Hvis vi definerer $\dot{\theta} = \omega$på $\theta = 0$:

$$\frac{1}{2}\dot{\theta}^2 - \frac{g}{l}\cos\theta = \frac{1}{2}\omega^2 - \frac{g}{l}$$

Løsning af spændingen τ:

$$\tau = ml\omega^2 - 2mg + 3mg\cos\theta$$

Overvej, hvornår spændingen (eller begrænsningens kraft) går til nul:

$$\omega^2 = \frac{g}{l}(2 - 3\cos\theta).$$

Vi ser, at der findes nulspændingsløsninger, når $\frac{g}{l}(2 - 3\cos\theta) \geq 0$.

Vinklen, hvor nul-begrænsning først opstår, er for:

$$\cos\theta = \frac{2}{3} \quad \rightarrow \quad \theta \cong 48°.$$

Der er tre interessedomæner i energiformlen:

Case 1: $l\omega^2 < 2g$: $2mg\cos\theta = ml\dot{\theta}^2 - ml\omega^2 + 2mg > -2mg + 2mg = 0$.Således har vi $\cos\theta > 0$, således $\theta \leq 45°$og siden mindre end $\theta \cong 48°$, spændingen $\tau > 0$.

Tilfælde 2: $2g < l\omega^2 < 5g$: $2mg\cos\theta = ml\dot{\theta}^2 - (x - 2)mg$,where $2 < x < 5$. Således kan have $\tau = 0$når $\cos\theta = \frac{2}{3} - \frac{l\omega^2}{3g}$som allerede nævnt.

Tilfælde 3: $l\omega^2 > 5g$: $\omega^2 = \frac{g}{l}(2 - 3\cos\theta)$kan aldrig tilfredsstilles, således går spændingen aldrig til nul -- pendulet roterer (fuldstændigt) snarere end librerer.

Øvelse 3.10. Beskriv bevægelsen, mens du går fra $l\omega^2 > 5g$og mindsker ω.

Eksempel 3.11. Bevægelse på overfladen af en halvkugle
For det andet, beslægtede, problem skal du overveje bevægelsen af en disk (hockeypuck) på overfladen af en halvkugle. Vi vil gerne vide, i hvilken vinkel glideskiven forlader halvkuglen, når den glider, f.eks. hvornår er begrænsningens kraft nul. Lagrangian er

$$L = \frac{1}{2}m\left(\dot{r}^2 + r^2\dot{\theta}^2\right) - mgr\cos\theta - \tau(r - l),$$

36

og analysen fortsætter som før, med samme resultat for den vinkel, hvor begrænsningen først når nul ($\theta \cong 48°$) som før.

Øvelse 3.11 . Hvilken fjederkonstant k, for at genoprette fjederen til toppen af halvkuglen, vil opretholde begrænsningskontakt op til$\theta = 50°$

3.4 Bevarede mængder i simple systemer
Hamiltonian for et simpelt system af partikler beskrives derefter (typisk et element eller en lille gruppe af elementer (to) forbundet på en eller anden måde), men kun i sammenhæng med at identificere integraler af bevægelsen, såsom bevarelse af energi, momentum og vinkelmomentum. Yderligere diskussion af Hamiltonians gøres derefter i kapitel 6.

Overvej et generaliseret koordinatsystem q_i, hvor 'i' er komponenten i et system med s frihedsgrader (partiklernes kumulative dimensioner af fri bevægelse tælles alle mod s). Ligeledes for de tilhørende hastigheder $\dot{q}_i$:. Der er således s frihedsgrader for den generaliserede koordinat og s frihedsgrader for den generaliserede hastighed. Dette giver anledning til 2s startbetingelser for at specificere bevægelsen. I et lukket mekanisk system ser dette ud til at indikere 2s betingelser og tilhørende konstanter eller bevægelsesintegraler, men tidens tilstedeværelse i hastigheden som en differential betyder $t$og $t + t_0$har den samme bevægelsesligning, så en af disse 2s konstanter er blot t_0, en valg af tidsoprindelse. Lad os overveje symmetrier af bevægelsesrummet og implikationer givet den lagrangske formulering:

$$\frac{dL(q_i, \dot{q}_i, t)}{dt} = \sum_i \left[\left(\frac{\partial L}{\partial q_i}\right) \dot{q}_i + \left(\frac{\partial L}{\partial \dot{q}_i}\right) \ddot{q}_i \right] + \frac{\partial L}{\partial t}$$

Overvej først homogenitet i tid, hvilket betyder lukket system eller åbent system, men med tidsuafhængigt eksternt felt. Uanset hvad, har $\frac{\partial L}{\partial t} = 0$, og med genbrug af Euler-Lagrange-relationerne:

$$\frac{dL}{dt} = \sum_i \left[\left(\frac{\partial L}{\partial q_i}\right) \dot{q}_i + \left(\frac{\partial L}{\partial \dot{q}_i}\right) \ddot{q}_i \right] = \sum_i \left[\dot{q}_i \frac{d}{dt} \left(\frac{\partial L}{\partial \dot{q}_i}\right) + \left(\frac{\partial L}{\partial \dot{q}_i}\right) \ddot{q}_i \right]$$

$$= \sum_i \left[\frac{d}{dt} \left(\dot{q}_i \frac{\partial L}{\partial \dot{q}_i} \right) \right]$$

Dermed,

$$\frac{d}{dt} \left[\sum_i \left(\dot{q}_i \frac{\partial L}{\partial \dot{q}_i} \right) - L \right] = 0$$

Den bevarede mængde med tiden er energi, angivet med E:

$$E = \sum_i \left(\dot{q}_i \frac{\partial L}{\partial \dot{q}_i} \right) - L$$

(3-11)

Bemærk, at additiviteten af energi på delsystemer så følger af additiviteten for Lagrangian og den eksplicitte additivitet angivet af summen. Hvis $L = T(q, \dot{q}) - U(q)$ og $T(q, \dot{q}) \propto (\dot{q})^2$, hvilket er typisk, *resulterer standardenergibesparelsen i form af kinetisk energi plus potentiel energi:*

$$E = T(q, \dot{q}) + U(q).$$

(3-12)

Overvej derefter homogenitet i rummet, og start fra et variationsudtryk på den lagrangiske antagelse, der ikke eksplicit er tidsafhængig:

$$\delta L(q, \dot{q}) = \sum_i \left[\left(\frac{\partial L}{\partial q_i} \right) \delta q_i + \left(\frac{\partial L}{\partial \dot{q}_i} \right) \delta \dot{q}_i \right]$$

hvor en infinitesimal forskydning ikke bør ændre vurderingen af Lagrangian, når $\delta q_i \neq 0$:

$$\delta L(q, \dot{q}) = 0 = \sum_i \left(\frac{\partial L}{\partial q_i} \right) = \sum_i -\left(\frac{\partial U}{\partial q_i} \right) \Rightarrow \sum_i F_i = 0.$$

Nettokræfter og momenter på et lukket system summerer til nul (specialiseret brug af dette vil blive vist i afsnit 5.1). Hvis vi erstatter Euler-Lagrange-relationen tilbage for at få en eksplicit total tidsafledt term:

$$\sum_i \frac{d}{dt} \left(\frac{\partial L}{\partial \dot{q}_i} \right) = \frac{d}{dt} \sum_i \left(\frac{\partial L}{\partial \dot{q}_i} \right) = 0 .$$

Fra den samlede tidsafledte relation får vi en konstant for bevægelsen svarende til bevarelse af momentum:

$$\sum_i \left(\frac{\partial L}{\partial \dot{q}_i} \right) = \vec{P} ,$$

(3-13)

hvor for systemer med $T(q, \dot{q}) \propto (\dot{q})^2$ for hver af partiklerne dette forenkler til standardformen:

$$\vec{P} = \sum_i m_i v_i .$$

(3-14)

Bemærk: med to partikler har vi $\vec{F}_1 + \vec{F}_2 = 0$, hvilket svarer til at sige handling er lig med reaktion (dvs. Newtons 3. ^{lov} er et specialtilfælde af bevarelse af momentum og Lagranges ligning).

38

For at gå med vores generaliserede koordinater og hastigheder er de generaliserede momenta og kræfter:

$$p_i = \frac{\partial L}{\partial \dot{q}_i} \quad and \quad F_i = \frac{\partial L}{\partial q_i},$$

(3-15)

hvor Lagranges ligninger ganske enkelt er:

$$\dot{p}_i = F_i.$$

(3-16)

Lad os nu se, hvad der sker på grund af rummets isotropi. Til dette skifter vi fra generaliserede koordinater til en tredimensionel radial positionsvektor med infinitesimal rotationsforskydning givet af:

$$\delta \vec{r} = \delta \vec{\varphi} \times \vec{r} \; and \; \delta \vec{v} = \delta \vec{\varphi} \times \vec{v}.$$

Variationen i Lagrangian bør være nul (nu indekseret over individuelle partikler):

$$0 = \delta L(\vec{r}_a, \dot{\vec{r}}_a) = \delta L(\vec{r}_a, \vec{v}_a) = \sum_a \left[\left(\frac{\partial L}{\partial \vec{r}_a} \right) \cdot \delta \vec{r}_a + \left(\frac{\partial L}{\partial \vec{v}_a} \right) \cdot \delta \vec{v}_a \right]$$

Erstatning af EL-ligningen og definitionen af generaliseret momentum:

$$\sum_a \left[\dot{\vec{p}}_a \cdot \delta \vec{r}_a + \vec{p}_a \cdot \delta \vec{v}_a \right] = 0 \implies \delta \vec{\varphi} \cdot \sum_a \left[\vec{r}_a \times \dot{\vec{p}}_a + \vec{v}_a \times \vec{p}_a \right]$$

Så kom frem til:

$$\frac{d}{dt} \left[\sum_a \vec{r}_a \times \vec{p}_a \right] = 0 \implies \vec{M} = \sum_a \vec{r}_a \times \vec{p}_a = constant.$$

(3-17)

Mængden $\vec{M}$ er vinkelmomentet, og den er bevaret. Der er ingen andre additive integraler af bevægelsen (f.eks. ingen andre globale rumlige symmetrier end homogenitet og isotropi af rummet).

Nu hvor vi ved, at vinkelmomentum er bevaret, kan vi begynde at udforske konsekvenserne af dette. Vinkelmomentum i 1D er trivielt nul, så vi skal flytte til problemer med 2D ubegrænset bevægelse eller 3D-bevægelse. Lad os starte med det *sfæriske* pendul.

Eksempel 3.12. Det kugleformede pendul.
Overvej figur 3.4, men med *spændingsstøtte* og med bevægelse af masse tilladt i 3-D (f.eks. ikke længere vandret plan). Massens kartesiske koordinat er:

$$x = lsin\varphi cos\theta \quad and \quad y = lsin\varphi sin\theta \quad and \quad z = lcos\varphi$$

Deres tidsderivater er ligetil:

$$\dot{x} = lcos\varphi\dot{\varphi} \, cos\theta + lsin\varphi(-sin\theta)\dot{\theta}, \quad etc.$$

Lagrangen er således

$$L = \frac{1}{2}m\{l^2(cos^2\varphi\dot{\varphi}^2) + l^2sin^2\varphi\dot{\varphi}^2 + l^2sin^2\varphi\dot{\theta}\}$$
$$- mglcos\varphi$$
$$= \frac{1}{2}m(l\dot{\varphi})^2 + \frac{1}{2}m(lsin\varphi\dot{\theta})^2 - mglcos\varphi$$

For bevægelsesligningerne starter vi med at eliminere det bevarede vinkelmomentum omkring z-aksen:

$$\frac{d}{dt}\left(\frac{\partial L}{\partial \dot{\theta}}\right) - \frac{\partial L}{\partial \theta} = 0 \quad \rightarrow \quad \frac{d}{dt}(ml^2sin^2\varphi\dot{\theta}) = 0$$

$$ml^2sin^2\varphi\dot{\theta} = P_\theta \text{ ,a conserved quantity, alternatibvely} \Rightarrow \dot{\theta}$$
$$= \frac{P_\theta}{ml^2sin^2\varphi}$$

Ved at eliminere $\dot{\theta}$ afhængigheden i Lagrangian ved brug af dens bevarede mængde får vi så den reviderede Lagrangian:

$$L = \frac{1}{2}m(l\dot{\varphi})^2 + \frac{P_\theta^2}{2ml^2sin^2\varphi} - mglcos\varphi$$

hvor nu:

$$\frac{d}{dt}\left(\frac{\partial L}{\partial \dot{\varphi}}\right) - \frac{\partial L}{\partial \varphi} = 0 \Rightarrow ml^2\ddot{\varphi} = \frac{-P_\theta^2 sin\varphi cos\varphi}{ml^2sin^4\varphi} + mglsin\varphi$$

dermed,

$$\ddot{\varphi} + \frac{P_\theta^2}{(ml)^2}\frac{cos\varphi}{sin^3\varphi} - \frac{g}{l}sin\varphi = 0$$

Øvelse 3.12. Hvad er den naturlige frekvens i den lille vinkeltilnærmelse?

Eksempel 3.13. Bord med hul, gevind med en linje med masser i enderne.

Lad os overveje et andet scenarie, hvor vinkelmomentet om en bestemt akse bevares. Overvej et bord med et hul. En spændingslinje tråder hullet. Den ende af linen, der hænger under bordet, har masse m_2 fastgjort (linen har ubetydelig masse), mens den ende, der hviler på bordpladen, har masse m. De indledende kraftbalanceligninger giver:

$$F_2 = m_2 g - T_2, \quad T_2 = T_1 = F_1 = ma_1, \quad y_2 = l - r_1,$$
$$\dot{y}_2 = -\dot{r}_1, \quad \ddot{y}_2 = -\ddot{r}_1$$

40

Mens kraften, hvad angår den potentielle funktion, giver:

$$F_i = -\frac{\partial U}{\partial q_i}, \quad F_1 = m_1 a_1 = m_1(\ddot{r}_1 + r_1{}^2\ddot{\theta}) = m_1\ddot{r}_1, \quad \text{and} \quad F_2$$

$$= m_2 g + \frac{m_1}{m_2} F_2$$

Således er Lagrangian:

$$L = \frac{1}{2}m_1((\ddot{r}_1 + \ddot{r}_2\dot{\theta}^2) + \frac{1}{2}m_2(\dot{y}_2)^2 - U_2 - U_1, \quad \text{where } U_2$$

$$= y_2 F_2 \text{ and } U_1 = -r_1 F_1$$

som kan omskrives:

$$L = \frac{1}{2}(m_1 + m_2)(\dot{r})^2 + \frac{1}{2}m_1 r_1{}^2\dot{\theta}^2 - (l - r_1)\left(\frac{m_2{}^2}{m_1 + m_2}\right)g$$

$$+ r_1\left(\frac{m_1 m_2}{m_1 + m_2}\right)g$$

Vi kan droppe konstante led fra Lagrangian (da de ikke ændrer i EL-ligningerne, altså ingen ændring i bevægelsesligningerne). Så droppe det konstante udtryk og omgruppere:

$$L = \frac{1}{2}(m_1 + m_2)(\dot{r})^2 + \frac{1}{2}m_1 r^2\dot{\theta}^2 + rm_2 g$$

Vi kan nu fortsætte med evalueringen af Lagrangian, igen begyndende med bevarelsen af vinkelmomentudtrykket:

$$\frac{d}{dt}\frac{\partial L}{\partial \dot{\theta}} - \frac{\partial L}{\partial \theta} = 0 \quad \rightarrow \quad \frac{d}{dt}(m_1 r^2\dot{\theta}) = 0 \quad \rightarrow \quad m_1 r^2\dot{\theta} = p_\theta$$

Vi har således:

$$L = \frac{1}{2}(m_1 + m_2)(\dot{r})^2 + \frac{p_\theta{}^2}{2m_1 r^2} + m_2 gr$$

Den resterende bevægelsesligning er:

$$\frac{d}{dt}\frac{\partial L}{\partial \dot{r}} - \frac{\partial L}{\partial r} = 0 \quad \rightarrow \quad (m_1 + m_2)\ddot{r} - m_2 g + \frac{p_\theta{}^2}{m_1 r^3} = 0$$

Til r små har vi så:

$$\ddot{r} = -\frac{p_\theta{}^2}{(m_1 + m_2)m_1}\frac{1}{r^3} = -\beta\frac{1}{r^3}, \quad \text{where } \beta = \frac{p_\theta{}^2}{(m_1 + m_2)m_1}$$

Derfor kan vi skrive:

$$\dot{r}\ddot{r} = -\beta\frac{\dot{r}}{r^3} \quad \rightarrow \quad (\dot{r})^2 = +\beta\left(\frac{1}{r^2}\right) \rightarrow \dot{r} = \frac{\sqrt{\beta}}{r} \rightarrow r\dot{r} = \sqrt{\beta} = \frac{1}{2}\frac{d}{dt}r^2 \quad \rightarrow \quad r$$

$$= \sqrt{2\sqrt{\beta}t}$$

41

Sidstnævnte resultat for bevægelsesligningen r er et tegn på et frastødende potentiale, som så rejser spørgsmålet, hvornår har vi stabile baner?

$$L = \frac{1}{2}m_1(\dot{r})^2 + \frac{p_\theta^2}{2(m_1 + m_2)r^2} + m_2 gr \quad \rightarrow \quad -U$$

$$= \frac{p_\theta^2}{2(m_1 + m_2)r^2} + m_2 gr,$$

Dermed,

$$\frac{dU}{dr} = 0 \quad \Rightarrow \quad -\frac{p_\theta^2}{(m_1 + m_2)r_{eq}^3} + m_2 g = 0 \quad \Rightarrow \quad r_{eq} = \sqrt[3]{\gamma}, \quad where \ \gamma$$

$$= \frac{p_\theta^2}{(m_1 + m_2)m_2 g}$$

Øvelse 3.13. *Kunne dette apparat bruges til at veje ukendt masse* m_2? *Beskriv en proces til at gøre dette.*

Eksempel 3.14. Se igen det enkelte pendul med vandret oscillerende støtte .

Lad os nu gense det enkelte pendul, når støttepunktet svinger vandret. Pendulet bevæger sig i papirets plan. Længdestrengen l bøjer ikke. Støttepunktet P bevæger sig frem og tilbage langs en vandret retning ifølge ligningen $x = \mathrm{acos}(\omega t)$, og ($\omega \neq \sqrt{(g/l)}$):

(i) Lad os starte med at skrive Lagrange for dette system og få Lagranges bevægelsesligninger. (Glem ikke den generaliserede kraft, når du skriver Lagranges ligning for x).

Har: $x' = x + l sin\theta$, således $\dot{x}' = \dot{x} + l cos\theta \dot{\theta}$. Har $y' = -l cos\theta$ altså $\dot{y}' = l sin\theta \ \dot{\theta} = -mgl cos\theta$. Har også det sædvanlige $U = mgy$, for derefter at skrive Lagrangian:

$$L = \frac{1}{2}m \left([-a\omega \sin(\omega t) + l cos\theta \ \dot{\theta}]^2 + [l sin\theta\dot{\theta}]^2 \right)$$
$$+ mgl cos\theta$$

$$= \frac{1}{2}ml^2\dot{\theta}^2 + mgl cos\theta + am\omega^2 l cos(\omega t)sin\theta$$

$$\frac{d}{dt}\left(\frac{d}{\partial\dot{\theta}}\right) - \frac{\partial L}{\partial \theta} = 0$$

$$\rightarrow \ ml^2\ddot{\theta} + mgl sin\theta$$
$$- am\omega^2 l cos(\omega t)cos\theta = 0$$

(ii) Løs dernæst ovenstående bevægelsesligninger i første orden i θ (små svingninger), og find steady-state løsningen for $\theta(t)$, i form af m, l, a og ω. (Vi er ikke interesserede i løsningen, der svinger ved pendulets naturlige frekvens.) Således:

$$ml^2\ddot{\theta} + mgl\theta - am\omega^2 l\cos(\omega t) = 0$$
$$\ddot{\theta} + \frac{g}{l}\theta - \frac{a}{l}\omega^2\cos(\omega t) = 0.$$

Så har:

$$\ddot{\theta} + \frac{g}{l}\theta = \frac{a}{l}\omega^2\cos(\omega t)$$

hvor RHS er en effektiv kraft/m. Og vi har løsningen:

$$\theta = \frac{(a/l)\omega^2}{\omega_0^2 - \omega^2}\cos(\omega t + \beta).$$

Øvelse 3.14. *Gentag, men med en lodret oscillerende støtte.*

3.5 Lignende systemer og virial sætning

Indtil videre har vi set, hvordan globale symmetrier spiller en rolle i etableringen af (additive) bevaringslove. Lad os nu overveje symmetrier internt i Lagrangian, så det kan udtrykkes som en anden Lagrangian med en samlet konstant multiplikator. I et sådant tilfælde vil vi opdage, at bevægelsesligningerne vil være de samme. For at se om en lagrangianer vil udvise en sådan "lighed" kræver det en specifikation af det potentielle energiudtryk i netop denne henseende. Så lad os omskalere systemets længder og tid og få den potentielle energi til at være en homogen funktion af parameteromskalering (hvor graden af homogenitet er givet af parameter k):

$$\vec{q}_a \rightarrow \alpha\vec{q}_a, \; (\; l' = \alpha l, \text{længdeudvidelse})$$
$$\dot{\vec{q}}_a \rightarrow \left(\frac{\alpha}{\beta}\right)\dot{\vec{q}}_a, (\; t' = \beta t, \text{tidsudvidelse})$$
$$U(\alpha\{\vec{q}_a\}) \rightarrow \alpha^k U(\{\vec{q}_a\}), (\text{homogen, grad k}).$$

$$(3\text{-}18 \text{ abc})$$

Nu hvor udvidelserne er specificeret, for at der skal være en lighed i Lagrangian, således at en samlet konstant faktor resulterer, med typisk Lagrangian specifikation $L = T - U$, har vi allerede reskaleringen af den potentielle energidel, reskaleringen på den kinetiske energidel er simpelthen at givet af hastigheden ovenfor (kvadratret). For at have et lignende system:

$$\left(\frac{\alpha}{\beta}\right)^2 = \alpha^k \rightarrow \beta = \alpha^{1-\frac{1}{2}k}, \quad \left(\frac{E'}{E}\right) = \alpha^k \; and \; \left(\frac{M'}{M}\right) = \alpha^{1+\frac{1}{2}k}.$$

43

Lad os overveje nogle tilfælde, hvor vi har et homogent potentiale:
  (1) For små svingninger, eller den klassiske fjeder, er den
  potentielle energi en kvadratisk funktion af koordinater
  (k=2). Den kritiske relation ovenfor med k=2 bliver: $\beta =$
  $\alpha^0 = 1$dvs. det er ligegyldigt størrelsen af forskydningen
  fra hvileposition (amplitude), tidsforholdet for systemet vil
  være 1, dvs. systemperioden er uafhængig af amplitude.
  (2) For et ensartet kraftfelt er den potentielle energi en
  lineær funktion af koordinater, såsom tilnærmelsen for
  bevægelse på grund af tyngdekraften nær Jordens
  overflade (PE = mgh). For k=1 har vi: $= \sqrt{\alpha}$, så indfald
  under tyngdekraften. Faldtidspunktet går for eksempel som
  kvadratroden af den oprindelige højde.
  (3) For Newtonsk eller Coulomb potentiale: k = -1. Nu har
  $= \sqrt[3]{\alpha}$, kvadratet af perioden for en bane går som
  terningen af kredsløbets størrelse (Keplers 3. [lov]).

Virial sætning

Dette er et af de få eksempler eller sammenhænge, hvor et multi-element
system overvejes (og for meget store antal elementer), på grund af dets
universelle anvendelse. Ethvert homogent potentiale, hvor bevægelsen er
afgrænset, gør det muligt for virialsætningen at gælde, hvorved
tidsgennemsnit af systemets potentielle og kinetiske energi har en simpel
relation. Dette vil blive udledt som følger, overvej:

$$E = \sum_i \left(\dot{q}_i \frac{\partial L}{\partial \dot{q}_i} \right) - L \implies \sum_i \left(\dot{q}_i \frac{\partial L}{\partial \dot{q}_i} \right) = 2T$$

(3-20)

Skrivning $v_i = \dot{q}_i$og definition af generaliseret momenta, og skift
derefter til vektornotation med partikler angivet ved at indeksere 'a':

$$\sum_i (v_i\, p_i) = \sum_a \vec{v}_a \cdot \vec{p}_a = \frac{d}{dt}\left(\sum_a \vec{r}_a \cdot \vec{p}_a \right) - \sum_a \vec{r}_a \cdot \dot{\vec{p}}_a$$

Lad os nu tage tidsgennemsnittet af 2T, hvor det samlede tidsafledte led
vil have middelværdi nul, hvis vi har afgrænset bevægelse. For at være
specifik er tidsgennemsnittet for en funktion $f(t)$af tid defineret til at
være:

$$\overline{f} = \lim_{\tau \to \infty} \frac{1}{\tau} \int_0^\tau f(t)dt$$

(3-21)

Antag $f(t) = \frac{d}{dt}F(t)$så:

$$\overline{f} = \lim_{\tau \to \infty} \frac{1}{\tau}[F(\tau) - F(0)] = 0$$

Til afgrænset bevægelse.

Da vi har afgrænset bevægelse, hvis vi opholder os i et begrænset område af rummet med endelige hastigheder, har vi:

$$2\overline{T} = -\overline{\sum_a \vec{r}_a \cdot \dot{\vec{p}}_a} = \overline{\sum_a \vec{r}_a \cdot \frac{\partial U}{\partial \vec{r}_a}} = k\overline{U}$$

Gentag hvad dette indikerer for de tre ovennævnte tilfælde ($E = \overline{E} = \overline{T} + \overline{U}$):

   (1) Små svingninger (k=2), har $\overline{T} = \overline{U}, E = 2\overline{T}$.
   (2) Ensartet felt (k=1), har $\overline{T} = (1/2)\overline{U}, E = 3\overline{T}$
   (3) Newtonsk eller Coulomb potentiale (k = −1): $\overline{U} = -2\overline{T}, E = -\overline{T}$. Dette resultat er i overensstemmelse med, at den samlede energi af en afgrænset bevægelse i denne type potentiale er negativ, som det vil fremgå af de følgende eksempler.

3.6. Endimensionelle systemer
Systemanalyse reducerer ofte i dimensionalitet (på grund af symmetrier). Overvej en planets kredsløb om solen, hvor 3D-problemet reduceres til 2D-problemet ved at bevare vinkelmomentet. For det meste behøver vi kun overveje bevægelse i en eller to dimensioner. Lad os starte med en-dimensionel bevægelse.

Overvej følgende Lagrangian for endimensionel bevægelse, hvor et vilkårligt potentiale er skitseret som vist i figur 3.5.

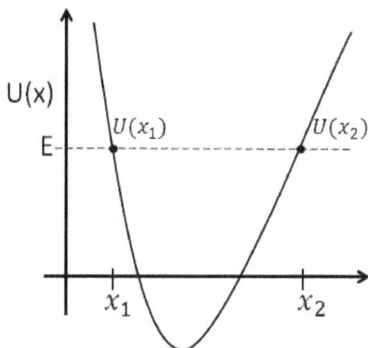

Figur 3.5 . Et endimensionelt potentiale. $U(x_1) = E = U(x_2)$.

$$L = \frac{1}{2}m\,\dot{x}^2 - U(x) \longrightarrow E = \frac{1}{2}m\,\dot{x}^2 + U(x)$$

(3-22)

Siden $U(x) \leq E$, og tager den positive rod (den negative svarer til tidsvending, med samme type løsninger):

$$\frac{dx}{dt} = \sqrt{\frac{2[E - U(x)]}{m}} \rightarrow t = \sqrt{m/2}\int dx/\sqrt{E - U(x)} + C$$

Bevægelsesgrænserne er givet af $U(x_1) = E = U(x_2)$, og bevægelsesperioden er givet ved det dobbelte af integralet fra x_1 til x_2:

$$Period = \sqrt{2m}\int_{x_1}^{x_2} dx/\sqrt{E - U(x)}.$$

(3-23)

Eksempel 3.15. Bevægelse på en buet rampe.
En lille masse glider uden friktion på en blok med masse M som vist i figur 3.6. M selv glider uden friktion på et vandret bord, og dens buede side har form som en cirkel med radius a .

   a) Find Lagranges ligninger for systemet i form af to generaliserede koordinater.
   b) Find to bevarede mængder.

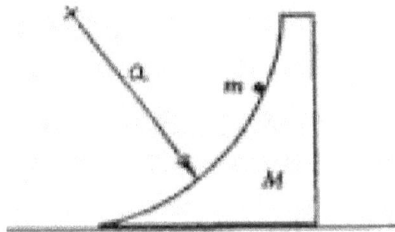

Figur 3.6. En masse m glider uden friktion på en blok med masse M, med en cirkel med radius a .

Koordinaterne: $x_1 = x + a\cos\theta$; $y_1 = -a\sin\theta$; og $x_2 = x$.
Koordinattiden afledes: $\dot{x}_1 = \dot{x} + a\sin\theta\,\dot{\theta}$; $\dot{y}_1 = -a\cos\theta\,\dot{\theta}$; og $\dot{x}_2 = \dot{x}$.
Den potentielle energi $U = -mga\sin\theta$:.
Dermed,

46

$$L = T - U = \frac{1}{2}m\left([\dot{x} - a\sin\theta\,\dot{\theta}]^2 + [-a\cos\theta\,\dot{\theta}]^2\right) + \frac{1}{2}M(\dot{x})^2 - U$$

$$L = \frac{1}{2}(m+M)\dot{x}^2 + \frac{1}{2}m(a\dot{\theta})^2 - am\dot{x}\dot{\theta}\sin\theta + mga\sin\theta$$

og,

$$\frac{d}{dt}\left(\frac{\partial L}{\partial x}\right) - \frac{\partial L}{\partial x} = 0 \implies (m+M)\ddot{x} - \frac{d}{dt}\left(am\dot{\theta}\sin\theta\right) = 0, \text{ dermed,}$$

$$\frac{d}{dt}\{(m+M)\dot{x} - am\dot{\theta}\sin\theta\} = 0.$$

Så vi har:

$$(m+M)\dot{x} - am\dot{\theta}\sin\theta = const,$$

og,

$$E = T + U = \frac{1}{2}(m+M)\dot{x}^2 + \frac{1}{2}m(a\dot{\theta})^2 - am\dot{x}\dot{\theta}\sin\theta + mga\sin\theta.$$

Øvelse 3.15. *Find massernes hastigheder som funktion af tiden, når massen m frigives fra hvilen øverst på den buede side.*

3.7 Bevægelse i et centralt felt

Betragt en enkelt partikel i et centralt potentiale. Dens vinkelmoment er bevaret: $\vec{M} = \vec{r} \times \vec{p} = constant$. Da konstant $\vec{M}$ er vinkelret på $\vec{r}$, er positionen altid i et plan vinkelret på $\vec{M}$ (bevarelse af vinkelmoment har derved reduceret problemet fra 3D til 2D). Den passende form for Lagrangian til bevægelse i et plan med centralt potentiale er således:

$$L = \frac{1}{2}m\dot{r}^2 + \frac{1}{2}m(r\dot{\varphi})^2 - U(r)$$

$$(3\text{-}24)$$

Bemærk, at der ikke er nogen direkte reference til koordinaten φ, i den Hamiltonske formalisme betyder dette, at:

$$F_\varphi = \frac{\partial L}{\partial \varphi} = 0$$

dermed

$$\dot{p}_\varphi = F_\varphi = 0 \quad \rightarrow \quad p_\varphi = constant = "M".$$

$$p_\varphi = \frac{\partial L}{\partial \dot{q}_i} = mr^2\dot{\varphi} = M.$$

$$(3\text{-}25)$$

Husk, at arealet af en radial sektorradius r med sweepvinkel φ er $A = (1/2)r \cdot r\varphi$, og sektorhastigheden er således $V_{sectorial} = (1/2)r^2\dot{\varphi} = M/2m$ en konstant, dvs. "lige arealer fejet i lige gange", alias Keplers tredje lov. Som det er typisk i denne type analyse, bruges integraler af bevægelsen (f.eks. bevarelseslove) som et første skridt til at forenkle analysen. For energi har vi således:

$$E = \frac{1}{2}m\dot{r}^2 + \frac{1}{2}m(r\dot{\varphi})^2 + U(r) \;\rightarrow\; \frac{1}{2}m\dot{r}^2 = [E - U] - \frac{M^2}{2mr^2},$$

hvor sidste led er centrifugalenergien. Omarrangering:

$$\frac{dr}{dt} = \sqrt{\frac{2}{m}[E - U] - \frac{M^2}{m^2r^2}}$$

Integrering, får vi

$$t = \int \frac{dr}{\sqrt{\frac{2}{m}[E - U] - \frac{M^2}{m^2r^2}}} + C_1$$

(3-26)

Ved brug af $d\varphi = \frac{M}{mr^2}\,dt$,

$$\varphi = \int \frac{M\,dr/r^2}{\sqrt{2m[E - U] - \frac{M^2}{r^2}}} + C_2$$

(3-27)

Bemærk, $\dot{\varphi} = M$ betyder φ ændringer monotont, så for en lukket sti, der nødvendigvis har en (afgrænset) minimum og maksimum radius, har vi for ændring i fase ved at gå fra minimum radius til maksimum radius og derefter tilbage:

$$\Delta\varphi = 2\int_{r_{min}}^{r_{max}} \frac{M\,dr/r^2}{\sqrt{2m[E - U] - \frac{M^2}{r^2}}}$$

hvor grænserne for bevægelsen er givet ved at energien ikke har nogen kinetisk del, $E = U_{eff}$ hvor

$$U_{eff} = U + \frac{M^2}{2mr^2}.$$

(3-28)

For $\Delta\varphi$ at der skal resultere i en lukket sti skal være nøjagtig lig med 2π eller et multiplum af $\Delta\varphi$ skal resultere i et multiplum af 2π (dvs. $\Delta\varphi =$

48

$2\pi\ (m/n))$. Dette sker kun for alle stier i integralet ovenfor, når potentialerne U har formen $1/r$ eller r^2, og i de tilfælde opstår et ekstra integral af bevægelsen (kendt som Runge-Lens vektoren). Før vi går videre til det kritiske $1/r$ potentiale, lad os dog overveje implikationerne af et vinkelmomentum, der ikke er nul med et centralt potentiale. Det er generelt umuligt at nå centrum i sådanne tilfælde, selv i attraktive potentialer. For at nå centrum, når $M \neq 0$, overvejer vi naturligvis en situation, hvor vi ikke er ved bevægelsens vendepunkter, dvs.

$$\frac{1}{2}m\dot{r}^2 = [E - U] - \frac{M^2}{2mr^2} > 0,$$

og ved at omgruppere og tage grænsen, når radius går til nul, finder vi ud af, at de eneste potentialer, der tillader dette, skal opfylde:

$$\lim_{r \to 0} r^2 U < -\frac{M^2}{2m}$$

Dette er kun muligt for negative potentialer $U(r) = -\alpha/r^n$ med $n >$ 2 eller med $n = 2$ and $\alpha > \frac{M^2}{2m}$.

I det foregående eksempel så vi, at Kepler- og Coulomb-potentialerne ($U(r) = -\alpha/r$) ikke var i gruppen af potentialer, der tillader bevægelse gennem midten, når vinkelmomentet er ikke-nul. Lad os nu overveje det attraktive potentiale, der er relevant for tyngdekraften (og for tiltrækning mellem modsatte ladninger) med $U(r) = -\alpha/r$ mere detaljeret. Til at starte med kan vinkelintegralet let løses til denne situation, hvor det effektive potentiale er:

$$U_{eff} = -\frac{\alpha}{r} + \frac{M^2}{2mr^2}\ ,and\ \min_r U_{eff} = -\frac{m\alpha^2}{2M^2}\ at\ r = \frac{M^2}{m\alpha}$$

$$(3\text{-}29)$$

hvor funktionen minimum og signifikante energidomæner er angivet i figur 3.7.

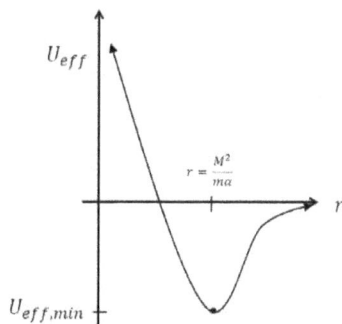

Figur 3.7. En skitse af det effektive potentiale. $U_{eff,min} = -\frac{m\alpha^2}{2M^2}$.
Bevægelsen er endelig hvis $E < 0$, uendelig hvis $E \geq 0$.

49

Integration giver så:

$$\varphi = \cos^{-1} \frac{\left(\frac{M}{r} - \frac{m\alpha}{M}\right)}{\sqrt{2mE + \frac{m^2\alpha^2}{M^2}}} + constant$$

(3-30)

Lad os $\varphi = 0$svare til forekomsten af nærmeste tilgang (perihelium, r_{min}i det følgende), i hvilket tilfælde konstanten er nul. Lad os også forholde os til to former for beskrivelse af baner $\{p, e\}$, hvor $2p$er kendt som latus rectum, og $e$er excentriciteten, og keglesnitsparametrene $\{a, b\}$, hvor $2a$er længden af hovedaksen og $2b$er længden af den lille akse:

$$p = \frac{M^2}{m\alpha} \quad and \quad e = \sqrt{1 + \frac{2EM^2}{m\alpha^2}}$$

(3-31)

for at nå frem til kredsløbsligningen:

$$p = r(1 + e \cos\varphi)$$

(3-32)

Fra kredsløbsligningen kan vi se, at:

$$r_{min} = \frac{p}{1+e} \quad and \quad r_{max} = \frac{p}{1-e}$$

(3-33)

Siden $2a = r_{min} + r_{max}$:

$$a = \frac{p}{1-e^2} = \frac{\alpha}{2|E|}$$

(3-34)

Vi ser også, at forholdene b/r_{min}og r_{max}/ber omskaleringsinvarianter og skal være proportionale med hinanden, hvor for $e = 0$dette er vist at være lighed, således $b = \sqrt{r_{min} \cdot r_{max}}$og vi får:

$$b = \frac{p}{\sqrt{1-e^2}} = \frac{M}{\sqrt{2m|E|}}$$

(3-35)

kredsløbets excentricitetsparameter : $e = \sqrt{1 + \frac{2EM^2}{m\alpha^2}}$

<u>For $e = 0$</u>(opstår når $E = -\frac{m\alpha^2}{2M^2}$): Vi har en cirkulær bane $r_{min} = r_{max} = p$.

For $0 \leq e < 1$(opstår når $E < 0$): Vi har elliptisk bane $r_{min} \neq r_{max}$.
For ellipser og cirklen har vi bundne baner, som gør det muligt for os at lave hele sektorintegralet af en sådan bane, og derved blot få arealet af ellipsen eller cirklen. Minde om

$$\frac{d(area)}{dt} = V_{sectorial} = \frac{1}{2}r^2\dot{\varphi} = \frac{M}{2m}$$

(3-36)

integrering i løbet af en omløbsperiode T:

$$T = \frac{2m(area)}{M} = \frac{2m\pi ab}{M} = \pi\alpha\sqrt{\frac{m}{2|E|^3}}.$$

(3-37)

Ud fra denne nøjagtige løsning kan vi se det $T^2 \propto \frac{1}{|E|^3} \propto a^3$, som er Keplers 3. [lov].

For $e = 1$(opstår når $E = 0$): Vi har en parabolsk bane (ubegrænset) med $r_{min} = \frac{p}{2}$ and $r_{max} = \infty$, som beskriver en indfaldende partikel fra hvile i det uendelige.

For $e > 1$(opstår når $E > 0$): Vi har en hyperbolsk bane (ubegrænset).

Laplace-Runge-Lenz-vektoren
Overvej en omvendt kvadratisk central kraft, der virker på en enkelt partikel, som er beskrevet af ligningen

$$A = p \times L - mk\hat{r} \rightarrow e = \frac{A}{mk},$$

(3-38)

hvor

      m er massen af den punktpartikel, der bevæger sig under den centrale kraft,
      p er dens momentvektor,
      $L = r \times p$ er dens vinkelmomentvektor,
      r er partiklens positionsvektor (figur 3.8),
      $\hat{r}$ er den tilsvarende enhedsvektor , dvs. $\hat{r}$, og
      r er størrelsen af r , afstanden af massen fra kraftcentrum.

Konstantparameteren k beskriver styrken af den centrale kraft; den er lig med $G \cdot M \cdot m$ for gravitation og $- k_e \cdot Q \cdot q$ for elektrostatiske kræfter. Kraften er attraktiv hvis $k > 0$ og frastødende hvis $k < 0$.

51

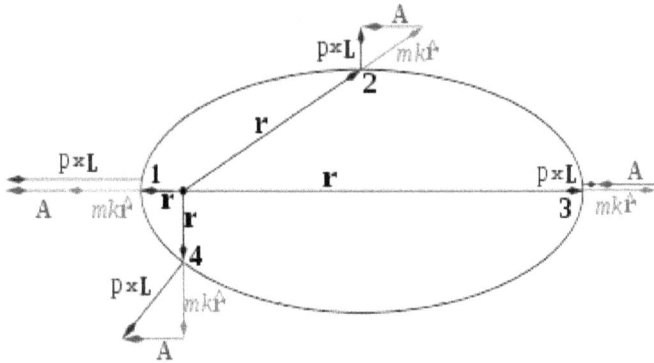

Figur 3.8 . LRL-vektoren **A** i fire punkter på den elliptiske bane under en omvendt kvadratisk central kraft. Tiltrækningscentret er vist som en lille sort cirkel, hvorfra positionsvektorerne udgår. Vinkelmomentvektoren **L** er vinkelret på banen. De koplanære vektorer **p** × **L** og (mk / r) **r** er vist. Vektoren **A** er konstant i retning og størrelse.

De syv skalære størrelser E , **A** og **L** (der er vektorer, de to sidstnævnte bidrager hver med tre bevarede mængder) er forbundet med to ligninger, **A** · **L** = 0 og A ^{2} = m ^{2} k ^{2} + 2 mEL ^{2} , hvilket giver fem uafhængige bevægelseskonstanter . Dette er i overensstemmelse med de seks begyndelsesbetingelser (partiklens begyndelsesposition og hastighedsvektorer, hver med tre komponenter), der specificerer partiklens kredsløb, da den indledende tid ikke er bestemt af en bevægelseskonstant. Den resulterende 1-dimensionelle bane i 6-dimensional faserum er således fuldstændig specificeret.

Eksempel 3.16. En testmasse frigives over nordpolen.
En testmasse frigives i hvile, en jorddiameter over (rotations)nordpolen. Ignorer atmosfærisk friktion. (Bruges til acceleration af tyngdekraften nær jordens overflade 10 $\frac{m}{sec^2}$, og for jordens radius $R_e = 6,400\ km$.)
a) Find massens hastighed (i meter/sek), når den rammer jorden.
b) Find et udtryk for, hvor lang tid det tager massen at ramme jorden. Dit udtryk skal indeholde et dimensionsløst integral.

52

Løsning:

a) Hastighed ved jordoverfladen: prøvemassens potentielle energi: $\Phi =$
$-\frac{mGM}{R}$. Bevarelse af energi giver den kinetiske energi til at være ændringen i potentiel energi:

$$\frac{1}{2}mv^2 = \Delta PE = \left(\frac{-mGM}{R}\right)\Big|_{R_e}^{3R_e} = \frac{2}{3}m\,R_e\,g$$

(b) Tid indtil stød, lad os først få relationen for fald til radius r:

$$\frac{1}{2}mv^2 = \left(\frac{-mGM}{R}\right)\Big|_{r}^{3R_e} \qquad v$$

$$= \frac{dr}{dt} \; since \; no \; coriolis \; force \; at \; North \; pole$$

$$\frac{1}{2}m\left(\frac{dr}{dt}\right)^2 = \frac{mGM}{r} - \frac{mGM}{3R_e}$$

$$\frac{dr}{dt} = \sqrt{\frac{2GM}{r} - \frac{2GM}{3R_e}} = \sqrt{2GM}\sqrt{\frac{1}{r} - \frac{1}{3R_e}}$$

$$dt = \frac{1}{\sqrt{2GM}}\frac{dr}{\sqrt{\frac{1}{r} - \frac{1}{3R_e}}}$$

$$T = \frac{1}{\sqrt{2GM}}\int_{R_e}^{3R_e}\frac{dr}{\sqrt{\frac{1}{r} - \frac{1}{3R_e}}} = \frac{(3R_e)^{\frac{3}{2}}}{\sqrt{2GM}}\int_{\left(\frac{1}{3}\right)}^{1}\frac{dx}{\sqrt{\frac{1}{x} - 1}} \cong 1.43\frac{(3R_e)^{\frac{3}{2}}}{\sqrt{2GM}}$$

Øvelse 3.16. *En testmasse frigives over ækvator.*

Eksempel 3.17. En planet med masse M....

En planet med masse m kredser om en solmasse M. Vi så i de generelle egenskaber for Kepler-systemer, at planeten bevæger sig i et plan, der indeholder kraftcentret. (a) Introducer polære koordinater for bevægelsesplanet og skriv Lagrangian; (b) Opnå vinkelmomentum og energi af planetsystemet; og (c) fra Kepler-analysen ved vi, at kredsløbet er en ellipse, så relater halvhovedakselængden a og ε ellipsens excentricitet til den bevarede energi og vinkelmoment opnået i (b), ved hjælp af følgende parametrisering af kredsløbet som en ellipse:

$$\frac{1}{e} = \frac{1}{a(1-\varepsilon^2)} + \frac{\varepsilon}{a(1-\varepsilon^2)}\cos\theta$$

Løsning:

(a) Vi har fra Newtonsk tyngdekraft, og vi skifter til massecenterrammen:

$$F = \frac{mMG}{r^2} = \frac{M_T \mu G}{r^2}, \text{where } M_T = (m + M) \text{ and } \mu = \frac{mM}{m + M}$$

Til dette kan vi skrive den potentielle energi som:

$$U = -\frac{M_T \mu G}{r}$$

Så i polære koordinater Lagrangian $L = T - U$:

$$L = \frac{1}{2}\mu(\dot{r}^2 + r^2\dot{\theta}^2) - U(|\vec{r}|) \text{ and } \vec{r} = \vec{r}_m - \vec{r}_M, r = |\vec{r}|$$

(b) For at få energien lad os starte med at få bevægelsesligningerne for de cykliske koordinater, her kredsløbsvinklen, for at få andre konstanter for bevægelsen, og brug derefter $E = T + U$:

$$\frac{d}{dt}(\mu r^2 \dot{\theta}) = 0 \rightarrow l = \mu r^2 \dot{\theta}, angular\ momemtum\ conserved$$

$$E = \frac{1}{2}\mu\dot{r}^2 + \frac{l^2}{2\mu r^2} - \frac{\mu M_T G}{r}$$

(c) Relation til parametrisering af en ellipse. Hos r_{min} og r_{max} vi har $\dot{r} = 0$, så få:

$$E = \frac{l^2}{2\mu r_{min}^2} - \frac{\mu M_T G}{r_{min}} \text{ and } E = \frac{l^2}{2\mu r_{max}^2} - \frac{\mu M_T G}{r_{max}}$$

Fra ellipseparameteriseringen har vi for r_{min} og r_{max}:

$$\frac{1}{r_{min}} = \frac{1}{a(1 - \varepsilon^2)} + \frac{\varepsilon}{a(1 - \varepsilon^2)} \implies r_{min} = a(1 - \varepsilon)$$

$$\frac{1}{r_{max}} = \frac{1}{a(1 - \varepsilon^2)} + \frac{\varepsilon}{a(1 - \varepsilon^2)} \implies r_{max} = a(1 + \varepsilon)$$

Ved at bruge de to ligninger for energi ved max- og min r-positionerne får vi:

$$\frac{l^2}{2\mu}\left(\frac{1}{r_{max}^2} - \frac{1}{r_{max}^2}\right) - \mu M_T G\left(\frac{1}{r_{min}} - \frac{1}{r_{max}}\right) = 0 \quad \rightarrow \quad l^2$$
$$= \mu^2 M_T G a(1 - \varepsilon^2)$$

Ved at erstatte forholdet for l^2 i de to energiligninger, samt $r_{min} = a(1 - \varepsilon)$ og $r_{max} = a(1 + \varepsilon)$, får vi:

$$E = \frac{-\mu M_T G}{r_{min} + r_{max}} = \frac{-\mu M_T G}{2a}$$

Dermed,

$$a = \frac{-\mu M_T G}{2E} = \frac{mMG}{2|E|} = \frac{\alpha}{2|E|}, where \ a = \mu M_T G = mMG.$$

Og i stedet for i l^2forholdet omgrupperer vi til get-udtrykket for excentricitet:

$$\varepsilon = \sqrt{1 + \left(\frac{2El^2}{\mu \alpha^2}\right)}.$$

Øvelse 3.17. Hvad er jorden-månesystemets excentricitet? Af Jord-Sol-systemet?

Eksempel 3.18. En partikel med masse m...

En partikel med massen m bevæger sig i et potentiale$U = \alpha/r - \beta/r^3$, $\alpha, \beta > 0$.

 a) For hvilket område a radier, r, er cirkulære baner stabile? (Udtryk betingelsen på r i form af α og β.)

 b) Find ud fra r, α, β og m frekvensen Ω af en cirkulær bane og frekvensen w af små svingninger omkring en cirkulær bane.

Løsning:

(a) $U = \alpha/r - \beta/r^3$, $\alpha, \beta > 0$, og for baner: $L = \frac{1}{2}m(\dot{r}^2 + r^2\dot{\theta}^2) - U$ og

$E = \frac{1}{2}m\dot{r}^2 + \frac{M_\theta^2}{2mr^2} + U$, således

$$U_{eff} = \frac{M_\theta^2}{2mr^2} - \frac{\alpha}{r} - \frac{\beta}{r^3}.$$

Cirkulære baner for:

$$\frac{U_{eff}}{\partial r} = 0 \quad \rightarrow \quad -\frac{M_\theta^2}{mr^3} + \frac{\alpha}{r^2} + \frac{3\beta}{r^4} = 0$$

Stabile baner for:

$$\frac{\partial^2 U_{eff}}{\partial r^2} = \frac{3M_\theta^2}{mr^4} - \frac{2\alpha}{r^3} - \frac{12\beta}{r^5} > 0.$$

(b) Husk det fejede område, A, relation: $M_\theta = mr^2\dot{\theta} = 2m\frac{dA}{dt}$, og kan derefter skrive:

$$dt = \frac{2m}{M_\theta}dA \Rightarrow T = \frac{2m}{M_\theta}(\pi r_c^2)$$

55

$$\alpha r_c^2 - \frac{M_\theta^2}{m} r_c + 3\beta = 0$$

Frekvensen af den cirkulære bane, Ω, er:

$$\Omega = \frac{2\pi}{T} = \frac{M_\theta}{mr_c^2},$$

og frekvensen af små svingninger omkring den cirkulære bane:

$$\omega = \sqrt{\frac{1}{2m} \frac{\partial^2 U_{eff}}{\partial r^2}\bigg|_{r_c}} = \sqrt{\frac{1}{m}\left\{\frac{\alpha}{r^3} - \frac{3\beta}{r^5}\right\}}.$$

Øvelse 3.18. *Hvad sker der, når α og β.er valgt sådan, at $\Omega = \omega$?*
Eksempel 3.19. Partikel i et centralt kraftfelt.
En partikel bevæger sig i et centralt kraftfelt givet ved potentialet: $U = -K\dfrac{e^{-r/a}}{r}$, hvor Kog $a$er positive konstanter. (a) Find sammenhængen mellem r, l og E for cirkulære baner. (b) Find perioden for små svingninger (i r- θplanet) omkring en cirkulær bane.

Løsning:

(a) Så har $U = -K\dfrac{e^{-r/a}}{r}$og $L = \frac{1}{2}m\left(\dot r^2 + r^2\dot\theta^2\right) - U$. Til centrifugalbarrieren har vi:

$$\frac{d}{dt}\left(\frac{\partial L}{\partial \dot\theta}\right) = 0 \Rightarrow mr^2\dot\theta = |L|$$

Så,

$$L = \frac{1}{2}m\dot r^2 - \frac{|L|^2}{2mr^2} - U$$

og bevægelsesligningerne er:

$$\frac{d}{dt}(m\dot r) - \left\{-\frac{|L|^2}{mr^3} - \frac{\partial U}{\partial r}\right\} = 0$$

Har cirkulære baner $r = const$for:

$$\frac{|L|^2}{mr_0^3} = -\frac{\partial U}{\partial r}\bigg|_{r=r_0} \to \frac{l^2}{mr_0^3} + \frac{E}{r_0} = +\frac{K}{ar_0}e^{-r_0/a} \to E$$

$$= \frac{l^2}{2mr_0^2} + \frac{K}{a}e^{-r_0/a}$$

(b) Vi har $\omega = \sqrt{\dfrac{1}{2m}\dfrac{\partial^2 U_{eff}}{\partial r^2}}$ og $U_{eff} = \dfrac{+l^2}{2mr^2} - \dfrac{Ke^{-r/a}}{r}$, og ved oscillationsligevægt:

$$\frac{U_{eff}}{\partial r} = \frac{-l^2}{mr^3} + \frac{Ke^{-r/a}}{r^2} + \frac{Ke^{-r/a}}{ar} = 0,$$

dermed,

$$\frac{\partial^2 U_{eff}}{\partial r^2} = \frac{3l^2}{mr^4} - \frac{2Ke^{-r/a}}{r^3} - \frac{Ke^{-r/a}}{ar^2} - \frac{Ke^{-r/a}}{ar^2} - \frac{Ke^{-r/a}}{a^2r}.$$

Fra

$$\left(\frac{1}{r^2} + \frac{1}{ar}\right)Ke^{-r/a} = \frac{l^2}{mr^3} \quad and \quad Ke^{-r/a} = \left(\frac{ar}{a+r}\right)\frac{l^2}{mr^2}$$

$$= \frac{a}{a+r}\frac{l^2}{mr}$$

Vi kan derefter omgruppere for at få

$$\omega = \sqrt{\frac{l^2}{m^2r^2}\left\{\frac{a}{a+r}\right\}\left(\frac{1}{r^2} + \frac{1}{ar} - \frac{1}{a^2r}\right)}.$$

Øvelse 3.19. *Antag* $\left.\frac{\partial^2 U_{eff}}{\partial r^2}\right|_{r_c}$ *for nogle valg af K og a, afled frekvensformel til tredjeordens afledt i potentiale, hvad er den nye oscillerende frekvens?*

Eksempel 3.20. Keplers 3. [lov] *fra Newtons love.*

(a) Vis direkte fra Newtons love, at for to stjerner med masse m1 og m2 i cirkulære kredsløb om deres massecenter, har Keplers 3. [lov] formen: $T^2 = \frac{4\pi^2}{G(m_1+m_2)}R^3$, med T perioden og R afstanden mellem stjernerne.

(b) Vis, at formlen kan omskrives på formen $T^2 = (m_1 + m_2)^{-1}R^3$, med T i år, R i AU (astronomiske enheder) og m i solmasser. (Hvis R er den semimajor-akse, gælder dette også for elliptiske baner.)

(c) Vis, at for et lille objekt i cirkulær kredsløb ved overfladen af et stort objekt, $T = K\rho^{-1/2}$, og find konstanten K. Hvad er perioden for en sten i kredsløb ved overfladen af en sfærisk sten ($\rho = 3g/cm^3$)?

Løsning:

(a) Husk: $L = r \times \mu v = const$ og $dA = \frac{1}{2}r \cdot rd\theta$

Så,

$$L = \mu r \times \left(\dot{r}\hat{r} + r\dot{\theta}\hat{\theta}\right) = \mu r^2\dot{\theta} = 2\mu\frac{dA}{dt} = const$$

$$2\mu dA = Ldt \rightarrow 2\mu(\pi ab) = LT$$

Husk på forholdet mellem masser og de store og små akser:

$$a = \frac{G(m_1 + m_2)\mu}{2|E|} \qquad b = \frac{L}{\sqrt{2\mu|E|}}$$

Dermed,

$$LT = 2\mu\pi \frac{G(m_1 + m_2)\mu}{2|E|} \frac{L}{\sqrt{2\mu|E|}}$$

$$\rightarrow \qquad \frac{4\pi^2}{G(m_1 + m_2)}\left\{\frac{G(m_1 + m_2)\mu}{2|E|}\right\}^3 = T^2$$

Således erstatter a = R (evaluering på semimajor akse):

$$T^2 = \frac{4\pi^2}{G(m_1 + m_2)} R^3.$$

(b) Enhedsændring foregår som følger:

$$T^2 \left(\frac{365 \times 24 \times 3600\text{sec}}{1yr}\right)^2$$

$$= \frac{4\pi^2}{G(m_1 + m_2)\left(\frac{2 \times 10^{30}kg}{M_\odot}\right)} R^3 \left(\frac{1.5 \times 10^8 km}{1A.U.}\right)^3,$$

så, $T^2 = (m_1 + m_2)^{-1}R^3 K$ og $K =$

$$\frac{(1.5 \times 10^8 km)^3 4\pi^2}{6.67 \times 10^{-11} Nm^2/kg^2 (3.15 \times 10^7 sec)^2 (2 \times 10^{30} kg)}\left[\frac{M_\odot \cdot yr^2}{(A.U.)^3}\right] = 1.0 \left[\frac{M_\odot \cdot yr^2}{(A.U.)^3}\right].$$

Dermed,

$$T^2 = (m_1 + m_2)^{-1}R^3.$$

(c) $T^2 = (m_1 + m_2)^{-1}R^3 \simeq m_{Large}^{-1}R^3 \simeq \frac{\frac{4}{3}\pi R^3}{m_{Large}} \frac{1}{\frac{4}{3}\pi} = \frac{\rho}{\frac{4}{3}\pi}$, således $T =$

$K\rho^{-1/2}$hvor $K = \frac{1}{2\sqrt{\frac{\pi}{3}}}$(hvor T er i enheder af år, $R = AU's$, $m = M_\odot's$, og

$m_1 \gg m_2$. For $\rho = 3g/cm^3 = 3 \times 10^3 kg/m^3$, således:

$$T = \sqrt{\frac{3\pi}{6.67 \times 10^{-11}}} (3 \times 10^3)^{-1/2} sec = 6.86 \times 10^3 sec = 114 \ min.$$

Øvelse 3.20. Hvad er perioden for en sten i kredsløb ved jordens overflade ($\rho = 1g/cm^3$) og ved overfladen af en neutronstjerne ($\rho = 10^{16} g/cm^3$)?

Eksempel 3.21. Binære systemer.

Stjernemasser findes ved at observere binære systemer. Typisk kan man ikke opløse stjernerne, men spektret viser to periodisk skiftende Doppler-skift, hvilket giver hver stjernes sigtelinjehastighed. Kald hastighederne V_1 og V_2. Vis, at hvis kredsløbet hælder med en vinkel θ i forhold til sigtelinjen:

$$R = (V_1 + V_2)/\Omega \sin\theta \text{ og } M_2/M_1 = V_1/V_2 \text{ og } \frac{m_2^3}{(m_1+m_2)^2}\sin^3\theta = (a_1 \sin\theta)^3/T^2.$$

Start med : $V_1 = \mathcal{V}_1 \sin\theta$ and $V_2 = \mathcal{V}_2 \sin\theta$, hvor $\mathcal{V}_1 = r_1\Omega$ and $\mathcal{V}_2 = r_2\Omega$. Lad $R = r_1 + r_2$, derefter:

$$V_1 + V_2 = (\mathcal{V}_1 + \mathcal{V}_2)\sin\theta = R\Omega \sin\theta \rightarrow R = (V_1 + V_2)/\Omega\sin\theta$$

Med oprindelsen i massecentrum: $M_1 r_1 + M_2 r_2 = 0$ og $M_1 \mathcal{V}_1 + M_2 \mathcal{V}_2 = 0$, således: $|M_1 V_1/\sin\theta| = |M_2 V_2/\sin\theta|$ og $\frac{M_2}{M_1} = \frac{V_1}{V_2}$. For at få den sidste relation skal du huske at på den semimajor-akse (for R):

$$T^2 = (m_1 + m_2)^{-1}R^3,$$

dermed:

$$T^2 = (m_1 + m_2)^{-1}\left\{\frac{(V_1 + V_2)}{\Omega \sin\theta}\right\}^3 = (m_1 + m_2)^{-1}\left\{\frac{\left(1 + \frac{m_1}{m_2}\right)V_1}{\Omega \sin\theta}\right\}^3$$

$$= (m_1 + m_2)^{-1}\left(1 + \frac{m_1}{m_2}\right)^3 a_1^3$$

hvorfra vi får:

$$\frac{m_2^3}{(m_1 + m_2)^2}\sin^3\theta = \frac{(a_1 \sin\theta)^3}{T^2}.$$

Øvelse 3.21. Binær med neutronstjerne.
Overvej en binær med én neutronstjerne. Det observerede Doppler-skift af neutronstjernen har en størrelsesorden $\frac{\Delta\lambda}{\lambda} = 2 \times 10^{-6}$ og en periode på 4 dage. Hvis massen af neutronstjernen er mindre end 3 M_Θ, hvad er den maksimale masse af dens ledsager?

Eksempel 3.22. Bevægelse inde i en paraboloid af revolution.
En partikel med massen m er tvunget til at bevæge sig under tyngdekraften uden friktion på indersiden af en omdrejningsparaboloid, hvis akse er lodret. Find det endimensionelle problem svarende til dets

59

bevægelse. Hvad er betingelsen for partiklernes begyndelseshastighed for at producere cirkulær bevægelse? Find perioden med små svingninger omkring denne cirkulære bevægelse.

Lad os vedtage cylindriske koordinater: $x = \rho \sin\theta$, $y = \rho \cos\theta$, i hvilket tilfælde vi har koordinater:

$z = \frac{a}{2}\rho^2$, $\rho^2 = x^2 + y^2$, $y = x^2$, og potentiale $U = mgz$. Således er Lagrangian:

$$L = \frac{1}{2}m(\dot{x}^2 + \dot{y}^2 + \dot{z}^2) - mg\frac{a}{2}\rho^2,$$

hvor

$$\dot{z} = ap\dot{\rho}, \quad \dot{x} = \dot{\rho}\sin\theta + \rho\cos\theta\,\dot{\theta}, \quad \dot{y} = \dot{\rho}\cos\theta + \rho\sin\theta\,\dot{\theta}.$$

Dermed,

$$L = \frac{1}{2}m\left(\dot{\rho}^2 + (ap\dot{\rho})^2 + \left(\rho\dot{\theta}\right)^2\right) - mg\frac{a}{2}\rho^2$$

Brug af Euler-Lagrange-ligningen til θ:

$$\frac{d}{dt}\left(\frac{\partial L}{\partial\dot{\theta}}\right) - \frac{\partial L}{\partial\theta} = 0 \quad \text{gives} \quad m\rho^2\dot{\theta} = M_\theta.$$

Dermed,

$$L = \frac{1}{2}m(\dot{\rho}^2 + (ap\dot{\rho})^2) + \frac{1}{2}m\left(\rho\dot{\theta}\right)^2 - mg\frac{a}{2}\rho^2$$

Ved at bruge Euler-Lagrange-ligningen ρfår vi:

$$m\ddot{\rho} + \frac{d}{dt}(m(a\rho)^2\dot{\rho}) - m(a\dot{\rho})^2\rho - m\rho\dot{\theta}^2 + mga\rho = 0$$

$$m\ddot{\rho}(1 + a^2\rho^2) + ma^2\rho\dot{\rho}^2 - \frac{M_\theta^2}{m\rho^3} + mga\rho = 0$$

Cirkulær bevægelse $\dot{\rho} = 0$:

$$\left(\frac{M_\theta}{m\rho}\right)^2 = ga\rho^2 \quad \text{and} \quad M_o = m\rho v.$$

Dermed

$$v = \rho\sqrt{ga} = \sqrt{2gz}$$

Lad os nu overveje små svingninger for

$$m\ddot{\rho}(1 + a^2\rho^2) + ma^2\rho\dot{\rho}^2 - \frac{M_\theta^2}{m\rho^3} + mga\rho = 0$$

Lad $\rho = \rho_o + \eta$og behold vilkårene i 1. ^{orden} i η:

$$(1 + a^2\rho_0^2)m\ddot{\eta} - \frac{M_\theta^2}{m\rho_0^3}\left(1 - \frac{3\eta}{\rho_o}\right) + mga(\rho_o + \eta) = 0$$

Dermed,

$$\ddot{\eta} + \frac{4ga\eta}{(1 + a^2\rho_0^2)} = 0 \quad \Rightarrow \quad \omega = \sqrt{\frac{4ga}{(1 + a^2\rho_0^2)}} \quad \Rightarrow \quad T$$

$$= \pi \sqrt{\frac{(1 + a^2\rho_0^2)}{ga}}.$$

Øvelse 3.22. Tid om efteråret.

To partikler bevæger sig om hinanden i cirkulære baner under påvirkning af gravitationskræfter, med en periode T. Deres bevægelse standses pludselig, og de frigives og får lov at falde ind i hinanden. Vis, at de støder sammen i tide $t/4\sqrt{2}$.

Eksempel 3.23. Attraktiv central kraft.

(a) Vis, at hvis en partikel beskriver en cirkulær bane under påvirkning af en attraktiv central kraft rettet mod et punkt på cirklen, så varierer kraften som den omvendte femtepotens af afstanden.

(b) Vis, at for den beskrevne bane er partiklens samlede energi nul.

(c) Find perioden for bevægelsen.

(d) Find $\dot{x}$, $\dot{y}$, og v som funktion af vinklen rundt om cirklen og vis, at alle tre størrelser er uendelige, når partiklen går gennem kraftcentret.

Løsning

(a) Start med position givet af $r - 2a\sin\theta$ for $0 \le \theta \le 180°$. Og har Lagrangian:

$$L = \frac{1}{2}m(\dot{r}^2 + r^2\dot{\theta}^2) - U(r) \quad with \quad \dot{r} = 2a\cos\theta\,\dot{\theta}.$$

Derefter,

$$\frac{d}{dt}\left(\frac{\partial L}{\partial\dot{\theta}}\right) - \frac{\partial L}{\partial\theta} = 0 \Rightarrow M_\theta = mr^2\dot{\theta} = \text{const. of motion}$$

Brug $r^2 + r^2\dot{\theta}^2 = 4_a^2\cos^2\theta\,\dot{\theta}^2 + 4_a^2\sin^2\theta\,\dot{\theta}^2 = 4_a^2\dot{\theta}^2$ for "begrænsningen" på r for at identificere den respektive kraft. På samme måde får vi $E = 2ma^2\dot{\theta}^2 + U(r) =$ integral af bevægelse, så konstant:

61

$$E = 2ma^2 \frac{M_\theta^2}{(mr^2)^2} + U(r) = \frac{2a^2 M_\theta^2}{mr^4} + U(r) = \text{const}$$

Dermed,

$$\frac{dE}{dr} = -\frac{8a^2 M_\theta^2}{mr^5} + \frac{dU}{dr} = 0$$

angiver, at den (tiltrækkende) kraft er:

$$F(r) = \frac{8a^2 M_\theta^2}{mr^5}.$$

(b) $\quad E = \frac{2a^2 M_\theta^2}{mr^4} - \int_\infty^r -\frac{8a^2 M_\theta^2}{mr^5} = 0$

(c) $\quad T =?\quad M_\theta = mr^2\dot\theta = m(4a^2)\sin^2\theta\,\frac{d\theta}{dt}$

$$dt = m(4a^2)\frac{\sin^2\theta}{M_\theta}\,d\theta$$

$$T = \frac{1}{M_\theta}\int_0^\pi (4a^2)\,m\sin^2\theta\,d\theta = \frac{2\pi ma^2}{M_\theta}$$

Alternativt:

$$M_\theta = mr^2\dot\theta = mr\cdot r\frac{d\theta}{dt} = m2\frac{dA}{dt} \quad\rightarrow\quad dt = \frac{2mdA}{M_\theta} \quad\rightarrow\quad T = \frac{2\pi ma^2}{M_\theta}$$

(d) $\quad x = r\cos\theta = 2a\sin\theta\cos\theta = a\sin 2\theta \qquad \dot x = 2a(\cos^2\theta -$
$\sin^2\theta)\dot\theta$
$\qquad y = r\sin\theta = 2a\sin^2\theta \qquad\qquad\qquad \dot y =$
$4a\sin\theta\cos\theta\,\dot\theta$
Så,

$$\dot x = (2a)(1 - 2\sin^2\theta)\dot\theta = 2a\left(1 - \frac{1}{2}\left(\frac{r}{a}\right)^2\right)\frac{M_\theta}{mr^2}; \qquad \dot y$$

$$= 2r\sqrt{1 - \left(\frac{r}{a}\right)^2}\,\frac{M_\theta}{mr^2}$$

og

$$v = \sqrt{4a^2\{\cos^4\theta - 2\cos^2\theta\sin^2\theta + \sin^4\theta\} + 16a^2\sin^2\theta\cos^2\theta}\cdot\dot\theta$$
$$= 2a\dot\theta\sqrt{\cos^4\theta + \sin^4\theta}.$$

Øvelse 3.23. Partikel i centralt harmonisk potentiale.
En partikel med massen m bevæger sig i centralt harmonisk potentiale
$V(r) = (1/2)kr^2$ med en positiv fjederkonstant k. (a) Brug det effektive

62

potentiale til at vise, at alle baner er bundet, og det E_{min} skal overstige $\sqrt{kl^2/m}$. (b) Bekræft, at banen er en lukket ellipse med origo i centrum. Hvis relationen $E/E_{min} = \cosh \xi$ definerer mængden ξ, vis at orbitalparametrene for a,b og excentricitet. Diskuter begrænsningstilfældet $E \to E_{min}$ og $E \gg E_{min}$. (c) Vis, at perioden er uafhængig af E og l.

3.8 Små svingninger om stabile ligevægte

Indtil videre har vi overvejet grundlæggende orbital mekanik og fået det klassiske orbitale resultat af en ellipse (med cirkel som specialtilfælde). Men hvor stabilt er dette idealiserede resultat for mere realistiske systemer, hvor der lejlighedsvis kan være interaktion udefra, der skubber til ting? Hvor stabile er disse løsninger i 'virkeligheden'? Det viser sig, at dette er et spørgsmål, der har at gøre med små svingninger (der skal beskrives detaljeret i dette afsnit) og om overordnet stabilitet (der skal beskrives i kapitel 6, hvor dynamikken er beskrevet i faserummet, og i formalismen beskrevet der kriterier for stabilitet lettere kan fastslås). Bemærk, at udvidelse af klassen af løsninger for at tillade små forstyrrelser er det første skridt til at have en generel mekanikløsning, men hvor langt kan dette tages? Svaret, som også følger i et senere afsnit, er op til "kaosgrænsen", som det når på en særpræget måde, hvilket giver anledning til universelle konstanter, herunder C_∞ med dets muligvis særlige forhold til alfa (detaljer i [45]). .

Så lad os overveje små oscillationer i tilfælde af den cirkulære bane. I potentialet er vi i en situation, hvor vi allerede er på minimum af potentialet (uændret over tid). Hvis vi nudger denne konfiguration, ser vi, at vi vil opleve et potentielt miljø domineret af potentialet i nærheden af ligevægten, og da det er på et minimum (kræves af ligevægt i systemer generelt, så denne diskussion generaliserede til de tilfælde som godt) så er der ingen første ordens term, kun anden til næste højere orden:

$$U(r) - U(r_{min}) \cong \frac{1}{2}k(r - r_{min})^2 \dots$$

plus højere ordrevilkår.

(3-39)

Hvis vi nu fokuserer på den lille forskydning $x = r - r_{min}$ og dropper konstantleddet $U(r_{min})$, har vi den klassiske fjederoscillator Lagrangian i variabel x:

$$L = \frac{1}{2}m\dot{x}^2 - \frac{1}{2}kx^2$$

(3-40)

For hvilke Euler-Lagrange-ligningerne giver anden ordens bevægelsesligning:

$$m\ddot{x} + kx = 0 \quad \rightarrow \quad \ddot{x} + \omega^2 x = 0, \quad where \; \omega^2 = \frac{k}{m}.$$

(3-41)

Da konvention er at tale om positive frekvenser i denne sammenhæng, tag den positive rod $\omega = \sqrt{k/m}$:. Den generelle løsning for differentialligningen er da $x(t) = a \; \cos(\omega t) + b \sin(\omega t)$:. Således har den klassiske 1-D fjeder to uafhængige svingninger mulige. Grænsebetingelser reducerer ofte til én uafhængig oscillationsgrad af frihed. Såsom for det cirkulære kredsløb med lille oscillationsproblem, hvor orbital vinkelmomentum modificeres af den lille oscillation (typisk), hvor grænsebetingelsesvalg er for fjederoscillation, der overføres til en bølgeudbredelse omkring ligevægtscirkulært kredsløb i samme orientering som system vinkelmoment, hvilket giver et netto system vinkelmoment, der er større, eller det modsatte, med netto vinkelmoment mindre. Antag, at dette så vælger en løsning med kun én af svingningerne konsekvent, og vælger for nemheds skyld $x(t) = a \; \cos(\omega t)$, så har vi:

$$E = \frac{1}{2} m\omega^2 a^2 \propto (amplitude)^2.$$

(3-42)

Så systemfrekvensen er ikke afhængig af amplitude, men systemenergien går som amplitude i kvadrat. Bemærk, at 1-D fjederoscillationsligningen for bevægelse kan omskrives som:

$$\frac{d^2 x}{dt^2} + \omega^2 \frac{d^2 x}{dX^2} = 0,$$

(3-43)

hvor de to løsningsklasser nu er fanget i formen:

$$x(t, X) = a \; \cos(\omega t - X) + b \cos(\omega t + X).$$

(3-44)

Nært beslægtet med dette er 1-D (partiel differential) bølgeligning for vibrationer på streng $y(t, X)$:

$$\frac{\partial^2 y}{\partial t^2} - \omega^2 \frac{\partial^2 y}{\partial X^2} = 0,$$

hvor de to uafhængige løsningsklasser nu er fanget i formen (D'Alembert [7]):

$$y(t, X) = f(\omega t - X) + g(\omega t + X).$$

64

For både 1-D-oscillatoren og 1-D-strengvibrationen påvirker grænsebetingelser vurderingen af tilgængelige funktionelle frihedsgrader.

3.8.1 drevne systemer

Nu hvor vi forstår systemets 'naturlige' svingninger, hvad nu hvis vi gentagne gange udøver en kraft på systemet (stadig forbliver inden for tilnærmelsen af små svingninger)? Ved at forblive inden for regimet af små svingninger må vi have et tilstrækkeligt svagt potentiale, og når dette er tilfældet, kan vi udvide det til laveste orden i forskydning af systemet fra dets ligevægt. Således, ud over den fjedergenskabende kraft fra potentiel energi, $\frac{1}{2}kx^2$ vi nu har

$$U_{external}(x,t) \cong U_{ext}(0,t) + x[\partial U_{ext}/\partial x]_{x=0}$$

(3-45)

Ved at droppe udtrykket uden x-afhængighed og skrivekraft $F(t) = -[\partial U_{ext}/\partial x]_{x=0}$ får vi så Lagrangian for den drevne oscillator:

$$L = \frac{1}{2}m\dot{x}^2 - \frac{1}{2}kx^2 + xF(t).$$

(3-46)

Dette giver anledning til differentialligningen:

$$\ddot{x} + \omega^2 x = \frac{F(t)}{m},$$

(3-47)

hvis generelle løsning kan opnås på sædvanlig måde med inhomogene differentialligninger ved at bygge ud af løsningerne til den homogene differentialligning. Antag i dette tilfælde, at dette er skrevet som en generel løsning $x(t) = x_{hom}(t) + x_{inhom}(t)$, hvor $x_{hom}(t) = a\cos(\omega t + \alpha)$ som før, med $\{a, \alpha\}$ bestemt af grænsebetingelser. For at beregne $x_{inhom}(t)$ delen, lad os overveje ydre kræfter, der er periodiske drivere (summation over sådanne kan så, ved Fourier-transformations fuldstændighed, modellere enhver tidsvarierende ydre kraft):

$$F(t) = f\cos(\gamma t + \beta).$$

(3-48)

Hvis vi gætter på en løsning $x_{inhom}(t) = b\cos(\gamma t + \beta)$, finder vi ud af, at den virker for $b = f/m(\omega^2 - \gamma^2)$, og derfor har vi for vores overordnede løsning:

$$x(t) = a\cos(\omega t + \alpha) + \left[\frac{f}{m(\omega^2 - \gamma^2)}\right]\cos(\gamma t + \beta).$$

(3-49)

Bemærk, at denne løsning består af en del, der oscillerer ved systemets egenfrekvens og en del, der oscillerer ved kraftens driverfrekvens. Bemærk også, at der sker noget særligt, hvis kørefrekvensen matcher systemets egenfrekvens. Dette er fænomenet resonans.

For at undersøge, hvad der sker ved resonans, ønsker vi at have en form for at tage grænsen $\gamma \rightarrow \omega$. Til dette har vi brug for, at det andet udtryk er i en form, der er egnet til at bruge L'Hopitals regel. Ved blot at bryde et stykke af det første led og flytte dets faseled efter behov (alt gyldigt inden for første ordens lille oscillationstilnærmelse) kan vi simpelthen omskrive:

$$x(t) = a' \cos(\omega t + \alpha) + \left[\frac{f}{m(\omega^2 - \gamma^2)}\right][\cos(\gamma t + \beta) - \cos(\omega t + \beta)],$$

(3-50)

og vi får:

$$\lim_{\gamma \rightarrow \omega} x(t) = a' \cos(\omega t + \alpha) + \left[\frac{ft}{2m\omega}\right][\sin(\omega t + \beta)].$$

(3-51)

Som det kan ses, viser den velkendte ustabilitet ved resonans sig i anden term, som vokser lineært over tid (snart bryder de små oscillationsantagelser). Systemer går ofte i stykker, når de drives ved resonans, fordi de er i stand til effektivt at absorbere driverenergi, der er tilstrækkelig til ikke kun at overtræde de små oscillationsantagelser (og modtagelighed for yderligere driverenergiabsorption), men også tilstrækkelig til at bryde en systembegrænsning. Bemærk: sådan kan en parkeret bil flyttes rundt af en lille gruppe mennesker, der med jævne mellemrum skubber på bilen ('studser' uden at 'løfte'), hvis affjedringen køres med resonans og sideskub, når det er på et affjedrings-bounce højdepunkt .

Lad os nu overveje systemer med mere end én grad af frihed. Generelt vil de lave ordensled i det potentielle udtryk i forskydningerne involvere krydsudtryk. Alligevel kan generelt koordinater søges at afkoble til et lavordenspotentiale uden krydsudtryk (kendt som "normale koordinater"), og systemet med N frihedsgrader afkobles derved til N 1-D-svingninger som allerede undersøgt.

Efter notationen af [27] lad os betragte U som en funktion af flere koordinater. Vi er interesserede i udvidelser af dette potentiale med små forskydninger fra dets minimum (siden forudsætter ligevægt med små

66

svingninger). Ved at bruge friheden til at flytte energiskalaen vælger vi minimumspotentialet til at være nul, og har potentiale op til kvadratiske led (ingen lineære led da minimum):

$$U = \frac{1}{2} \sum_{i,k} K_{ik} x_i x_k,$$

hvor x'erne er koordinatforskydningerne fra potentialets minimum. Tilsvarende vil det kinetiske led i generaliserede koordinater stadig være kvadratisk i hastighederne, men koefficienten vil generelt have koordinatafhængighed:

$$T = \frac{1}{2} \sum_{i,k} m(x_i, x_k) \dot{x}_i \dot{x}_k \cong \frac{1}{2} \sum_{i,k} m_{ik} \dot{x}_i \dot{x}_k,$$

hvor sidstnævnte tilnærmelse med konstant inerti-matrix m_{ik} opnås, når man tager den laveste ordens term i den generaliserede inertifunktion $\sum_{i,k} m(x_i, x_k)$ (i overensstemmelse med scenarierne for lille forskydning eller små oscillationer). Lagrangian er således:

$$L = \frac{1}{2} \sum_{i,k} (m_{ik} \dot{x}_i \dot{x}_k - K_{ik} x_i x_k),$$

og de resulterende Euler-Lagrange ligninger:

$$\sum_k (m_{ik} \ddot{x}_k + K_{ik} x_k) = 0.$$

Betragt som mulige løsningsforskydninger i de generaliserede koordinater med forskellige størrelser, men samme frekvens $x_k = A_k \exp i\omega t$:. Ved at erstatte, skal vi nu løse:

$$\sum_k (-\omega^2 m_{ik} + K_{ik}) A_k = 0 \quad \rightarrow \quad det|-\omega^2 m_{ik} + K_{ik}| = 0,$$

Således sætter vi determinanten lig med nul, hvilket resulterer i en karakteristisk ligning af grad "N" (antallet af generaliserede koordinater). Løsningerne $\{\omega_\alpha\}$ er systemets karakteristiske frekvenser. Dette foreslår en generel løsning for hver generaliseret koordinatforskydning til at bestå af en sum over alle de karakteristiske frekvenser (forbliver i overensstemmelse med notationen af [27]):

$$x_k = \sum_\alpha \Delta_{k\alpha} \theta_\alpha \; ; \quad \theta_\alpha = \mathrm{Re}[C_\alpha \exp i\omega_\alpha t],$$

(3-52)

hvor C_α er vilkårlige komplekse konstanter, og $\Delta_{k\alpha}$ "erne er minorerne af determinanten forbundet med hver af de karakteristiske frekvenser ω_α (forudsat at alle ω_α er forskellige). Tidsvariationen af hver koordinat i systemet er således en superposition af N simple periodiske oscillatorer (med vilkårlige amplituder og faser men N bestemte frekvenser). For overskuelighedens skyld, lad os fortsætte med at antage, at alle ω_α er forskellige og blot erstatter $x_k = \sum_\alpha \Delta_{k\alpha} \theta_\alpha$, hvorfra vi får N afkoblede ligninger ved substitution til Lagrangian (f.eks. ved at bruge de karakteristiske frekvenser diagonaliserer vi samtidig både kinetiske og potentielle termer, bortset fra en inertialfaktor I_α for hvert frekvensbidrag):

$$L = \frac{1}{2} \sum_\alpha I_\alpha (\dot{\theta}_\alpha^2 - \omega_\alpha^2 \theta_\alpha^2),$$

(3-53)

hvilket kræver koordinatomskalering for at nå frem til konventionen for normale koordinater, at deres kinetiske led har en koefficient på 1/2. Således $\theta_\alpha \rightarrow \theta_\alpha / \sqrt{I_\alpha}$, og hvis kraft er til stede, bliver den reviderede Lagrangian:

$$L = \frac{1}{2} \sum_\alpha (\dot{\theta}_\alpha^2 - \omega_\alpha^2 \theta_\alpha^2) + \sum_\alpha \sum_k \frac{F_k(t)}{\sqrt{I_\alpha}} \Delta_{k\alpha} \theta_\alpha.$$

(3-54)

Brugen af normale koordinater muliggør således reduktionen af en tvungen oscillation i et system med mere end én frihedsgrad til en række endimensionelle tvungen oscillatorproblemer.

3.8.2 Multimodale og låste modale eksempler på små oscillationer
Eksempel 3.24. Pendulet ophængt fra kanten af en cylindrisk skive.
Et simpelt pendul er ophængt fra kanten af en cylindrisk skive som vist i figur 3.9. Pendulet har længde l og masse m. Skiven har en radius $r = l/2$, med en masse $M = 2m$, og kan rotere frit om en akse gennem dens centrum. Find de normale tilstande og frekvenser i den lille oscillationstilnærmelse.

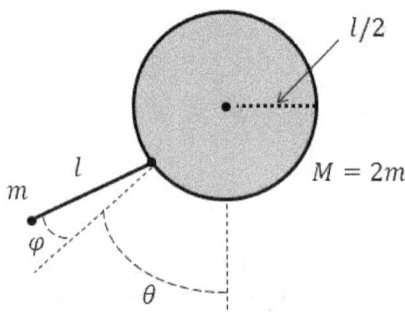

Figur 3.9.

68

For at opnå Lagrangian har vi først brug for inertimomentet for en solid skive:

$$I = \int_0^r \rho r^2 (2\pi r) dr = 2\pi\rho \frac{r^4}{4}, \qquad where\ \rho(\pi r^2) = M,$$

dermed,

$$I = \frac{1}{2}Mr^2 = \frac{1}{2}(2m)(\frac{l}{2})^2 = \frac{1}{4}ml^2.$$

Til vinkelkoordinaten for skivens rotation har vi θ med vinkelfrekvens $\omega = \dot\theta$. Lad os nu overveje koordinaterne for pendulet:

$$y = \frac{l}{2}cos\theta + l cos(\theta + \varphi) \quad and \quad x = \frac{l}{2}sin\theta + l sin(\theta + \varphi)$$

med tidsafledte:

$$\dot y = -\left\{\frac{l}{2}sin\theta\dot\theta + l sin(\theta + \varphi)(\dot\theta + \dot\varphi)\right\} \quad and \quad \dot x$$
$$= \left\{\frac{l}{2}cos\theta\dot\theta + l cos(\theta + \varphi)(\dot\theta + \dot\varphi)\right\}.$$

De kinetiske udtryk er således:

$$T = \frac{1}{2}I\omega^2 + \frac{1}{2}m(\dot x^2 + \dot y^2)$$
$$= \frac{1}{2}\left(\frac{1}{4}ml^2\right)\dot\theta^2$$
$$+ \frac{1}{2}m\left\{\left(\frac{l}{2}\dot\theta\right)^2 + [l(\dot\theta + \dot\varphi)]^2 + l^2\dot\theta(\dot\theta + \dot\varphi)cos\varphi\right\}$$

Det potentielle udtryk er:

$$U = -mgy = -mgl\left(\frac{1}{2}cos\theta + cos(\theta + \varphi)\right).$$

Ved at sætte dette sammen for at få Lagrangian og skifte til den lille vinkeltilnærmelse (og faldende konstanter):

$$L = \frac{1}{8}ml^2\dot\theta^2 + \frac{1}{2}m\left\{\left(\frac{l}{2}\dot\theta\right)^2 + [l(\dot\theta + \dot\varphi)]^2\right\} + mgl(\frac{1}{2}\left(-\frac{1}{2}\theta^2\right)$$
$$- \frac{1}{2}(\theta - \varphi)^2$$
$$= \frac{5}{4}ml^2\dot\theta^2 + \frac{3}{2}ml^2\dot\theta\dot\varphi + \frac{1}{2}ml^2\dot\varphi^2 - \frac{3}{4}mgl\theta^2 - mgl\theta\varphi - \frac{1}{2}mgl\varphi^2$$

Ved at bruge EL-relationen er bevægelsesligningerne så:

$$\frac{5}{2}ml^2\ddot{\theta} + \frac{3}{2}ml^2\ddot{\varphi} + \frac{3}{2}mgl\theta + mgl\varphi = 0$$

$$ml^2\ddot{\varphi} + \frac{3}{2}ml^2\ddot{\theta} + mgl\varphi + mgl\theta = 0$$

$$\begin{vmatrix} \left(3\left(\frac{g}{l}\right) - 5\omega^2\right) & \left(2\left(\frac{g}{l}\right) - 3\omega^2\right) \\ \left(2\left(\frac{g}{l}\right) - 3\omega^2\right) & \left(2\left(\frac{g}{l}\right) - 2\omega^2\right) \end{vmatrix} = 0$$

$$\omega^2 = \frac{4\left(\frac{g}{l}\right) \pm \sqrt{\left(4\left(\frac{g}{l}\right)\right)^2 - 4\left(2\left(\frac{g}{l}\right)^2\right)}}{2} = \left(\frac{g}{l}\right)\{2 \pm \sqrt{2}\}$$

og vi kan nu skrive til $\omega^2 = \left(\frac{g}{l}\right)(2 + \sqrt{2})$:

$$(v - \omega^2 m)\rho^{(1)} = \begin{pmatrix} \{3 - 5(2 + \sqrt{2})\}\left(\frac{g}{l}\right) & \{2 - 3(2 + \sqrt{2})\}\left(\frac{g}{l}\right) \\ \{2 - 3(2 + \sqrt{2})\}\left(\frac{g}{l}\right) & \{2 - 2(2 + \sqrt{2})\}\left(\frac{g}{l}\right) \end{pmatrix}\begin{pmatrix} \theta \\ \varphi \end{pmatrix}$$

$$= 0$$

$$\left(-7 - 5\sqrt{2}\right)\theta + \left(-4 - 3\sqrt{2}\right)\theta = 0$$
$$\left(-4 - 3\sqrt{2}\right)\theta + \left(-2 - 2\sqrt{2}\right)\theta = 0$$

$$\theta = -\frac{(4 + 3\sqrt{2})\varphi}{(7 + 5\sqrt{2})} \simeq -\frac{4.1}{7}\varphi$$

Dermed:

$$\rho^{(1)} \simeq c\begin{pmatrix} 1 \\ -7/4 \end{pmatrix} \quad for \quad \omega^2 = \left(\frac{g}{l}\right)(2 + \sqrt{2})$$

Tilsvarende for $\omega^2 = \left(\frac{g}{l}\right)(2 - \sqrt{2})$

$$(v - \omega^2 m)\rho^{(2)} = \begin{pmatrix} \{3 - 5(2 - \sqrt{2})\}\left(\frac{g}{l}\right) & \{2 - 3(2 - \sqrt{2})\}\left(\frac{g}{l}\right) \\ \{2 - 3(2 - \sqrt{2})\}\left(\frac{g}{l}\right) & \{2 - 2(2 - \sqrt{2})\}\left(\frac{g}{l}\right) \end{pmatrix}\begin{pmatrix} \theta \\ \varphi \end{pmatrix}$$

$$= 0$$

$$\theta = \frac{(-4 - 3\sqrt{2})\varphi}{(-7 - 5\sqrt{2})} \simeq 4\varphi$$

$$\rho^{(2)} \simeq c\begin{pmatrix} 1 \\ 1/4 \end{pmatrix} \ for \ \ \omega^2 = \left(\frac{g}{l}\right)(2 - \sqrt{2})$$

Lad os nu normalisere vektorerne:

$$M = m\begin{pmatrix} \dfrac{5}{2} & \dfrac{3}{2} \\ \dfrac{3}{2} & 1 \end{pmatrix}$$

$$mc^2\begin{pmatrix} 1 & \dfrac{-7}{4} \end{pmatrix}\begin{pmatrix} \dfrac{5}{2} & \dfrac{3}{2} \\ \dfrac{3}{2} & 1 \end{pmatrix}\begin{pmatrix} 1 \\ -\dfrac{7}{4} \end{pmatrix} = mc^2\begin{pmatrix} 1 & \dfrac{-7}{4} \end{pmatrix}\begin{pmatrix} -\dfrac{1}{8} \\ -\dfrac{1}{4} \end{pmatrix}$$

$$= mc^2\left(-\frac{1}{8} + \frac{7}{16}\right) = mc^2\left(\frac{5}{16}\right)$$

$$c \simeq \frac{4}{\sqrt{5m}}$$

$$\vec{\rho}^{(1)} = \frac{4}{\sqrt{5m}}\begin{pmatrix} 1 \\ -7/4 \end{pmatrix}$$

På samme måde får vi for den anden tilstand:

$$c \simeq \frac{4}{\sqrt{53m}}$$

$$\vec{\rho}^{(2)} = \frac{4}{\sqrt{53m}}\begin{pmatrix} 1 \\ 1/4 \end{pmatrix}$$

De normale tilstande kombineres således for at give position ved:

$$\vec{x} = \frac{4}{\sqrt{5m}}\begin{pmatrix} 1 \\ -7/4 \end{pmatrix}\left\{ c_1 \cos\left(\sqrt{(2 + \sqrt{2})\left(\frac{g}{l}\right)}\, t\right)\right.$$

$$\left. + d_1 \sin\left(\sqrt{(2 + \sqrt{2})\left(\frac{g}{l}\right)}\right) t\right\}$$

$$+\frac{4}{\sqrt{53m}}\binom{1}{1/4}\left\{c_2\cos\left(\sqrt{(2-\sqrt{2})\left(\frac{g}{l}\right)}\,t\right)\right.$$
$$\left.+d_2\sin\left(\sqrt{(2-\sqrt{2})\left(\frac{g}{l}\right)}\right)t\right\}$$

Øvelse 3.24. I stedet for en solid skive skal du have en bøjle (samme masse). Gentag analysen.

Eksempel 3.25. To små perler på en cirkulær tråd.

I det næste eksempel skal du overveje to små perler med massen m og ladningen e, der bevæger sig uden friktion på en cirkulær ledning med radius a. Ved t=0 er perlerne diametralt modsatte af hinanden. Hvis perle 2 til at begynde med er i hvile og perle 1 til at begynde med har hastighed:

$$v \ll \sqrt{\left(\frac{e^2}{ma}\right)},$$

for små svingninger, find positionen af perle 1 på tidspunktet t.

Lad os først skrive Lagrangian, hvor koordinaterne simpelthen er perlernes vinkelposition:

$$L = \frac{1}{2}m\left(a^2\dot{\theta_1}^2 + a^2\dot{\theta_2}^2\right) - U(r).$$

Potentialet skyldes Coulomb-kraften, så

$$F = \frac{-e^2}{r^2} \implies U = \frac{e^2}{r}.$$

Nu for at beregne afstanden r mellem ladningerne. Start med at definere vinkeladskillelsen mellem perlerne: $\alpha = \theta_2 - \theta_1$ og overveje justeringen af aksen, således at perle 1 er i bunden af tråden og ved origo og perle to har

$$x = a\sin\alpha \quad and \quad y = a(1-\cos\alpha) \quad and \quad r = a\sqrt{2(1-\cos\alpha)}$$
$$= 2a\sin\frac{\alpha}{2}.$$

Vi kan nu skrive Lagrangian som:

$$L = \frac{1}{2}ma^2\left(\dot{\theta}_1{}^2 + \dot{\theta}_2{}^2\right) - \frac{e^2}{2asin\frac{\alpha}{2}}$$

$$= \frac{1}{2}ma^2\left(\dot{\alpha}^2 + 2\dot{\theta}_1\dot{\alpha} + 2\dot{\theta}_1{}^2\right) - \frac{e^2}{2asin\frac{\alpha}{2}}$$

For små svingninger ønsker vi $\alpha = \pi + \eta$, hvor η er lille (nul ved minimumspotentialet), og da vi har, $sin\left(\frac{\pi}{2} + \frac{\eta}{2}\right) = cos\left(\frac{\eta}{2}\right)$ får vi så:

$$L = \frac{1}{2}ma^2\left(\dot{\eta}^2 + 2\dot{\theta}_1\dot{\eta} + 2\dot{\theta}_1{}^2\right) - \frac{e^2}{2asin\frac{2}{\eta}}$$

Bevægelsesligningerne følger derefter af EL-relationen, $\frac{d}{dt}\left(\frac{\partial L}{\partial \dot{q}}\right) - \frac{\partial L}{\partial q} = 0$, for at give:

$$\frac{1}{2}ma^2(2\ddot{\eta} + 4\ddot{\theta}_1) = 0 \Rightarrow \ddot{\theta}_1 = -\frac{1}{2}\ddot{\eta}$$

$$\frac{1}{2}ma^2(2\ddot{\eta} + 2\ddot{\theta}_1) + \frac{e^2}{2a}\left(\frac{-\left(-sin\left(\frac{\eta}{2}\right)\frac{1}{2}\right)}{cos^2\left(\frac{\eta}{2}\right)}\right) = 0$$

Og omtrentlig for små η:

$$\ddot{\eta} + \frac{e^2}{2ma^3}\left(\frac{\eta}{2}\right) = 0,$$

og frekvensen af små oscillationer for systemet er:

$$\omega^2 = \frac{e^2}{4ma^3}.$$

På tidspunktet t=0 har vi $\alpha = \pi \Rightarrow \eta = 0$. At skrive den generelle løsning for den givne svingningsfrekvens:

$$\eta = Bsin(\omega t).$$

Nu $t = 0$ har vi $v_2 = v$, $v_1 = 0$, så:

$$v_2 = a\dot{\theta}_2 = v, \quad and \quad \dot{\eta} = \dot{\alpha} = \dot{\theta}_2 - \dot{\theta}_1 = \dot{\theta}_2 = \frac{v}{a} \quad at\ t = 0$$

$$\dot{\eta} = B\omega cos(\omega t)\Big|_{t=0} = \left(\frac{v}{a}\right) \quad \rightarrow \quad B = \frac{v}{a\omega}$$

Således, $\eta = \frac{v}{a\omega}sin(\omega t)$, og vi kan skrive

$$\ddot{\theta}_1 = -\frac{1}{2}\ddot{\eta} \quad \rightarrow \quad \frac{d}{dt}\left(\dot{\theta}_1 + \frac{1}{2}\dot{\eta}\right) = 0 \quad \rightarrow \quad \dot{\theta}_1 + \frac{1}{2}\dot{\eta} = \frac{v}{2a}$$

og

$$\dot{\theta}_1 = \frac{v}{2a} - \frac{1}{2}\dot{\eta} \quad \rightarrow \quad \theta_1 = \frac{v}{2a}t - \frac{v}{2a\omega}sin(\omega t) + \theta_0$$

hvor θ_0 er startvinklen for θ_1. Dermed,

$$\theta_1 = \frac{v}{2a}\left\{t - \frac{sin(\omega t)}{\omega}\right\} + \theta_0, \quad \omega = \sqrt{\frac{e^2}{4ma^3}}$$

Øvelse 3.25. Få de to perler i ro, placeret 175 grader fra hinanden, og slip. For små svingninger, find positionerne af perlerne på tidspunktet t.

Eksempel 3.26. Pendul i rullering.
Overvej nu en tynd cylindrisk bøjle med radius R og masse M, som ruller uden at glide på en ru vandret overflade (fig. 3.10). Et fysisk pendul med massen m er monteret på cylinderens akse ved hjælp af et arrangement af eger med ubetydelig masse, der konvergerer ved udspringet og tilvejebringer et pendulholder, der frit kan rotere om den cylindriske akse. Pendulets massecentrum er i en afstand h fra den cylindriske akse, og dets gyrationsradius er k. For små svingninger omkring ligevægtspositionen opnås svingningsperioden i form af de førnævnte variable.

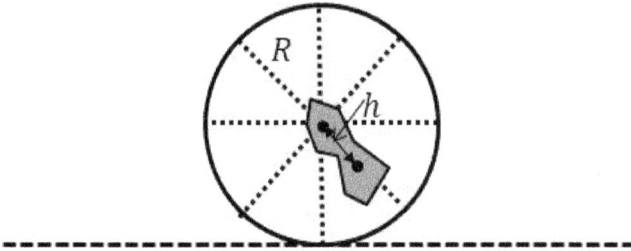

Figur 3.10.

Bøjlens kinetiske energi er:

$$T_h = \frac{1}{2}I_h\omega_h{}^2 + \frac{1}{2}Mv_h{}^2, \quad where \quad I_h = MR^2 \quad and \quad \omega_h = \dot{\theta}, \quad v_h = R\dot{\theta}$$

Pendulets kinetiske energi er:

$$T_p = \frac{1}{2}I_{p(cm)}\omega_p{}^2 + \frac{1}{2}mv_p{}^2$$

74

Pendulets inertimoment er givet ved parallelaksens sætning:

$$I = I_{cm} + mh^2 \quad \rightarrow \quad I_{p(cm)} = mk^2 - mh^2$$

At skrive pendulets position i kartesiske koordinater:
$$x = h sin\varphi \quad \text{and} \quad y = -h cos\varphi,$$
med tidsafledte:
$$\dot{x} = h cos\varphi\dot{\varphi} \quad \text{and} \quad \dot{y} = h sin\varphi\dot{\varphi}.$$
For hastighederne kan vi så skrive:
$$\omega_p = \dot{\varphi} \quad \text{and} \quad v_T = |\vec{v}_h + \vec{v}_p| = \sqrt{(v_h + h\dot{\varphi}cos\varphi)^2 + (h\dot{\varphi}sin\varphi)^2}$$

Pendulets samlede hastighed er således
$$v_T{}^2 = v_h{}^2 + (h\dot{\varphi})^2 + 2v_h(h\dot{\varphi})cos\varphi$$

og pendulets potentielle energi er:
$$U = -mghcos\varphi.$$
Vi kan nu skrive Lagrangian:
$$L = \frac{1}{2}MR^2\dot{\theta}^2 + \frac{1}{2}M(R\dot{\theta})^2 + \frac{1}{2}(mk^2 - mh^2)\dot{\varphi}^2$$
$$+ \frac{1}{2}m\{v_h{}^2 - (h\dot{\varphi})^2 + 2v_h(h\dot{\varphi})cos\varphi\} + mghcos\varphi$$

og skifter nu til den lille oscillationsformalisme (taber 3. ordens termer og
højere):
$$L = MR^2\dot{\theta}^2 + \frac{1}{2}(mk^2 - mh^2)\dot{\varphi}^2 + \frac{1}{2}m\{(R\dot{\theta})^2 + (h\dot{\varphi})^2 + 2(R\dot{\theta})(h\dot{\varphi})\}$$
$$- \frac{1}{2}mgh\varphi^2$$
$$= \left(MR^2 + \frac{1}{2}mR^2\right)\dot{\theta}^2 + \frac{1}{2}mk^2\dot{\varphi}^2 + mRh\dot{\theta}\dot{\varphi} - \frac{1}{2}mgh\varphi^2$$
Vi kan nu få bevægelsesligningerne ved hjælp af EL-ligningerne:
$$\theta \text{ equation:} \quad 2\left(MR^2 + \frac{1}{2}mR^2\right)\ddot{\theta} + mRh\ddot{\varphi} = 0$$
$$\implies \quad \frac{d}{dt}\{(2M + m)R^2\dot{\theta} + mhR\dot{\varphi}\} = 0$$

Således får vi $\ddot{\theta} = -\frac{mRh\ddot{\varphi}}{(2M+m)R^2}$, som vi bruger i den anden ligning:
$$\varphi \text{ equation:} \quad mk^2\ddot{\varphi} + mhR\ddot{\theta} + mgh\varphi = 0$$
omskrivning efter udskiftning:

75

$$\left\{ mk^2 - \frac{m^2h^2}{(2M+m)} \right\} \ddot{\varphi} + mgh\varphi = 0$$

$$\omega^2 = \frac{mgh}{mk^2 - \dfrac{m^2h^2}{(2M+m)}} \quad \rightarrow \quad \omega = \sqrt{\frac{g}{h}\left\{\left(\frac{k}{h}\right)^2 - \frac{m}{(2M+m)}\right\}^{-1}}$$

Og da $M \rightarrow \infty$ bøjlen bliver ignorerbar og frekvensen bliver $\omega = \sqrt{\frac{gh}{k^2}}$ som forventet. For perioden får vi så:

$$T = \frac{2\pi}{\omega} = 2\pi \sqrt{\frac{k^2}{gh}} \sqrt{1 - \left(\frac{h}{k}\right)^2 \frac{m}{(2M+m)}}.$$

Bemærk, hvordan der ikke er nogen R-afhængighed i løsningen.

Øvelse 3.26. Udskift rammen med en solid skive. (Ignorer virkningerne af tykkelse.)

Eksempel 3.27. En partikel i et potentiale $V(\vec{r}) = V_0 \log r$.
En partikel med massen m bevæger sig i et potentiale $V(\vec{r}) = V_0 \log r$.
Lad Ω være frekvensen af en cirkulær bane ved r=R, og lad ω være frekvensen af små radiale svingninger omkring den cirkulære bane. Find ω/Ω.

Startende med Lagrangian i polære koordinater:

$$L = \frac{1}{2}m(\dot{r}^2 + r^2\dot{\theta}^2) - V(\vec{r}) = \frac{1}{2}m(\dot{r}^2 + r^2\dot{\theta}^2) - V_0 \log r$$

Fra EL-ligningerne for θ koordinaten får vi:

$$\frac{d}{dt}(mr^2\dot{\theta}) = 0 \quad \rightarrow \quad mr^2\dot{\theta} = l.$$

For r-koordinaten får vi:

$$m\ddot{r} - mr\dot{\theta}^2 + \frac{v_0}{r} = 0 \quad \rightarrow \quad \ddot{r} - \frac{l^2}{m^2r^3} + \frac{v_0}{m}\frac{1}{r} = 0$$

For cirkulære baner $r = R$ får vi $R^2 = \frac{l^2}{mv_0}$, eller:

$$R = \frac{l}{\sqrt{mv_0}}.$$

Perioden for den cirkulære bane er givet ved at integrere $mr^2\dot{\theta} = l$ for at komme $mr^2(\frac{2\pi}{T}) = l$ over en cyklus. Perioden er således $T = mr^2(\frac{2\pi}{l})$. Relaterer perioden til frekvensen, så har:

$$\Omega = \frac{l}{mR^2} = \frac{v_0}{l}$$

Lad os nu overveje små radiale svingninger:

$$r = R + \eta \longrightarrow \ddot{\eta} - \frac{l^2}{m^2(R+\eta)^3} + \frac{v_0}{m}\frac{1}{(R+\eta)} = 0$$

hvilket forenkler for lille η at være:

$$\ddot{\eta} + \eta\left(\frac{v_0^2}{l^2}\right)2 = 0 \implies \omega = \frac{v_0}{l}\sqrt{2}.$$

Således er forholdet mellem frekvenser:

$$\frac{\omega}{\Omega} = \sqrt{2}.$$

Øvelse 3.27. Prøv som i Ex. 3,27, men med $V(\vec{r}) = -V_0/r$

Eksempel 3.28. Masseløs bøjle med pendul.
En masseløs bøjle med radius 2l ruller uden at glide på et fladt gulv (Figur 3.11). Fastgjort til løkken er en stang med længde 2l og masse m, der kan svinge frit i bøjlens plan. Find frekvensen af den oscillerende tilstand for små svingninger omkring den viste ligevægtsposition.

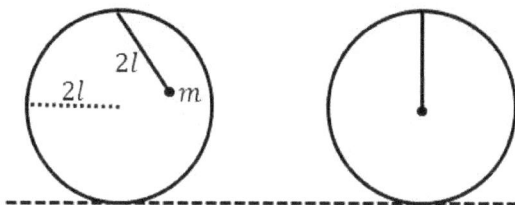

Figur 3.11.

Lad os bruge vinklen θ til at angive forskydningen fra ligevægtspositionen for støttepunktet, $\omega_1 = \dot{\theta}$ og den skridsikre tilstand relaterer dette til bøjlens vandrette hastighed: $v_h = 2l\omega_1\dot{\theta}$.

Inertimomentet for stangen er:

$$I = \frac{1}{3}mR^2 = \frac{1}{3}(m)(2l)^2 = \frac{4}{3}ml^2$$

Lad os nu udtrykke positionen af stangstøttepunktet i kartesiske koordinater:
$$x_s = (2l)sin\theta \quad and \quad y_s = 2l + (2l)cos\theta,$$
for hvilke koordinattidsafledte er:
$$\dot{x}_s = 2lcos\theta\dot{\theta} \quad and \quad \dot{y}_s = -2lsin\theta\dot{\theta}.$$

Lad os nu udtrykke positionen af stangens massemidtpunkt i forhold til støttepunktet med vinklen φ:
$$x = (l)sin\varphi \quad and \quad y = -(l)cos\varphi,$$
for hvilke koordinattidsafledte er:
$$\dot{x} = lcos\theta\dot{\varphi} \quad and \quad \dot{y} = -lsin\varphi\dot{\varphi}.$$

Vi kan nu skrive den kinetiske energi:
$$v = |\overrightarrow{v_s} + \overrightarrow{v_{cm}}| = \sqrt{((v_s)_x + \dot{x})^2 + \left((v_s)_y + \dot{y}\right)^2}$$
efter udskiftninger:
$$v^2 = (v_h + (2l)\omega_1 cos\theta)^2 + 2(v_h + (2l)\omega_1 cos\theta)\dot{x} + \dot{x}^2$$
$$+ (-(2l)\omega_1 sin\theta)^2 - 2\left((2l)\omega_1 sin\theta\right)\dot{y} + \dot{y}^2$$
$$v^2 = 2[(2l)\omega_1]^2 + 2[(2l)\omega_1]cos\theta + 2(2l)\omega_1(1 + cos\theta)\dot{x}$$
$$- 2(2l)\omega_1 sin\theta\dot{y} + (l\dot{\varphi})^2$$

Dermed,
$$T = \frac{1}{2}I\omega^2 + \frac{1}{2}mV^2$$
$$T = \frac{1}{2}\left(\frac{4}{3}ml^2\right)\dot{\varphi}^2$$
$$+ \frac{1}{2}m\left\{2(2l\dot{\theta})^2(1 + cos\theta) + 2(2l\dot{\theta})(1 + cos\theta)\dot{x}\right.$$
$$\left. - 2(2l\dot{\theta})sin\theta\dot{y} + (l\dot{\varphi})^2\right\}$$

Den potentielle energi er givet ved:
$$U = -mgy_{cm} = -mg(y_s + y) = -mg\{2l + 2lcos\theta - lcos\varphi\}$$
At sætte dette sammen for at få Lagrangian og antage små vinkler:
$$L = T - U = \frac{2}{3}ml^2\dot{\varphi}^2 + 2m(2l\dot{\theta})^2 + 2m(2l\dot{\theta})(l\dot{\varphi}) + (l\dot{\varphi})^2 - mgl\theta^2$$
$$+ mgl\left(\frac{\varphi^2}{2}\right)$$

Vi kan nu beregne bevægelsesligningerne:

$$\theta: \quad 4m(2l)^2\ddot{\theta} + m(2l)^2\ddot{\varphi} + 2mgl\theta = 0$$

$$\varphi: \quad \frac{1}{3}m(2l)^2\ddot{\varphi} + m(2l)^2\ddot{\theta} - mgl\varphi = 0$$

Efter forenkling:

$$\theta: \quad 4\ddot{\theta} + \ddot{\varphi} + \frac{g}{2l}\theta = 0$$

$$\emptyset: \quad \frac{1}{3}\ddot{\varphi} + \ddot{\theta} - \frac{g}{4l}\varphi = 0$$

Løsning for at få de normale frekvenser:

$$\begin{vmatrix} \dfrac{g}{2l} & -\omega^2 \\[2mm] -\omega^2 & \dfrac{g}{4l} - \dfrac{1}{3}\omega^2 \end{vmatrix} = 0 \quad \rightarrow \quad \omega^2 = \left(\frac{g}{2l}\right)\left\{\frac{-5 \pm \sqrt{25+6}}{2}\right\}$$

og for oscillerende tilstand tager vi $\omega^2 > 0$roden:

$$\omega^2{}_{osc} = \left(\frac{g}{2l}\right)\left(\frac{\sqrt{31}-5}{2}\right).$$

Øvelse 3.28. Prøv som i Ex. 3,28, men med bøjle med masse M.

Eksempel 3.29. Problemer med bolde og fjedre.
Overvej tre kugler B, C, D, der er forbundet i en linje BCD med to fjedre. Betragt al bevægelse som værende langs x-aksen. Overvej en bold A, der kommer fra venstre på en kollisionskurs med bold B. Tag alle fire boldmasser til at være m. Tag de to fjederkonstanter til k. Den indledende gruppering af tre bolde er i hvile, mens den nærgående bold A har hastighed v. Lad kollisionen ske ved tiden=0 og antag, at kollisionstiden er kort sammenlignet med $\sqrt{(m/k)}$. Find placeringen af kuglen D som en funktion af tiden.

Lagrangian for BCD-systemet er simpelthen:

$$L = \frac{1}{2}m\left(\dot{x}_B{}^2 + \dot{x}_C{}^2 + \dot{x}_D{}^2\right)$$

$$- \frac{1}{2}k\left([x_C - x_B]^2 + [x_D - x_C]^2\right)$$

$$\tilde{v} = k\begin{vmatrix} 1 & -1 & 0 \\ -1 & 2 & -1 \\ 0 & -1 & 1 \end{vmatrix} \quad and \quad \tilde{m} = m\begin{vmatrix} 1 & 0 & 0 \\ 0 & 1 & 0 \\ 0 & 0 & 1 \end{vmatrix} \quad and \quad |\tilde{v} - \omega^2\tilde{m}| = 0$$

Giv derefter determinanten:

$$\begin{vmatrix} k - \omega^2 m & -k & 0 \\ -k & 2k - \omega^2 m & -k \\ 0 & -k & k - \omega^2 m \end{vmatrix} = 0$$

dermed

$$m\omega^2 (k - \omega^2 m)(3k - \omega^2 m) = 0$$

Og frekvenserne er: $\omega = 0$; $\omega = \sqrt{k/m}$; og $\omega = \sqrt{3k/m}$, hvor $\omega = 0$ svarer til oversættelse. Til tilstand $\omega_1 = 0$:

$$(\tilde{v} - \omega^2 \tilde{m})\rho^{(1)} = \begin{pmatrix} 1 & -1 & 0 \\ -1 & 2 & -1 \\ 0 & -1 & 1 \end{pmatrix} \begin{pmatrix} x_B \\ x_C \\ x_D \end{pmatrix} = 0 \quad \rightarrow \quad \rho^{(1)} = c \begin{pmatrix} 1 \\ 1 \\ 1 \end{pmatrix}$$

Nu for at få normaliseringen:

$$\rho^{(1)} m \rho^{(1)} = mc^2 (1 \quad 1 \quad 1) \begin{pmatrix} 1 & \square & \square \\ \square & 1 & \square \\ \square & \square & 1 \end{pmatrix} \begin{pmatrix} 1 \\ 1 \\ 1 \end{pmatrix} = c^2(3)m = 1$$

Dermed

$$\rho^{(1)} = \frac{1}{\sqrt{3m}} \begin{pmatrix} 1 \\ 1 \\ 1 \end{pmatrix}$$

Til tilstand $\omega_2 = \sqrt{\frac{k}{m}}$:

$$\begin{pmatrix} 0 & -k & 0 \\ -k & k & -k \\ 0 & -k & 0 \end{pmatrix} \begin{pmatrix} x_B \\ x_C \\ x_D \end{pmatrix} = 0 \quad \rightarrow \quad \rho^{(2)} = c \begin{pmatrix} 1 \\ 0 \\ -1 \end{pmatrix} \quad \rightarrow \quad \rho^{(2)}$$

$$= \frac{1}{\sqrt{2m}} \begin{pmatrix} 1 \\ 0 \\ -1 \end{pmatrix}$$

Og til mode $\omega_3 = \sqrt{\frac{3k}{m}}$:

$$\begin{pmatrix} -2k & -k & 0 \\ -k & k & -k \\ 0 & -k & -2k \end{pmatrix} \begin{pmatrix} x_B \\ x_C \\ x_D \end{pmatrix} = 0 \quad \rightarrow \quad \rho^{(3)} = c \begin{pmatrix} 1 \\ -2 \\ 1 \end{pmatrix} \quad \rightarrow \quad \rho^{(2)}$$

$$= \frac{1}{\sqrt{6m}} \begin{pmatrix} 1 \\ -2 \\ 1 \end{pmatrix}$$

Den generelle form for løsningen med disse tre tilstande er:

$$\vec{x}(t) = \vec{\rho}^{(1)}(c_1 + d_1 t) + \vec{\rho}^{(2)}(c_2 \cos \omega_2 t + d_2 \sin \omega_2 t)$$
$$+ \vec{\rho}^{(3)}(c_3 \cos \omega_3 t + d_3 \sin \omega_3 t)$$

$$\vec{x}(0) = \begin{pmatrix} 0 \\ 0 \\ 0 \end{pmatrix} \implies c_1 = 0, c_2 = 0, c_3 = 0$$

For de hastigheder, vi starter med

$$\vec{x}(0) = \begin{pmatrix} v \\ 0 \\ 0 \end{pmatrix} = \vec{v}$$

Derefter,

$$\vec{x}(0)\tilde{m}\rho^{(1)} = d_1 = (v\ 0\ 0)\frac{m}{\sqrt{3m}}\begin{pmatrix} 1 \\ 1 \\ 1 \end{pmatrix} = \frac{mv}{\sqrt{3m}} \quad \rightarrow \quad d_1 = \frac{mv}{\sqrt{3m}}$$

$$\vec{x}(0)\tilde{m}\rho^{(2)} = \omega_2 d_2 = (v\ 0\ 0)\frac{m}{\sqrt{2m}}\begin{pmatrix} 1 \\ 0 \\ -1 \end{pmatrix} = \frac{mv}{\sqrt{2m}} \quad \rightarrow \quad d_2 = \frac{mv}{\sqrt{2k}}$$

$$\vec{x}(0)\tilde{m}\rho^{(3)} = \omega_3 d_3 = (v\ 0\ 0)\frac{m}{\sqrt{6m}}\begin{pmatrix} 1 \\ -2 \\ 1 \end{pmatrix} = \frac{mv}{\sqrt{6m}} \quad \rightarrow \quad d_3 = \frac{mv}{3\sqrt{2k}}$$

Dermed,

$$\vec{x}(t) = \frac{v}{3}\begin{pmatrix} 1 \\ 1 \\ 1 \end{pmatrix}t + \frac{v}{2\omega_2}\begin{pmatrix} 1 \\ 0 \\ -1 \end{pmatrix}sin\omega_2 t + \frac{v}{6\omega_2}\begin{pmatrix} 1 \\ -2 \\ 1 \end{pmatrix}sin\omega_3 t$$

For kugle D specifikt:

$$x_D(t) = \frac{v}{3}t - \frac{v}{2\omega_2}sin\omega_2 t + \frac{v}{6\omega_2}sin\omega_3 t.$$

Øvelse 3.29. Prøv som i Ex. 3,29, men med kugle C med masse 2m, ikke m.

Eksempel 3.30. Stænger med torsionsfjedre.
To ensartede tynde stænger hver af massen m og længden l er forbundet med en torsionsfjeder, og den ene af dem har den anden ende fastgjort med torsionsfjeder til et fast punkt. Vridningsfjedrene har moment = k θ. Den frie ende af den udvendige stang skubbes af en kraft F. (a) Hvad er Euler-Lagrange-ligningerne; (b) Hvad er frekvenserne i tilnærmelsen til små oscillationer?

Løsning
(a) Den potentielle energi fra torsionsfjedrene er:

$$U = \frac{1}{2}k\big[\theta_1^2 + (\theta_2 - \theta_1)^2\big]$$

Bemærk, at inertimomentet for de to stænger skal behandles forskelligt, da den ene stang har en fast ende, og dermed vil gennemgå rotationer omkring det faste punkt, for hvilket det relevante inertimoment er

$$I_1 = \frac{1}{3}ml^2,$$

mens den anden stang ikke er fikseret, så vil vi overveje dens bevægelse i dens massecenterramme, hvor det relevante inertimoment er omkring midten:

$$I_2 = \frac{1}{12} ml^2.$$

Vi kan nu skrive Lagrangian:

$$L = \frac{1}{2} I_1 \omega_1{}^2 + \frac{1}{2} I_2 \omega_2{}^2 + \frac{1}{2} M_2 v_2{}^2 - U.$$

Nu for at få stangens massecenterhastighed med frie ender:

$$x = l \left(sin\theta_1 + \frac{1}{2} sin\theta_2 \right) \quad and \quad y = l \left(cos\theta_1 + \frac{1}{2} cos\theta_2 \right),$$

og hastighederne er:

$$\dot{x} = l \left(cos\theta_1 \dot{\theta}_1 + \frac{1}{2} cos\theta_2 \dot{\theta}_2 \right) \quad and \quad \dot{y} = -l \left(sin\theta_1 \dot{\theta}_1 + \frac{1}{2} sin\theta_2 \dot{\theta}_2 \right)$$

Hastighederne er således:

$$v_2{}^2 = (l\dot{\theta}_1)^2 + \left(\frac{l}{2} \dot{\theta}_2 \right)^2 + l^2 \dot{\theta}_1 \dot{\theta}_2 \{ cos\theta_1 cos\theta_2 + sin\theta_1 sin\theta_2 \}$$

og alt efter valg af vinkler:

$$\omega_1 = \dot{\theta}_1 \quad and \quad \omega_2 = -\dot{\theta}_2$$

Lagrangian er således:

$$L = \frac{1}{2} \left(\frac{1}{3} ml^2 \right) \dot{\theta}_1{}^2 + \frac{1}{2} \left(\frac{1}{12} ml^2 \right) \dot{\theta}_2{}^2$$
$$+ \frac{1}{2} m \left\{ (l\dot{\theta}_1)^2 + (\frac{l}{2} \dot{\theta}_2)^2 + l^2 \dot{\theta}_1 \dot{\theta}_2 \cos(\theta_2 - \theta_1)) \right\} - U$$

For hvilke bevægelsesligningerne er:

$$\theta_1 : \left(ml^2 + \frac{ml^2}{3} \right) \ddot{\theta}_1 + \frac{d}{dt} \left\{ \frac{1}{2} ml^2 \dot{\theta}_2 cos(\theta_2 - \theta_1) \right\}$$
$$- \frac{1}{2} ml^2 \dot{\theta}_1 \dot{\theta}_2 \sin(\theta_2 - \theta_1)) + \{ k\theta_1 + k(\theta_2 - \theta_1)(-1) \}$$
$$= F_1$$
$$\frac{4ml^2}{3} \ddot{\theta}_1 + \frac{ml^2}{2} \left\{ \ddot{\theta}_2 cos(\theta_2 - \theta_1) \right.$$
$$\left. - (\dot{\theta}_2)^2 sin(\theta_2 - \theta_1) \right\} + k\{ 2\theta_1 - \theta_2 \} = F_1$$

og

$$\theta_2 : \frac{ml^2}{3} \ddot{\theta}_2 + \frac{ml^2}{2} \left\{ \ddot{\theta}_1 cos(\theta_2 - \theta_1) + (\dot{\theta}_1)^2 sin(\theta_2 - \theta_1) \right\} + k(\theta_2 - \theta_1)$$
$$= F_2$$

hvor

$$F_{\theta_2} = F_y \frac{\partial y}{\partial \theta_1} = (-F)(-l\sin\theta_2) = Fl\sin\theta_2 \quad and \quad F_{\theta_1} = (-F)\frac{\partial y}{\partial \theta_1}$$
$$= Fl\sin\theta_1$$

Dermed,

$$\theta_1 : \frac{4}{3}ml^2\ddot{\theta}_1 + \frac{ml^2}{2}\left\{\ddot{\theta}_2\cos(\theta_2 - \theta_1) - \dot{\theta}_2^{\ 2}\sin(\theta_2 - \theta_1)\right\} + k\{2\theta_1 - \theta_2\}$$
$$= Fl\sin\theta_1$$

og

$$\theta_2 : \frac{1}{3}ml^2\ddot{\theta}_2 + \frac{ml^2}{2}\left\{\ddot{\theta}_1\cos(\theta_2 - \theta_1) - \dot{\theta}_1^{\ 2}\sin(\theta_2 - \theta_1)\right\} + k\{\theta_2 - \theta_1\}$$
$$= Fl\sin\theta_2$$

(b) Skifter nu til små svingninger:

$$\frac{4}{3}ml^2\ddot{\theta}_1 + \frac{ml^2}{2}\{\ddot{\theta}_2\} + k\{2\theta_2 - \theta_1\} - Fl\theta_1 = 0$$

og

$$\frac{1}{3}ml^2\ddot{\theta}_2 + \frac{ml^2}{2}\{\ddot{\theta}_1\} + k\{\theta_2 - \theta_1\} - Fl\theta_2 = 0$$

Nu for at få de normale tilstandsfrekvenser fra evaluering af determinanten:

$$\begin{vmatrix} -[2k + Fl] - \frac{4}{3}ml^2\omega^2 & -k - \frac{1}{2}ml^2\omega^2 \\ -k - \frac{1}{2}ml^2\omega^2 & -[-k + Fl] - \frac{1}{3}ml^2\omega^2 \end{vmatrix} = 0$$

$$\left([-2k + Fl] + \frac{4}{3}ml^2\omega^2\right)\left([-k + Fl] + \frac{1}{3}ml^2\omega^2\right) - \left(-k - \frac{1}{2}ml^2\omega^2\right)$$
$$= 0$$

Hvornår $Fl \gg k$:

$$\left(Fl + \frac{4}{3}ml^2\omega^2\right)\left(Fl + \frac{1}{3}ml^2\omega^2\right) \cong 0 \quad \rightarrow \quad \omega_1^{\ 2} = -\frac{3F}{4ml} \quad and \quad \omega_2^{\ 2}$$
$$= -\frac{3F}{ml}$$

Hvornår $Fl \ll k$:

$$\left(-2k + \frac{4}{3}ml^2\omega^2\right)\left(-k + \frac{1}{3}ml^2\omega^2\right) - (k + \frac{1}{2}ml^2\omega^2)^2 = 0$$

hvor frekvenserne er:

$$\omega^2 = \frac{3kml^2 \pm \sqrt{9 - \frac{28}{36}(kml^2)}}{2 * \frac{7}{36}(ml^2)^2} \qquad (both\ positive).$$

Øvelse 3.30. Prøv som i Ex. 3.30, men med fast ende nu gratis.

3.8.3 Dæmpning
Nu hvor vi har dækket frie og tvungne svingninger, er den næste fænomenologiske nøgleeffekt dæmpning (friktion), og dette giver os endelig et førsteordens tidsafledt udtryk i bevægelsesligningerne, f.eks. har vi nu en modsatrettet friktionskraft lineær i hastighed ($F = -\alpha\dot{x}$):

$$m\ddot{x} + kx = -\alpha\dot{x} \quad \rightarrow \quad \ddot{x} + 2\lambda\dot{x} + \omega^2 x = 0, where\ \omega^2 = \frac{k}{m}\ and\ 2\lambda$$
$$= \frac{\alpha}{m}.$$

For at løse, prøv formen $x = \exp(rt)$, der har rødder af karakteristisk ligning: $r_{1,2} = -\lambda \pm \sqrt{\lambda^2 - \omega^2}$. Således, $x(t) = c_1 \exp(r_1 t) + c_2 \exp(r_2 t)$ i den generelle løsning og vi har følgende tilfælde:

Tilfælde < ω: eksponentielt dæmpede svingninger
$$x(t) = a\exp(-\lambda t)\cos(\omega't + \alpha), \qquad \omega' = \sqrt{\omega^2 - \lambda^2}.$$
Bemærk, at der er et fald i frekvensen, da friktion hæmmer bevægelse.

Hus = ω: eksponentielt dæmpet uden svingning
$$x(t) = (c_1 + c_2 t)\exp(-\lambda t).$$
Case > ω: Aperiodisk dæmpning
$$x(t) = c_1 \exp(r_1 t) + c_2 \exp(r_2 t), with\ r_{1,2}\ roots\ real\ and\ negative.$$

3.8.4 Første møde med den dissipative funktion
Overvej friktion i det flerdimensionelle tilfælde med N>1 frihedsgrader $F_i = -\sum_k \alpha_{ik}\dot{x}_k$. For at undgå rotationsinstabilitet eller andre statistiske mekaniske patologier kræver vi α_{ik} at være symmetriske, så vi kan indføre en dissipationsfunktion $\mathcal{F}$:

$$\mathcal{F} = \frac{1}{2}\sum_{i,k} \alpha_{ik}\dot{x}_i\dot{x}_k, \qquad F_i = -\frac{\partial\mathcal{F}}{\partial x_i}$$

(3-55)

Lad os overveje hastigheden af spredning af energi i systemet:

84

$$\frac{dE}{dt} = \frac{d}{dt}\left(\sum_i \dot{x}_i \frac{\partial L}{\partial \dot{x}_i} - L\right) = -\sum_i \dot{x}_i \frac{\partial \mathcal{F}}{\partial \dot{x}_i} = -2\mathcal{F}.$$

(3-56)

Således $\mathcal{F}$ er proportional med hastigheden af spredning af energi, som navnet antyder.

2.8.5 Tvangssvingninger under friktion

I dette afsnit kombinerer vi både friktionskraften og drivkraften i kombination. Den generelle form for differentialligningen, der beskriver tvungen oscillation med dæmpning (kompleks form), er:

$$\ddot{x} + 2\lambda\dot{x} + \omega^2 x = \left(\frac{F}{m}\right)\exp i\gamma t.$$

(3-57)

Prøv $x(t) = B\exp(i\gamma t)$ efter den bestemte løsning, så giver den karakteristiske ligning os:

$$B = \frac{F}{m(\omega^2 - \gamma^2 + 2i\lambda\gamma)} = b\exp(i\delta),$$

(3-58)

hvor

$$b = \frac{F}{m\sqrt{(\omega^2 - \gamma^2)^2 + (2\lambda\gamma)^2}}, \qquad \tan\delta = \frac{(2\lambda\gamma)}{(\omega^2 - \gamma^2)}.$$

(3-59)

Når vi tilføjer den særlige løsning til den generelle løsning for den homogene ligning (og tager $\omega > \lambda$ for bestemthed i det følgende), og tager den reelle del som vores løsning, har vi:

$$x(t) = a\exp(-\lambda t)\cos(\omega t + \alpha) + b\cos(\gamma t + \delta),$$

(3-60)

og efter tilstrækkelig tid er der bare $x(t) \cong b\cos(\gamma t + \delta)$.

Nær resonans, $\gamma = \omega + \epsilon$, antag også at $\lambda \ll \omega$, da

$$b = \frac{F}{2m\omega\sqrt{\epsilon^2 + \lambda^2}}, \qquad \tan\delta = \frac{\lambda}{\epsilon}.$$

(3-61)

Faseforskellen δ mellem oscillationen og den ydre kraft er altid negativ. Langt fra resonans, $\gamma < \omega$: $\delta \to 0$; og $\gamma > \omega$: $\delta \to -\pi$. Mens passerer gennem resonans $\gamma = \omega$: $\delta \to -\frac{1}{2}\pi$. I fravær af friktion ændres fasen af den tvungne svingning diskontinuerligt med πved $\gamma = \omega$; når der tilføjes friktion, udjævnes diskontinuiteten.

Når en stabil bevægelse er opnået, $x(t) \cong b\cos(\gamma t + \delta)$svarer energi absorberet fra den ydre kraft til den, der spredes i friktionen. Vi har hastigheden af dissipation på grund af friktion tidligere som $-2\mathcal{F}$, hvor $\mathcal{F} = \frac{1}{2}\alpha\dot{x}^2 = \lambda m b^2 \gamma^2 \sin^2(\gamma t + \delta)$, med tidsgennemsnit: $2\bar{\mathcal{F}} = \lambda m b^2 \gamma^2$. Således er den absorberede energi pr. tidsenhed $\lambda m b^2 \gamma^2$. Hvis vi nu ønsker integralet af energien absorberet ved alle drivende frekvenser, vil absorptionen blive domineret af frekvenserne nær resonans, for hvilke integralet tilnærmes som $\pi F^2/4m$.

Bemærk, i denne analyse betragter vi fjederen eller pendulet med kun en lineær genopretningskraft. For pendulet i den lille vinkeltilnærmelse er det dog tilfældet, hvor kraften på grund af tyngdekraften er $-mg\sin(\theta) \cong -mg\theta$. Når vi senere vender tilbage til den dæmpede drevne oscillator uden denne tilnærmelse, vil vi se, at kaotisk bevægelse bliver allestedsnærværende blandt de mulige fremkaldte bevægelser.

Inden vi går videre fra emnet dissipation og for at få et glimt af fasediagram-repræsentationen brugt i Hamilton-tilgangen, der skal diskuteres næste gang, lad os overveje systemet:

$$m\ddot{x} + \gamma\dot{x} + \frac{dU}{dx} = 0,$$

(3-62)

når potentialet er en dobbeltbrønd. I figur 3.12 er vist en skitse af potentialet, af systemets fasediagram når $\gamma = 0$(ingen dissipation), og af systemets fasediagram når $\gamma \neq 0$. For systemet med dissipation ser vi, at der er en henfaldsspiral, der vælger en brønd at lokalisere til, når energien spreder sig til niveauet af separatrix.

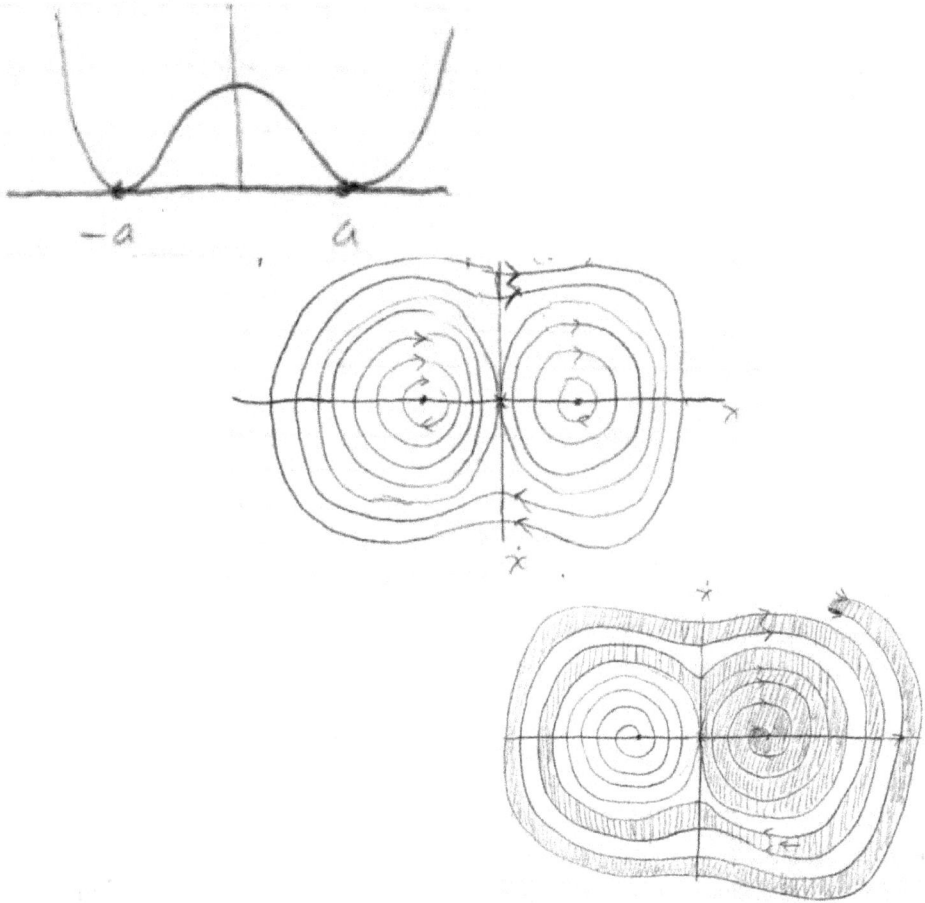

Figur 3.12. Til venstre: en skitse af et dobbeltbrøndspotentiale; Midten: Skitse af fasediagram uden dissipation; Fasediagram med dissipation (og eventuel aflejring i den rigtige brønd).

2.8.6 Parametrisk resonans

I stedet for en ekstern kraft, lad os nu overveje modulationer af selve systemparametrene (systemet er ikke lukket). For en ekstern kraft, der driver systemet ved resonans, fandt vi lineær vækst over tid i systemforskydning fra ligevægt. For parametrisk resonans vil vi se, at denne vækst ved resonans er *eksponentiel* , hvor væksten er multiplikativ, men det betyder også, at dette resonansvækstfænomen ikke opstår, hvis forskydningen (eller systemet) er i ligevægt til at starte (fordi at gange væksten gange nul). Et eksempel at huske på er det velkendte sving. Når først den er sat i bevægelse (med ikke-nul start), opretholdes

87

svingbevægelsen af den passende (resonanstilpasning) timing af svingbevægelse med svingcyklus, en parametrisk resonans. For at fange fænomenet, lad os overveje et 1-D fjedersystem med masse og fjederkonstant k:

$$\frac{d}{dt}(m\dot{x}) + kx = 0.$$

(3-63)

Lad os omskalere tiden for at tillade den formodede tidsafhængige m(t) at blive adskilt:

$$d\tau = \frac{dt}{m(t)} \rightarrow \frac{d^2x}{d\tau^2} + mkx = 0.$$

Uden tab af generalitet (wlog) kan vi således overveje problemet i formen

$$\frac{d^2x}{dt^2} + \omega^2(t)x = 0,$$

(3-64)

som vi kunne være nået frem til fra starten og tillade m=konstant, men nået frem til en form med en tidsafhængig systemfrekvens $\omega(t)$.

Overvej det tilfælde, hvor $\omega(t)$er periodisk med frekvens γog periode $T = 2\pi/\gamma$. Hvis $\omega(t) = \omega(t + T)$, så er den overordnede løsning invariant til $t \rightarrow t + T$. Til gengæld betyder det, at de to uafhængige løsninger for forskydninger, $x_1(t)$og $x_2(t)$også skal være invariante til $t \rightarrow t + T$, som det kan ses ved substitution i ovenstående andenordens differentialligning, bortset fra en ikke-tidsafhængig konstant faktor, således skal de generelle løsninger tilfredsstille:

$$x_1(t + T) = c_1 x_1(t) \; and \; x_2(t + T) = c_2 x_2(t).$$

Den mest generelle løsning er så:

$$x_1(t) = (c_1)^{t/T} P_1(t; T) \; and \; x_2(t) = (c_2)^{t/T} P_2(t; T),$$

(3-65)

hvor $P_1(t; T)$og $P_2(t; T)$er rene periodiske funktioner med periode T. Det viser sig dog, at konstanterne $c_1$og c_2(der er eksponentierede) i løsningerne, har en sammenhæng, der tvinger den ene af dem til altid at være den andens omvendte, således vil der altid være være et eksponentielt vækstudtryk. Overveje:

$$x_2(\ddot{x}_1 + \omega^2(t)x_1) = 0 \; and \; x_1(\ddot{x}_2 + \omega^2(t)x_2) = 0 \rightarrow \frac{d}{dt}(\dot{x}_1 x_2 - x_1\dot{x}_2)$$

$$= 0$$

88

Hvis $\dot{x}_1 x_2 - x_1 \dot{x}_2 = constant$, så med $t \rightarrow t + T$ den ekstra overordnede faktor af, $c_1 c_2$ at resultaterne skal være lig med én, dvs. den ene c er den omvendte af den anden. Dette kaldes parametrisk resonans, men bemærk, at det sker for enhver parametrisk kørefrekvens - praktisk talt er det tilgængelige domæne for denne type resonans mere begrænset, som den følgende udledning vedrører. (Bemærk: grænsebetingelserne kan være sådan, at de rent periodiske funktioner simpelthen er nul, et særligt tilfælde, hvor eksponentiel vækst ikke forekommer, fordi den er nul til at begynde med.)

Da parametrisk resonans er et generisk fænomen, når man modulerer en systemparameter, er der så en optimal frekvens til at gøre dette? Svaret er ja, og det er simpelthen det dobbelte af systemets naturlige resonansfrekvens. I virkelige applikationer med træk kan denne optimerede kørefrekvens ofte stadig fungere ved parametrisk (eksponentiel vækst) resonans. For at vise den specialiserede resonans i det trækfrie tilfælde skal du starte med frekvensparameteren opdelt i den tidsuafhængige resonansterm ω_0^2 og den tidsafhængige offsetmultiplikatorterm:
$$\omega^2(t) = \omega_0^2 (1 + h \cos(\gamma t)),$$

(3-66)

hvor $h \ll 1$, og vi vælger $\gamma = 2\omega_0 + \epsilon$, hvor $\epsilon \ll \omega_0$. Lad os prøve en løsning af formen uden parametrisk modulation, og tag derefter højde for denne modulering med en offset til den naturlige frekvens, der matcher den parametriske driverfrekvens:

$$x(t) = x_1(t) + x_2(t) = a(t) \cos\left(\left[\omega_0 + \frac{1}{2}\epsilon\right] t\right) + b(t)\sin\left(\left[\omega_0 + \frac{1}{2}\epsilon\right] t\right)$$

Ved at erstatte ovenstående løsning og udvide til første orden i h, og første orden i ϵ, hvor a(t) og b(t) varierer langsomt sammenlignet med ω_0, og antage $\dot{a} \sim \epsilon a$ og $\dot{b} \sim \epsilon b$ (senere verificeret i resultat), overveje først de trigonometriske krydsled:

$$\cos\left(\left[\omega_0 + \frac{1}{2}\epsilon\right] t\right)\cos([2\omega_0 + \epsilon]t)$$
$$= \frac{1}{2}\cos\left(3\left[\omega_0 + \frac{1}{2}\epsilon\right] t\right) + \frac{1}{2}\cos\left(\left[\omega_0 + \frac{1}{2}\epsilon\right] t\right).$$

Bemærk, den højere multiple frekvens i det første led, der resulterer. Højere multiple frekvenstermer vil bidrage med en højere orden af mindrehed i forhold til h, således som højere orden h, kan blive droppet i førsteordensanalysen. Den resulterende ligning er:

89

$$-(2\dot{a} + b\epsilon + \frac{1}{2}h\omega_0 b)\omega_0 \sin\left(\left[\omega_0 + \frac{1}{2}\epsilon\right]t\right) + (2\dot{b} - a\epsilon + \frac{1}{2}h\omega_0 a)\omega_0 \cos\left(\left[\omega_0 + \frac{1}{2}\epsilon\right]t\right) = 0$$

Koefficienterne for triggeleddene skal uafhængigt være nul. Lad os prøve $a(t) \sim \exp(st)$ og $b(t) \sim \exp(st)$, som giver anledning til de karakteristiske ligninger:

$$sa + \frac{1}{2}\left(\epsilon + \frac{1}{2}h\omega_0\right)b = 0 \; and \; \frac{1}{2}\left(\epsilon - \frac{1}{2}h\omega_0\right)a - sb = 0 \rightarrow s^2$$
$$= \frac{1}{4}\left[\left(\frac{1}{2}h\omega_0\right)^2 - \epsilon^2\right].$$

Bemærk, at løsningsintervallet for eksponentiel vækst er, hvor ser reelt, så vi har begrænsningen:

$$-\frac{1}{2}h\omega_0 < \epsilon < \frac{1}{2}h\omega_0.$$

3.8.7 Anharmoniske svingninger

Lad os nu overveje en Lagrangian med termer på tredje orden, men med en plan om at arbejde med udvidelser i forstyrrelsesstørrelsen. Faktisk løser vi differentialligninger ved hjælp af den klassiske metode med successive tilnærmelser. Hvad der sker med denne tilgang er, at den anharmoniske oscillator konverteres til en række af drevne harmoniske oscillatorproblemer. Lad os starte med en generisk Lagrangian i tredje orden:

$$L = \frac{1}{2}\sum_{\alpha}(\dot{\theta}_\alpha^2 - \omega_\alpha^2\theta_\alpha^2) + \sum_{\alpha,\beta,\gamma} C_{\alpha\beta\gamma}\dot{\theta}_\alpha\dot{\theta}_\beta\theta_\gamma - \sum_{\alpha,\beta,\gamma} D_{\alpha\beta\gamma}\theta_\alpha\theta_\beta\theta_\gamma$$

(3-67)

hvilket fører til en anden ordens EL-ligning af formen:

$$\ddot{\theta}_\alpha + \omega_\alpha^2\theta_\alpha = f_\alpha(\theta_\alpha, \dot{\theta}_\alpha, \ddot{\theta}_\alpha).$$

(3-68)

Dette løses derefter ved metoden med successive tilnærmelser, en forstyrrelsesanalyse:

$$\theta_\alpha = \theta_\alpha^{(1)} + \theta_\alpha^{(2)}, where \; \theta_\alpha^{(2)} \ll \theta_\alpha^{(1)}, and \theta_\alpha^{(1)} + \omega_\alpha^2\theta_\alpha^{(1)} = 0.$$

Dette efterlader perturbationen i form af den effektive kraft, men i perturbationsanalysen kan vi tilnærme den generaliserede krafts generaliserede koordinatafhængighed ved det tidligere tilnærmelsesniveau, her:

90

$$\ddot{\theta}_\alpha^{(2)} + \omega_\alpha{}^2 \theta_\alpha^{(2)} = f_\alpha\left(\theta_\alpha^{(1)}, \dot{\theta}_\alpha^{(1)}, \ddot{\theta}_\alpha^{(1)}\right).$$

$$(3\text{-}69)$$

Ved den anden tilnærmelse har vi systemets naturlige frekvens modificeret af forskellige kombinationsfrekvenser, såsom $\omega_\alpha \pm \omega_\beta$, inklusive $2\omega_\alpha$ og $\omega_\alpha = 0$. Denne proces kan gentages og gå til højere tilnærmelsesniveauer, men de grundlæggende frekvenser ω_α i højere tilnærmelser er ikke lig med deres uforstyrrede niveauer. For at korrigere for dette foretages modifikation således, at periodiske faktorer i opløsningen skal indeholde de nøjagtige frekvenser. For at være specifik, lad os overveje eksemplet med følgende 1-D anharmoniske oscillator [27]:

$$L = \frac{1}{2}m\dot{x}^2 - \frac{1}{2}m\omega_0^2 x^2 + xF(t),$$

$$\text{where } F(t) = -\frac{1}{3}m\alpha x^2 - \frac{1}{4}m\beta x^3$$

$$(3\text{-}70)$$

som vi får:

$$\ddot{x} + \omega_0^2 x = -\alpha x^2 - \beta x^3.$$

$$(3\text{-}71)$$

Ved at bruge metoden med successive tilnærmelser beskrevet ovenfor (yderligere detaljer om dette kan findes i appendiks A), har vi:

$$x = x^{(1)} + x^{(2)} + x^{(3)} + \cdots,$$

$$(3\text{-}72)$$

hvor vi starter med den homogene ligningsløsning, dvs. hvor $x^{(1)} = a\cos\omega t$ med den nøjagtige værdi af ω hvor:

$$\omega = \omega_0 + \omega^{(1)} + \omega^{(2)} + \omega^{(3)} + \cdots,$$

$$(3\text{-}73)$$

og vi får:

$$\frac{\omega_0^2}{\omega_{\square}^2}\ddot{x} + \omega_0^2 x = -\alpha x^2 - \beta x^3 - \left(1 - \frac{\omega_0^2}{\omega_{\square}^2}\right)\ddot{x}.$$

$$(3\text{-}74)$$

For at gå til det næste niveau af tilnærmelse, lad os overveje $x = x^{(1)} + x^{(2)}$ og $\omega = \omega_0 + \omega^{(1)}$, og udelade termer over anden størrelsesorden:

$$\ddot{x}^{(2)} + \omega_0^2 x^{(2)} = -\alpha a^2 \cos^2 \omega t + 2\omega_0 \omega^{(1)} a \cos \omega t$$

$$(3\text{-}75)$$

vælger nu $\omega^{(1)} = 0$ at nå frem til en simpel løsning (vi vælger ω modifikationerne ved successive tilnærmelser til lignende afkobling eller forenkling):

$$x^{(2)} = -\frac{\alpha a^2}{2\omega_0^2} + \frac{\alpha a^2}{6\omega_0^2}\cos 2\omega t$$

(3-76)

Går vi til det næste tilnærmelsesniveau med $x = x^{(1)} + x^{(2)} + x^{(3)}$ og $\omega = \omega_0 + \omega^{(2)}$, får vi:

$$\ddot{x}^{(3)} + \omega_0^2 x^{(3)} = -2\alpha x^{(1)}x^{(2)} - \beta\left(x^{(1)}\right)^3 + 2\omega_0\omega^{(2)}x^{(1)}$$

(3-77)

$$\ddot{x}^{(3)} + \omega_0^2 x^{(3)} = a^3 \left[\frac{\beta}{4} - \frac{\alpha^2}{6\omega_0^2}\right]\cos 3\omega t$$
$$+ a\left[2\omega_0\omega^{(2)} + \frac{5a^2\alpha^2}{6\omega_0^2} - \frac{3}{4}a^2\beta\right]\cos \omega t$$

(3-78)

hvor vi igen vælger $\omega^{(2)}$ sådan, at termen til højre er nul for en simpel løsning:

$$\omega^{(2)} = -\frac{5a^2\alpha^2}{12\omega_0^3} + \frac{3\beta a^2}{8\omega_0}$$

(3-79)

og,

$$x^{(3)} = \frac{a^3}{16\omega_0^2}\left[\frac{\alpha^2}{3\omega_0^2} - \frac{\beta}{2}\right]\cos 3\omega t.$$

(3-80)

Parametrisk resonans er hovedsageligt tydelig i undersøgelser af systemer, der virker under små svingninger og involverer tidsvariation af systemparametrene - såsom støttepunktet for et pendul (beskrives i næste afsnit). Forcerede svingninger, med eller uden dæmpning, har en frekvensafhængighed af spredningstypen af absorptionen af energi fra driveren. Der er resonans ved systemets naturlige frekvens. For bevægelser, der er blevet væsentligt ophidset, kommer vi ind på det ikke-lineære regime af de kinetiske og potentielle energiudtryk i Lagrangian. Anharmoniske, eller ikke-lineære, oscillationer (som i det foregående afsnit) blandes på grund af de ikke-lineariteter, som resulterer i kombinationsfrekvenser, som i sig selv kan virke resonante. I denne henseende skal metoden med successive tilnærmelser bruges

92

omhyggeligt, på en måde, der er i overensstemmelse med, at der ikke er selvresonante udtryk via blandingen.

3.8.8 Bevægelse i hurtigt oscillerende felt (også kendt som to-tidsanalyse)

Overvej bevægelse i et potentiale U med periode T, hvor en hurtigt oscillerende kraft påføres,

$$m\ddot{x} = -\frac{dU}{dx} + f, \quad f = f_1 \cos \omega t + f_2 \sin \omega t, \quad \omega \gg \frac{1}{T}$$

(3-81)

Vi antager ikke, at $f \ll U$ eller endda $f < U$, snarere antager vi et resultat med små svingninger oven på den glatte vej, partiklen ville krydse, hvis kun under potentialet U:

$$x(t) = X(t) + \varepsilon(t), \qquad \overline{\varepsilon(t)} = 0.$$

(3-82)

Dette omtales nogle gange som en to-tidsanalyse [30]. Udskiftning kommer vi så til første orden i Taylor-udvidelser:

$$m\ddot{X} + m\ddot{\varepsilon} = -\frac{dU}{dx} - \varepsilon\frac{d^2U}{dx^2} + f(X,t) + \varepsilon\frac{\partial f}{\partial X}.$$

(3-83)

Nu er alle de første ordens vilkår i ε ubetydelige sammenlignet med de andre vilkår, bortset fra udtrykket $\ddot{\varepsilon}$, da frekvensfaktorerne antages at være meget store (eftersom de svinger hurtigt). Ved at opdele den glatte bane ($X(t)$ bane med $f = 0$) og den hurtigt oscillerende del får vi for sidstnævnte:

$$m\ddot{\varepsilon} = f(X,t) \rightarrow \varepsilon = -\frac{f}{m\omega^2}$$

(3-84)

Overvej nu gennemsnittet med hensyn til tid på førsteordensligningen, alle selvstændige førstepotenser af ε og f vil være nul:

$$m\ddot{X} = -\frac{dU}{dx} + \varepsilon\overline{\frac{\partial f}{\partial X}} = -\frac{dU}{dx} - \frac{1}{m\omega^2}\overline{f\frac{\partial f}{\partial X}} = -\frac{dU_{eff}}{dx},$$

hvor,

$$U_{eff} = U + \frac{\overline{f^2}}{2m\omega^2}, \quad U_{eff} = U + \frac{(f_1^2 + f_2^2)}{4m\omega^2} = U + \frac{1}{2}m\overline{\dot{\varepsilon}^2}$$

(3-85)

For at se, hvordan dette udstilles i praksis, skal du overveje pendulet, hvis støttepunkt undergår hurtige *vandrette svingninger* :

$$x = l \sin \varphi + a \cos \gamma t \text{ og } \dot{x} = l\dot{\varphi} \cos \varphi - a\gamma \sin \gamma t$$
$$y = l \cos \varphi \text{ og } \dot{y} = -l\dot{\varphi} \sin \varphi$$
$$U = -mgl \cos \varphi$$

$$L = T - U = \frac{1}{2}m(l\dot{\varphi})^2 - ml\dot{\varphi}a\gamma \cos \varphi \sin \gamma t + mgl \cos \varphi$$

gør brug af friheden til at tilføje en samlet tidsafledt,
$\frac{d}{dt}(mla\gamma \sin \varphi \sin \gamma t)$, for at få:

$$L = T - U = \frac{1}{2}m(l\dot{\varphi})^2 + mla\gamma^2 \sin \varphi \cos \gamma t + mgl \cos \varphi$$

Ved at bruge Euler-Lagrange-ligningen får vi:

$$ml^2\ddot{\varphi} = mla\gamma^2 \cos \varphi \cos \gamma t - mgl \sin \varphi = -\frac{dU}{dx} + f_\varphi,$$

hvor,

$$f_\varphi = mla\gamma^2 \cos \varphi \cos \gamma t$$

Ved at bruge relationen fra den tidligere diskussion:

$$U_{eff} = U + \frac{\overline{f_\varphi^2}}{2m\gamma^2} = mgl\left[-\cos \varphi + \frac{a^2\gamma^2}{4gl}\cos^2 \varphi\right].$$

Løsning for $\frac{dU_{eff}}{d\varphi} = 0$ får vi løsninger på $\sin \varphi = 0$ og $\cos \varphi = 2gl/a^2\gamma^2$,
hvor eksistensen af sidstnævnte løsning kræver det $2gl < a^2\gamma^2$.

På samme måde kunne vi overveje pendulet, hvis støttepunkt undergår hurtige *vertikale svingninger* :

$$x = l \sin \varphi \text{ og } \dot{x} = l\dot{\varphi} \cos \varphi$$
$$y = l \cos \varphi + a \cos \gamma t \text{ og } \dot{y} = -l\dot{\varphi} \sin \varphi - a\gamma \sin \gamma t$$
$$U = -mgl \cos \varphi + mga \cos \gamma t$$

$$L = T - U = \frac{1}{2}m(l\dot{\varphi})^2 + ml\dot{\varphi}a\gamma \sin \varphi \sin \gamma t + \frac{1}{2}ma^2\gamma^2 \sin^2 \gamma t$$
$$+ mgl \cos \varphi - mga \cos \gamma t$$

Dropper rene tidsafhængige funktioner og gør brug af friheden til at tilføje en total tidsafledt, $\frac{d}{dt}(mla\gamma \cos \varphi \sin \gamma t)$, for at få:

$$L = T - U = \frac{1}{2}m(l\dot{\varphi})^2 + mla\gamma^2 \cos \varphi \cos \gamma t + mgl \cos \varphi$$

Ved at bruge Euler-Lagrange-ligningen får vi:

$$ml^2\ddot{\varphi} = -mla\gamma^2 \sin \varphi \cos \gamma t - mgl \sin \varphi = -\frac{dU}{dx} + f_\varphi,$$

94

hvor,

$$f_\varphi = -mla\gamma^2 \sin\varphi \cos\gamma t$$

Bruger relationen fra den tidligere diskussion igen:

$$U_{eff} = U + \frac{\overline{f_\varphi}^2}{2m\gamma^2} = mgl\left[-\cos\varphi + \frac{a^2\gamma^2}{4gl}\sin^2\varphi\right].$$

Løsning for $\frac{dU_{eff}}{d\varphi} = 0$ får vi løsninger på $\varphi = 0$ og $\varphi = \pi$, hvor eksistensen af sidstnævnte løsning kræver det $2gl < a^2\gamma^2$.

Kapitel 4. Klassisk måling

4.1 Optagelse af små målinger i tidsintegrerbare systemer

Måling med den højeste følsomhed sker, hvor målehændelsen gentages, ofte i arrangementer, hvor en nøgleværdi summeres over tid. Det er derfor naturligt at se på tidsintegrerbare systemer som en nøglekomponent i en følsom detektor. En oscillator er et eksempel på et sådant system, for hvilket der efterfølgende gives en kort opsummering. Derefter foretager vi en sidste generalisering, tilføjelse af støjsvingninger (fundamentalt til stede på grund af termiske støjkilder) for at få en beskrivelse af faktiske eksperimentelle grænser. Indledningsvis vil vi for at bygge ud fra den klassiske mekanik resultater vist i kapitel 3 udvikle den dæmpede drevne oscillator med støj og se, hvilken minimal detekterbar kraft, der virker på oscillatoren (massen), der er mulig. Dette beskriver en "kontakt"-metode til kraftdetektering.

Direkte kontaktmetoder til faktisk detektion er mere typisk baseret på strain gauges eller piezoelektriske elementer, der direkte kan kobles til elektriske (resonans) kredsløb (bemærk konvertering af signal til elektronisk form, som vil være normen). Indirekte kontaktmetoder baseret på kapacitansmålere klarer sig bedst i denne kategori, hvor målingen af en forskydning direkte ændrer kapacitansen (via pladeadskillelse direkte relateret til forskydning). Hvilekapaciteten vælges i et kredsløb, der opererer ved resonans (eller på den stejle del af resonanskurven) [51], således at kredsløbsfrekvensskift er mest bemærkelsesværdige af et sekundært kredsløb (indirekte kontakt) måleenhed. Eksempler på kapacitansmålere kommer ind i kredsløbsbeskrivelser, der, selv om de er ligetil [52], er uden for denne beskrivelses omfang, så de vil ikke blive diskuteret yderligere.

Optiske ikke-kontaktmetoder tilbyder den største følsomhed, og dem vil kort blive diskuteret efter mere eksplicitte resultater for kontaktmetoderne (da præsentationen af en oscillator direkte-kontaktdetektor demonstrerer mange af nøglekoncepterne og begrænsende faktorer). Bemærk, at den mest ekstreme "ikke-kontakt"-detektion er kvante-ikke-nedrivning, men det vil ikke blive diskuteret. Noter fra LIGO-projektet, og er hentet fra Prof. Drevers kursus Ph118 ca. 1988 (i appendiks B, ~1988, viser LIGOkontaktlisten mindre end 30 på projektet, inklusive mig selv en kandidatstuderende på det tidspunkt, der er nu over 3000 bidragydere på dette projekt verden over).

4.1.1 Recap af dæmpet drevet oscillator
For den dæmpede drevne oscillator har vi den almindelige differentialligning:

$$\ddot{x} + 2\lambda\dot{x} + \omega^2 x = \left(\frac{F}{m}\right)\exp i\gamma t,$$

(4-1)

med løsning:
$$x(t) = a\exp(-\lambda t)\cos(\omega t + \alpha) + b\cos(\gamma t + \delta) \cong b\cos(\gamma t + \delta),$$
(4-2)

hvor

$$b = \frac{F}{m\sqrt{(\omega^2 - \gamma^2)^2 + (2\lambda\gamma)^2}} \qquad \tan\delta = \frac{(2\lambda\gamma)}{(\omega^2 - \gamma^2)}.$$

(4-3)

Når en stabil bevægelse er opnået, $x(t) \cong b\cos(\gamma t + \delta)$svarer energi absorberet fra den ydre kraft til den, der spredes i friktionen. Vi har hastigheden af dissipation på grund af friktion tidligere som $-2\mathcal{F}$, hvor $\mathcal{F} = \frac{1}{2}\alpha\dot{x}^2 = \lambda m b^2\gamma^2\sin^2(\gamma t + \delta)$, med tidsgennemsnit: $2\bar{\mathcal{F}} = \lambda m b^2\gamma^2$. Således er den absorberede energi pr. tidsenhed $\lambda m b^2\gamma^2$. Hvis vi nu ønsker integralet af energien absorberet ved alle drivende frekvenser, vil absorptionen blive domineret af frekvenserne nær resonans, for hvilke integralet tilnærmes som $\pi F^2/4m$.

4.1.2 Dæmpet drevet oscillator med støjudsving
Lad os nu overveje den dæmpede drevne oscillator med støjudsving og bestemme den mindste detekterbare kraft, som systemet kan levere. Dette er scenariet, med realistiske støjudsving, der giver en nøjagtig grænse for målingens følsomhed. Lad os starte med den nye almindelige differentialligning med tilføjede støjudsvingsudtryk F_{fl}:

$$\ddot{x} + 2\lambda\dot{x} + \omega^2 x = F(t) + F_{fl},$$

(4-4)

hvor steady state resultat fra før, uden fluktuationsstøjkræfter, var $x(t) \cong b\cos(\gamma t + \delta)$. Er der stadig en steady state, men med en lidt mere generel form? Overvej først, at amplitudeforholdstiden er givet af, $\tau_m = 1/\lambda$ og vi antager, at hensigten er at lave præcise målinger, så vi søger en minimal dæmpning, dermed en maksimal afslapningstid τ_m, og dermed en effektiv stabil tilstand sammenlignet med måletidspunktet og

98

tidspunktet for den $F(t)$effekt, der er beregnet til at blive opdaget. Vi vil således have steady state-formen angivet med mulig tidsafhængighed i konstanterne ved et gæt. At prøve gættet og validere det viser derefter, at dette er korrekt [53] og [54]. Ved at skifte nu til Braginskys notation [51], vil vi opsummere udledningen af Braginsky vist i tillægget til [51] med titlen "Statistiske kriterier til bestemmelse af excitationen af en oscillator af en ekstern kraft":

$$x(\tau) \cong A(\tau) \sin(\omega_0 \tau + \varphi(\tau)) \qquad \overline{A(\tau)} \gg \frac{1}{\omega_0} \frac{dA(\tau)}{d\tau}.$$

(4-5)

Vores påstand om en detektionsbegivenhed vil være sandsynlig, især givet tilføjelsen af en stokastisk proces (støjsvingninger). Vi ønsker at overveje sandsynligheden for, at en krafthændelse $F(t)$forekommer i tid $\hat{t}$, der falder inden for tidsrammen for målingen. Detekterbarheden af en sådan hændelse kræver, at den skelnes fra falske signaler fra fluktuationsstøjen F_{fl}. Til gengæld skal arten af sporbarheden undersøges for begge. I begge tilfælde er det, vi leder efter, en ændring i oscillationsamplituden i henhold til forskellen $A(\tau) - A(0)$, og i tilfælde af fluktuationsstøjen skal denne grænse kvalificeres til at være gyldig med sandsynlighed " $1 - \alpha$". Denne tilgang er motiveret af udtrykket fra [54] for sandsynlighedstætheden for en vilkårlig fordeling af oscillationsamplituder efter begivenhedstid $\hat{t}$:

$$P[A(\hat{t})|A(0)]$$
$$= \frac{A(\hat{t})}{\sigma^2(1 - \varepsilon^2)} I_0 \left(\frac{\varepsilon A(0)A(\hat{t})}{\sigma^2(1 - \varepsilon^2)} \right) \exp \left(-\frac{(A(\hat{t}))^2 + \varepsilon(A(0))^2}{2\sigma^2(1 - \varepsilon^2)} \right),$$

(4-6)

hvor,

$$\varepsilon = e^{(-\hat{t}/\tau_m)} \quad and \quad \sigma^2 = \overline{A(\tau)^2}.$$

Den statistiske fejl af den første slags formalisme (med " $1 - \alpha$") antager nu formen:

$$1 - \alpha = \int_{A(0)}^{A(\hat{t})} P[A(\hat{t})|A(0)]dA(\hat{t}).$$

(4-7)

Efter Braginskys analyse vil vi nu overveje at løse integralet for to tilfælde: $A(0) = 0$og $A(0) = \sigma$. Vi vil opdage, at evalueringen af minimal detekterbar kraft er nogenlunde den samme uanset startværdien af amplituden, mens energiudvekslingen med oscillatoren er væsentligt påvirket af initial amplitude. Efter Braginsky vil vi også antage, at vores

99

støjkilde udelukkende er en termisk støjkilde. Dette er det bedste scenario, da termiske støjkilder er fundamentale i fysiske systemer på en række forskellige måder (se for eksempel [24] for udledning af disse støjkilder i kredsløb). Hvis vi antager "bare" termisk støj, har vi, ifølge termaliseringstemperaturen, Tfølgende:

$$\sigma^2 = \frac{k_B T}{k}, \quad where \; \omega_0 = \sqrt{k/m}.$$

(4-8)

Ved at løse integralet og substituere får vi så:

$$[A(\hat{t})]_{1-\alpha} = 2\sigma\sqrt{(\hat{t}/\tau_m)\ln(1/\alpha)}.$$

(4-9)

Således, hvis vi starter en detektionsbegivenhed med $A(0) \cong 0$, og vi ser amplituden vokse i tid $\hat{t}$, således at $A(\hat{t}) > [A(\hat{t})]_{1-\alpha}$, så har vi med sandsynlighed, eller "pålidelighed", $(1 - \alpha)$, at en hændelse har fundet sted. Som bemærket af Braginsky, er det, vi har, kun en tærskelbetingelse indtil videre, der beskriver, hvad man skal gøre, hvis tærsklen er opfyldt. Hvis tærsklen er opfyldt, så siger vi ingen detekteringshændelse, f.eks. at $F(t) = 0$, men dette kan kun skyldes en uheldig annullering af hændelseskraft og fluktuationskræfter. For at vurdere den fejl, der kan indføres fra dette, introducerer Braginsky en måling af en statistisk fejl af den anden art svarende til sandsynligheden for at have, $F(t) \neq 0$mens den stadig har hændelsen under tærskelværdien $A(\hat{t}) < [A(\hat{t})]_{1-\alpha}$. Overvej specifikt kraften, $F(t)$når der ikke er nogen fluktuationskraft til stede, og sådan at ændringen i amplituden i tid $\hat{t}$er til en værdi Γ, der er større end tærsklen, således at vi har

$$\gamma = \Gamma/[A(\hat{t}) - A(0)]_{1-\alpha}$$

(4-10)

med $\gamma \geq 1$. Dette danner grundlaget for at vurdere fejlen af den anden type (yderligere detaljer findes i [51]). Konklusionen er, at en simpel konstant faktor, ~ 1, er alt, der ville ændre tærskelbetingelsen for detektionsbegivenhed.

Lad os nu relatere den minimale påviselige ændring i amplitude til den energi, der tildeles eller udvindes fra oscillatoren ved hjælp af formularen med γovenfor:

$$\Delta E = k\gamma^2[A(\hat{t})]^2_{1-\alpha} = 2\ln(1/\alpha)\,(2\hat{t}/\tau_m)\gamma^2 k_B T.$$

(4-11)

Vender vi tilbage til det simple tilfælde af $F(t) = F_0 \sin(\omega\tau)$tidsinterval fra 0 til $\hat{\tau}$(og nul kraft uden for det tidsinterval), så har vi den lineære vækst i amplitude ifølge:

$$\Gamma = \frac{F_0\hat{\tau}}{2m\omega}, \qquad where \quad \omega = \sqrt{k/m}$$

(4-12)

og kræver, at $\Gamma > [A(\hat{\tau}) - A(0)]_{1-\alpha}$det giver det mindste detekterbare F_0:

$$[F_0]_{min} = \rho\sqrt{4k_B Tm/(\hat{\tau}\tau_m)},$$

(4-13)

hvor ρer en dimensionsløs pålidelighedsfaktor, der spænder mellem 2,45 og 4,29 for typiske pålidelighedsværdier α(se tabel A1 i [51])., En lignende analyse for det tilfælde, hvor $A(0) \cong \sigma$ved begyndelsen af detektionsbegivenheden reduceres til den samme formel med pålidelighedsfaktorer i rækkevidde mellem 1,96 og 3,88. Således er den minimale detekterbare kraft nogenlunde den samme uanset startværdien af amplituden og har formen:

$$[F_0]_{min} \propto \sqrt{\frac{4k_B Tm}{(\hat{\tau}\tau_m)}}.$$

(4-14)

4.1.3 Optiske berøringsfri metoder

Der er to typer optisk måling, som vi vil fokusere på her: (i) knivsæg; og (ii) selvinterferens. Knivskærsmetoderne involverer en optisk håndtag i en vis kapacitet. Hvis vi lyser en laserstråle på et spejl og måler dens udsving på en skærmafstand D væk, så er det projicerede signal dobbelt så stort, hvis vi blot fordobler projektionsafstanden til 2D. Mere almindeligt, og en blanding af type (i) og (ii), er at bruge et diffraktionsgitter, hvor forstærkningseffekten multipliceres i henhold til adskillelsen i det bevægelige diffraktionsgitter, der er en del af en stråletransmissionsmåling (der involverer en andet, fast, diffraktionsgitter). Den mest følsomme af den optiske selvinterferenstype af detektionsbegivenheder involverer dog typisk et Michelson-Morley-interferometer. Den grundlæggende idé er, at strålen deles og får lov til at interferere med sig selv, således at perfekt annullering afstemmes ved den transmitterede del af stråledeleren. Når der opstår en forskydning i spejlet (eller spejl-hulrumsafstanden), ser vi så et slip fra den annullerede tilstand og ser et lysglimt i henhold til omfanget af ikke-annullering, hvilket er relateret til signalets styrke. Som med mange af detekteringsmetoderne ser en evaluering af følsomhed ofte lovende ud, men faktisk er det ofte umuligt at opnå de nødvendige fysiske enhedsparametre. Med de interferometriske tilgange er det, der skal til, dog ofte inden for rækkevidde, ved at bruge meget kraftige lasere, stærkt reflekterende spejle, udsøgt stabiliserede spejle og stråleopdelerspejl, til at begynde med. Det viser sig, at dette kan lade sig gøre, men det er et spørgsmål om skala.

Arbejdet, jeg deltog med at involvere prototypen af LIGO-detektoren i 1980'erne, var et tilfælde, hvor de interferometriske metoder blev demonstreret at fungere ekstremt godt. Men prototypen af interferometerarmene var 20 m lange, ikke 2 km, som de i sidste ende skulle være. Så skalaen af vakuum var meget forskellig (laserinterferometerhulrummene holdes ved højvakuum for at eliminere støj, og endnu vigtigere, undgå en destruktiv proces på de (meget dyre) meget reflekterende spejle (en EM-effekt, der skal diskuteres i [40] , resulterer i, at uladet "støv" tager en effektiv ladning, og i det uensartede elektriske felt i hulrummet er resultatet, at støvet bliver drevet ind i spejlene, hvilket forårsager deres konstante nedbrydning. Dette og andre skaleringsproblemer krævede yderligere 30 år udvikling, indtil LIGO-projektet endelig kom online med det første gravitationsbølgeobservatorium (Nobelprisen til Kip Thorne, et al. I 1980'erne, da jeg deltog i et par år (før jeg skiftede til mere teoretiske spørgsmål, som skal beskrives i []. 45,46]) LIGO-gruppen var ret lille (ca. 30, se den gamle Directory i figur B.1. Skaleringen med 100x i enhedsstørrelsen blev delvist opfyldt af en 100x omskalering i gruppeindsatsen i år 2020).

En korrekt beskrivelse af LIGO-detektionsmetoden ville tage os langt væk i laserstøjegenskaber og optiske kavitetsegenskaber, men en beskrivelse på højt niveau gives stadig. For det første er det "L-formede" interferometer dobbelt vigtigt for den søgte type detektionsbegivenhed, som for LIGO var en gravitationsbølge. En sådan bølge vil kun kunne måles via dens quadrupol-effekt (med ortogonale detektorarme, se bog 3 for detaljer), hvorved den ene arm af interferometeret forlænges, mens den anden er forkortet, hvilket giver en ændring i interferenssignalet (dette for quadrupolbølgen) rammer detektoren perfekt på tværs og justeret på detektorarmene). For det andet relaterer laserstøjen (multimodaliteten) sig direkte til skift i hovedtilstanden, der bliver "låst på", hvilket er et støjproblem, og kræver således noget for at "rense" laserstøjen. På det tidspunkt, hvor jeg arbejdede hos LIGO, blev resonanshulrummet, der blev brugt til denne opgave, udnævnt af Ron Drever som " dewiggler ". Der er således et laserhulrum (højeffekt), der føres ind i en tilstandsrenser (dewiggleren) , som derefter føres ind i det "L-formede" interferometer. Og for det tredje er der spørgsmålet om at stabilisere armlængderne mod positionsudsving i frekvensbåndet af interesse for detektion. I det væsentlige skal endespejlene og strålesplitterspejlet alle være servostillet til fast position i forhold til hinanden (hele systemet flyder i forhold til det omgivende vakuumkammer, mens det er relativt 'låst'). I sidste ende er der behov for specialiseret signalbehandling til detektering af en kendt signalprofil (eller gruppe af profiler). I det væsentlige anvendes et specialiseret filter baseret på matchning til det søgte signal for optimal detektionsevne.

4.2 Målingsteori – tilfældige variabler og processer

Mange eksperimenter er beskrevet, hvor der er en forudsagt frekvens eller anden målbar karakteristik. Vi vil gerne have en "nøjagtig måling", men hvad betyder det? Til at begynde med skal du overveje et sæt målinger for nogle omstændigheder, måske så simpelt som den gentagne måling af noget. I måleteori ses sættet af sådanne målinger, i de enkleste ikke-tidsvarierende tilfælde, som en prøve fra en enkelt type baggrundsfordeling. Ved at udføre gentagne målinger (x_N) ved vi intuitivt, at vi får en bedre eller 'sikker' måling, men hvorfor er dette? Det viser sig, at det er nemt at udlede den egenskab, at prøvevariansen falder med antallet af målinger. Hvor mange målinger, der skal tages, bliver så til, hvor stramme du vil have dine "fejlbjælker" (området afgrænset fra én standardafvigelse eller σ(sigma), under middelværdien til én standardafvigelse ovenfor). Vi vil se, at $Var(\bar{x}_N) = \sigma^2/N$, hvor σ er standardafvigelsen for en enkelt måling af den stokastiske variabel (X), og Var er variansen (std. dev. kvadreret) af den gentagne måling. Denne beregning er kendt som beregning af sigma for middelværdien, og vi får det $\sigma_\mu = \sigma/\sqrt{N}$, så vi kan forbedre vores målenøjagtighed (reduceret sigma på middelværdien) i henhold til antallet af målinger, der tages (N). Ovenstående kerneresultat (begrundelse for gentagne målinger i den eksperimentelle proces) samt andre vil nu blive skitseret mere detaljeret. En række tekniske termer er allerede opstået i diskussionen ovenfor, men derfor vil der nu først blive givet en kort gennemgang af kerneterminologi og definitioner.

Definitioner
De fleste af definitionerne, der følger i dette afsnit, er nærmere beskrevet i [55].

Tilfældig variabel

En tilfældig variabel X er en tildeling af et tal, x(θ), til hvert udfald θaf X.

Stokastisk proces

En stokastisk proces er en tildeling af et tidsparameterafhængigt tal, x(θ,t), til hvert udfald θaf X.

Set som et indeks, hvis tidsparameteren t er kontinuert, så har vi en kontinuert-tids-proces, ellers er det en diskret-tids-proces. Lad os arbejde med diskrete-tidsprocesser for nu og give flere definitioner - lægge grundlaget for scenarier med gentagne eksperimentelle målinger:

Forventningen, E(X), for den tilfældige variabel X

Forventningen, E(X), af stokastisk variabel X er defineret til at være:

$$E(X) \equiv \sum_{i=1}^{L} x_i \, p(x_i) hvis \, x_i \in \mathfrak{R}.$$

(4-15)

På samme måde er forventningen, E(g(X)), til en funktion g(X) af den tilfældige variabel X:

$$E(g(X)) \equiv \sum_{i=1}^{L} g(x_i) \, p(x_i) hvis \, x_i \in \mathfrak{R}.$$

Overvej nu det specielle tilfælde, hvor $g(x_i) = -log(p(x_i))$, som giver anledning til Shannons entropi:

$$H(X) \equiv E[g(X)] = -\sum_{i=1}^{L} p(x_i) \, log(p(x_i)) \, hvis \, p(x_i) \in \mathfrak{R}^+,$$

Til gensidig information skal du på samme måde bruge $g(X,Y) = log(p(x_i, y_i)/p(x_i)p(y_i))$ for at få:

$$I(X;Y) \equiv E[g(X,Y)] \equiv \sum_{i=1}^{L} p(x_i, y_i) \, log(p(x_i, y_i)/p(x_i)p(y_i)),$$

og hvis $p(x_i)$, $p(y_i)$, $p(x_i, y_i)$ er alle $\in \mathfrak{R}^+$, så er dette ækvivalent med den relative entropi mellem en fælles fordeling og den samme fordeling, hvis de stokastiske variable er uafhængige, også kaldet Kullback-Leibler divergensen : $D(p(x_i, y_i) \,||\, p(x_i)p(y_i))$)der er udbredt i informationsteori [24] .

Jensens Ulighed

Grunden er lagt til et simpelt bevis på Jensens ulighed, som leveres herefter. Denne ulighed er en nøglemanøvre, der anvendes i andre definitioner, der skal følges (Hoeffding).

Lad φ(·) være en konveks funktion på en konveks delmængde af den reelle linje: φ: χ→$\mathfrak{R}$. Konveksitet per definition: $\varphi(\lambda_1 x_1 + ... y_n x_n) \leq \lambda_1$ $\varphi(x_1) + ... + \lambda_n \varphi(x_n)$, hvor $\lambda_i \geq 0$ og$\sum \lambda_i = 1$. Således, hvis $\lambda_1 = p(x_1)$, opfylder vi relationerne for linjeinterpolation såvel som diskrete

104

sandsynlighedsfordelinger, så vi kan omskrive i forhold til forventningsdefinitionen:

$$\varphi(E(X)) \leq E(\varphi(X)).$$

Lad os anvende dette for at få en relation, der involverer Shannon Entropy ved at vælge $\varphi(x) = -\log(x)$, som er en konveks funktion, derfor har vi det:

$$\log(E(X)) \geq E(\log(X)) = -H(X).$$

Varians

$$Var(X) \equiv E(\ [X - E(X)]^2\ ) = \sum_{i=1}^{L}(x_i - E(X))^2 p(x_i) = E(X^2) - (E(X))^2$$

(4-16)

Prøvevarians

$$Var_N(X) = \frac{1}{N-1}\sum(x_i - E(x))^2$$

(4-17)

Chebyshevs Ulighed

For $k>0$, $P(|X - E(X)|>k) \leq Var(X)/k^2$

(4-18)

Bevis: $Var(X) = \sum_{i=1}^{L}(x_i - E(X))^2 p(x_i)$
$= \sum_{\{x_i|\ |x_i-E(X)|>k\}}(x_i - E(X))^2 p(x_i)$
$+ \sum_{\{x_i|\ |x_i-E(X)|\leq k\}}(x_i - E(X))^2 p(x_i)$
$\geq k^2 P(|X - E(X)|>k)$

Gentagen måling og sigma for middelværdien

Lad X_k være uafhængige identisk fordelte (iid) kopier af X, og lad X være det reelle tal "alfabet". Lad $\mu=E(X)$, $\sigma^2=Var(X)$, og angiv

$$\bar{x}_N = \frac{1}{N}\sum_{k=1}^{N} X_k$$
$$E(\bar{x}_N) = \mu$$
$$Var(\bar{x}_N) = \frac{1}{N^2}\sum_{k=1}^{N} Var(X_k) = \frac{1}{N}\sigma^2$$

For gentagne målinger er sigmaet for middelværdien således $\sigma_\mu = \sigma/\sqrt{N}$, Som tidligere nævnt. Bemærk, at hvis vi fortsætter analysen af dette scenarie, får vi for Chebyshev-relationen:

$$P(|\bar{x}_N - \mu|>k) \leq Var(\bar{x}_N)/\ k2 = \frac{1}{Nk^2}\sigma^2.$$

(4-19)

hvoraf loven om store tal kan udledes.

105

Loven om store tal, svag form (svag-LLN)

LLN vil nu blive udledt i den klassiske "svage" form. (Den "stærke" form er afledt i den moderne matematiske kontekst af Martingales i et senere afsnit.) Som N $\to \infty$ får vi det, der er kendt som loven om store tal (svag), hvor P($| \bar{x}_N - \mu| > k$) $\to 0$, for enhver k>0. Således er det aritmetiske middelværdi af en sekvens af iid rvs konvergerer til deres fælles forventning. Den svage form har konvergens "i sandsynlighed", mens den stærke form vil have konvergens "med sandsynlighed en".

4.3 Kollisioner og spredning

Lad os nu vende os til overvejelser om kollision og spredning. Dette er en anvendelse af den lagrangske analyse, der normalt er ligetil, især når man betragter klassisk spredning, som der altid er et svar på [56]. Vi vil gøre dette i den Lagrangian-baserede formulering, med energi som en bevaret mængde, og overveje de ubegrænsede baner (indgående og udgående). En meget kort, men formel beskrivelse af klassisk spredning i stil med Reed&Simon [56] vil blive givet efterfølgende, som så direkte kan gå over til en kvantespredningsbeskrivelse (som vist i [56]). Inden vi går i gang med den formelle beskrivelse, lad os først få det grundlæggende nede ved at gense Rutherford-spredning (1911) [57] og Compton-spredning (1923) [73], hvor førstnævnte flyttede os fra blommebudding-modellen af atomet. til det moderne med kompakt kerne og elektronsky, og afslører alfas centrale rolle; sidstnævnte giver direkte bevis for 4-vektor matematik (bevis på speciel relativitet). (Hvis Compton-spredning var blevet observeret før 1905, ville det have været en anden del af fysikken, tilgængelig fra datidens klassiske eksperimentelle apparater, hvilket indikerer speciel relativitet.)

Fokus for den klassiske mekanik har hidtil været på den matematiske teori og ikke på han observerede parametre for de observerede elementarpartikler eller den fænomenologiske beskrivelse af "ponderable media" (der skal diskuteres, for den klassiske mekaniske indstilling, i afsnit 5.1 for Rigid Organer og afsnit 5.2 for materielle organer). Og dette er blevet gjort for klart at adskille de fundamentale partikelparametre og fænomenologiske parametre fra den matematiske struktur, herunder fra fundamentale matematiske parametre. I afsnit 4.3 om spredning og kapitel 5 om kollektiv bevægelse (en tidlig udforskning af materialeegenskaber) er de fysiske parametre imidlertid uundgåelige og vedrører også nøgleeksperimenter, der demonstrerer styrken af visse eksperimentelle modeller, så de vil begynde at dukke op i præsentationen . Vi starter med Rutherford-spredning [57], som simpelthen er Coulombspredning ved lav hastighed (ikke-relativistisk). Vi får en formel, og det passer bemærkelsesværdigt godt at eksperimentere, hvis vi antager den moderne atommodel (positiv, kompakt kerne, med negativ elektronsky). Der er kun én "tilpasningsparameter" i formlen, og det er den dimensionsløse parameter alfa. Således har vi vores første optræden af alfa i den klassiske mekanik diskussion (grupperet som $\alpha\hbar$), og den relaterer direkte til atomare egenskaber (ladning), elektromagnetiske egenskaber (permittivitet af frit rum), særlige relativistiske egenskaber (lyshastighed) og kvante egenskaber (Plancks konstant). (Bemærk, alfa var allerede dukket op i de tidlige kvantemekaniske bestræbelser, som finstrukturkonstanten, i spektrografisk analyse af Sommerfeld [58], som det vil blive diskuteret i bog 4.) Inden der arbejdes gennem adskillige eksempler, vises Compton-spredningen også . Compton spredningseksperimentet blev faktisk udført, og beskrivelsen bygger på Caltech Ph 7 laboratorienotater, hvor Compton eksperimentet blev udført som en del af et standard laboratoriekrav for fysikundergraduates. Anvendelse af tilfældighedsdetektering muliggør indhentning af fremragende data. Valideringen af Comptons spredningsformel tjener til gengæld til at demonstrere:(i) at lys ikke kan forklares udelukkende som et bølgefænomen (yderligere kvantediskussion forsinket indtil bog 4 [42]); og (ii) at konsistens kræver brug af den relativistiske energi-momentum 4-vektor relation (Særlig relativitet er dækket i bog 2 [40]).

Ved spredning søger vi ofte at undersøge mængden af spredning (eller sandsynligheden for spredning) i en given vinkel (såsom med Rutherford). Målingen af sandsynligheden for en given proces reduceres derved til evaluering af det relevante "tværsnit". Yderligere detaljer om disse definitioner og konventioner vil blive bragt frem i løbet af undersøgelsen af Rutherford-spredning, som diskuteres herefter.

4.3.1. Rutherford-spredning
Overvej to ladede punktpartikler, der interagerer under et centralt Coulomb-potentiale. Det klassiske centrale potentiale tillader afkobling af massecentrets bevægelse og relativ bevægelse, vi vælger således en bekvem "ramme" med partikel 1 i bevægelse (indfald på partikel 2) med parametre: m_1, $q_1 = Z_1 e$(hvor $e$er den grundlæggende ladning, og Z_1er et positivt heltal), og en hastighed, der ikke er nul, $v_1$målt, når den er meget langt væk.

107

Afsnit 3.7 beskriver bevægelse i et centralt Coulomb-felt (med topunktspartikler med modsatte ladninger), som vi fik løsningen til:

$$p = r(1 + e \cos \theta).$$

(4-20)

Den generelle løsning (herunder ubegrænset bevægelse) er nært beslægtet og er givet af:

$$u = u_0 \cos(\theta - \theta_0) - C, \qquad u = \frac{1}{r}.$$

(4-21)

Hvis vi nu betragter grænsebetingelserne, asymptotisk, for den indgående/udgående spredning af interesse, må vi have løsninger, der tilfredsstiller:

$$u \to 0 \; and \; r \sin \theta \to b \; as \; \theta \to \pi,$$

hvor b er påvirkningsparameteren. Når det løses for at give en sammenhæng mellem b og afbøjningsvinklen får vi:

$$b = \frac{Z_1 Z_2 e^2}{4\pi\epsilon_0 m v_1^2} \cot\frac{\theta}{2}.$$

(4-22)

Vi har nu fået en relation $b(\theta)$, hvorfra tværsnittet nemt kan opnås ved hjælp af standardformlen:

$$\frac{d\sigma}{d\Omega} = \frac{b}{\sin \theta} \left| \frac{db}{d\theta} \right|.$$

(4-23)

Inden vi går videre, lad os dog genudlede denne formel og ved at gøre det præcist, hvad der menes med "spredningstværsnittet". Den formelle definition er:

$$\frac{d\sigma}{d\Omega} d\Omega = \frac{number \; scattered \; into \; d\Omega \; per \; unit \; time}{incident \; intensity}.$$

(tallet spredt i rumvinkel pr. tidsenhed pr. hændelsesintensitet)

(4-24)

Overvej en indgående (aksial) stråle af partikler, med ensartet intensitet, med anslagsparameter mellem b og $b + db$, antallet af partikler, der falder ind med den ønskede påvirkningsparameter, er så:

$$2\pi I b |db| = I \frac{d\sigma}{d\Omega} d\Omega,$$

(4-25)

hvor der gøres brug af definitionen af antallet af partikler spredt i rumvinklen $d\Omega$. Da spredningspotentialet er radialt symmetrisk $d\Omega = 2\pi \sin \theta \, d\theta$, har vi således:

$$\frac{d\sigma}{d\Omega} = \frac{b}{\sin \theta} \left| \frac{db}{d\theta} \right|.$$

108

Anvendelse af formlen:

$$\frac{d\sigma}{d\Omega} = \left(\frac{Z_1 Z_2 e^2}{8\pi\epsilon_0 m v_1^2 \sin^2\frac{\theta}{2}}\right)^2 = \left(\frac{Z_1 Z_2 (\alpha\hbar c)}{2m v_1^2 \sin^2\frac{\theta}{2}}\right)^2, \quad \alpha = \frac{e^2}{4\pi\epsilon_0 \hbar c}.$$

(4-26)

4.3.2. Compton-spredning

Lad os nu overveje røntgenspredning. Ikke alene er røntgenstråler spredt i forskellige vinkler på en partikellignende måde, selve 'partiklen' ser ud til at ændre sig ved, at røntgenstrålens bølgelængde skifter i overensstemmelse med mængden (vinklen) af spredning. Compton vil overveje fotoner i en partikelbølgeformalisme ved at bruge formlen for Einsteins fotovoltaiske effekt. Compton vil også betragte fotonerne i en relativistisk indstilling, således at den særlige relativitetsenergimomentum er repræsentationen af den samlede energi. Spredningsforsøget vil bestå af en indkommende (kollimeret) røntgenstråle, der rammer en fast elektron med spredning af røntgenstråler og rekyl af elektronen. Således har vi fra bevaring på energi (relativistisk):

$$hf + mc^2 = hf' + \sqrt{(pc)^2 + (mc^2)^2},$$

(4-27)

hvor f er frekvensen af den indkommende røntgenstråle (ved hjælp af Einstein-relation med Plancks konstant h), m er elektronens (hvile)masse, c er lysets hastighed, mc^2 er således elektronens hvileenergi ifølge Einsteins særlige relativitetsteori. På RHS har vi den nye røntgenfrekvens f', elektronrekylmomentet, der ikke er nul p, således at rekylelektronens relativistiske energimomentum er $\sqrt{(pc)^2 + (mc^2)^2}$. For at bevare 4-momentum har vi:

$$p = p_\gamma - p_{\gamma'}$$

(4-28)

som kan omskrives som:

$$(pc)^2 = \left(p_\gamma c\right)^2 + \left(p_{\gamma'} c\right)^2 - 2\left(p_\gamma c\right)\left(p_{\gamma'} c\right)\cos\theta,$$

(4-29)

og når det kombineres med bevarelse af energi-forholdet, får vi den berømte Compton-ligning:

$$\frac{c}{f'} - \frac{c}{f} = \frac{h}{mc}(1 - \cos\theta).$$

(4-30)

Vinkelfordelingen på de spredte fotoner er beskrevet af Klein-Nishina formlen:

$$\frac{d\sigma}{d\Omega} = \frac{\left(\frac{1}{2r_0}\right)[1 + \cos^2\theta]}{\left[1 + 2\varepsilon\sin^2(\frac{\theta}{2})\right]} \left\{ 1 + \frac{4\varepsilon^2\sin^4(\frac{\theta}{2})}{[1 + \cos^2\theta]\left[1 + 2\varepsilon\sin^2(\frac{\theta}{2})\right]} \right\}$$

(4-31)

Dyrke motion. Udled Klein-Nishina-formlen.

4.3.3. Teoretisk diskussion og eksempler

Hidtil har spredningsbeskrivelserne involveret potentialer med tiltrækkende kræfter, såsom tyngdekraft eller Coulomb med modsatte ladninger. De kunne også involvere frastødende kræfter med stort set det samme resultat, så længe de er iboende Coulombic (altså sfærisk symmetrisk, blandt andet), med analysen som før. En række mere komplekse potentialer kunne overvejes, men den væsentlige kvalitet er, at der er asymptotiske tilstande, og der er måske bundne tilstande. Vi kan i vid udstrækning bestemme potentialet fra indgående asymptotiske tilstande, der bliver "spredt" til udgående asymptotiske tilstande (ved det interaktionspotentiale, der ikke er nul), eller til gengæld verificere vores teoretiske forudsigelse for, hvad dette potentiale ville være. Det er her "gummiet møder vejen" med teoretisk fysik i forbindelse med eksperimentel fysik.

Bemærk, når vi taler om ubundne asymptotiske tilstande eller frie tilstande og bundne tilstande, taler vi om to dynamiske udfald, der eksisterer inden for det samme dynamiske system. Vi har set dette før, i sammenhæng med to-timing-analyse og for forstyrrende analyse generelt (perturbativ analyse antager dynamikken i et referencesystem og betragter derefter et andet system, det forstyrrede system). Vi kan "se" de asymptotiske tilstande, der er "fri" for interaktionen af interesse, asymptotisk, ved at fange dem i vores detektionsapparat. Det samme kan ikke siges om de bundne tilstande, som vi identificerer indirekte.

Lad os opsummere de centrale spørgsmål, ifølge Reed og Simon [56], som spredningsteorien søger at besvare (se [56] for yderligere detaljer). For at komme i gang, lad os adoptere deres notation for frie og bundne tilstande:
ρ_+er asymptotisk fri i fremtiden ($t \to \infty$), ρ_-er asymptotisk fri i fortiden ($t \to -\infty$) og ρer en bundet tilstand. Fra den Hamiltonske formulering ved vi, at vi kan tale om en "tidstransformationsoperator", der virker på de førnævnte tilstande med hensyn til et valg af Hamiltonsk, her

110

med/uden interaktion: $\{T_t, T_t^{(0)}\}$. Det er således muligt at overveje de asymptotiske grænser:

$$\lim_{t\to-\infty}\left(T_t\rho - T_t^{(0)}\rho_-\right) = 0 \qquad \lim_{t\to\infty}\left(T_t\rho - T_t^{(0)}\rho_+\right) = 0 .$$

(4-32)

Disse grænser er kun veldefinerede, hvis der forekommer løsninger for par $\{\rho_-, \rho\}$, hvor ρ der for hver kun er en tilsvarende ρ_-, ligeledes for $\{\rho_+, \rho\}$. Nøglespørgsmålene:

(1) Hvad er de frie stater? Kan de alle fremstilles eksperimentelt (fuldstændighed ved forberedelse)?
(2) Er der unikhed i korrespondance $\{\rho_-, \rho\}$ og $\{\rho_+, \rho\}$?
(3) Er der (svag) fuldstændighed ved spredning? f.eks. kortlægge alt ρ_- på $\rho \in \Sigma$, kald denne delmængde af Σ, Σ_{in}; gentag for ρ_+ at få Σ_{out}, gør $\Sigma_{in} = \Sigma_{out}$? Dette er kendt som svag asymptotisk fuldstændighed [56].
(4) I betragtning af ovenstående kan vi definere en bijektion af Σ på sig selv, således at følgende bliver veldefineret: $\rho_- = \Omega^-\rho$ og $\rho_+ = \Omega^+\rho$, hvor Ω^- og Ω^+ er de bijektive afbildninger. Vi kan således beskrive spredning i form af en bijektion:

$$S = (\Omega^-)^{-1}\Omega^+.$$

I klassisk mekanik vil dette altid eksistere som en bijektion på faserummet. I kvantemekanikken vil S være en lineær enhedstransformation kendt som S-matrixen.
(5) Er der symmetrier? Nogle gange kan S bestemmes på grund af symmetrier, dette vil blive udforsket yderligere i kvantemekanik sammenhæng i [42].
(6) Hvad er den analytiske fortsættelse? En almindelig forfining for en Realteori, for at omfatte bølgefænomener (såsom ved overgang til en kvanteteori), er at skifte til en kompleks teori ved at se Realteorien som grænseværdien af en analytisk funktion. Analyticitet af S-transformationen, ifølge valg, giver også kausalitet (som med Feynmans valg af konturintegraldefinitioner for propagatorer i [43]).
(7) Er det asymptotisk komplet: $\Sigma_{bound} + \Sigma_{in} = \Sigma_{bound} + \Sigma_{out}$? For klassisk mekanik er "+"-operationerne sat teoretiske, så dette reducerer til spørgsmålet om $\Sigma_{in} = \Sigma_{out}$ (svag asymptotisk fuldstændighed) bortset fra et muligt sæt af mål nul (dvs. der er sæt af mål nul-problemer - sættet af bundne tilstande kan være af mål nul med hensyn til supersættet). I kvanteteorien er "+" en direkte sum af Hilbert-rum, som er mere kompliceret og ikke diskuteret her.

111

Eksempel 4.1. Klassisk forfald.

Betragt et klassisk henfald, A→ 3B, hvor den første partikel henfalder til tre identiske partikler med massen m. Antag, at hver sidste partikel har den samme energi i massecenterrammen, at den oprindelige partikel bevæger sig med hastighed V langs laboratoriets z-akse, og at henfaldsenergien er ϵ. Hvis en af partiklerne kommer frem langs den positive z-akse, i hvilken vinkel til z-aksen kommer de to andre partikler frem?

Løsning

Vi har den samme energi i massecenterramme, dvs. samme momentum. Altså i massemidtramme

$$\frac{1}{2}(3m)V^2 = 3\frac{1}{2}(m)V'^2 + \epsilon \;\rightarrow\; (mV') = \sqrt{m^2V^2 - \frac{2}{3}m\epsilon}$$

og

$$\tan\phi = \frac{|(m\vec{V}')|\sin(60°)}{|(3m\vec{V})| - |(m\vec{V}')|\cos(60°)} \qquad \sin 60° = \frac{\sqrt{3}}{2} \quad \cos 60° = \frac{1}{2}$$

Dermed,

$$\phi = \tan^{-1}\left\{ \frac{\sqrt{m^2V^2 - \frac{2}{3}m\epsilon}\,\frac{\sqrt{3}}{2}}{3mV - \sqrt{m^2V^2 - \frac{2}{3}m\epsilon}\,\frac{1}{2}} \right\}$$

$$= \tan^{-1}\left\{ \frac{\sqrt{3m^2V^2 - 2m\epsilon}}{6mV - \sqrt{m^2V^2 - \frac{2}{3}m\epsilon}} \right\}$$

Øvelse 4.1. Klassisk forfald.

Eksempel 4.2. (F&W 1,14)

Overvej, at Rutherford spreder sig væk fra en nuklear overflade, når tværsnittet til at ramme den nukleare overflade er $\sigma_r = \pi b^2$ for anslagsparameter ved minimum r $r_{min} = b$:. Husk på, at systemenergien asymptotisk, med indgående hastighed V_∞, er simpelthen

$$E = \frac{1}{2}mV_\infty^2 \;\rightarrow\; V_\infty = \sqrt{\frac{2E}{m}}.$$

Vi har også for (bevaret) vinkelmomentum:

$$M_\theta = mV_\infty b = \sqrt{m2E}\, b.$$

Således er det effektive potentiale med angivet M_θ og Coulomb potentiale $V_c = \frac{zZe^2}{R}$:

$$U_{eff} = \frac{M_\theta^2}{2mR^2} + V_c = E \;\rightarrow\; \frac{m2Eb^2}{2mR^2} + V_c = E \;\rightarrow\; b^2 = R^2 \frac{(E - V_c)}{E}$$

Dermed,

$$\sigma_r = \pi b^2 = \pi R^2 (1 - V_c/E).$$

Relaterede øvelser: se Fetter&Walecka [29].

Eksempel 4.3. (F&W 1,17)
Overvej at sprede ud af potentialet

$$V(r) = \begin{cases} 0 & r > a \\ -V_0 & r < a \end{cases}$$

(1) Vis kredsløb er identisk med en lysstråle, der brydes af en kugle med radius a og $= \sqrt{(E + V_0)/E}$.
(2) Find det differentielle elastiske tværsnit.

Løsning

(1) Husk $F 2\pi b\, db = F d\sigma_a(\theta)$ and $d\Omega = 2\pi \sin\theta\, d\theta \Rightarrow \frac{d\sigma}{d\Omega} = \frac{b}{\sin\theta} \left| \left(\frac{db}{d\theta} \right) \right|$

Har: $mV_1 \sin\theta_1 = mV_2 \sin\theta_2$ og $E = \frac{P_1^2}{2m} + U_1 = \frac{P_2^2}{2m} + U_2$. Dermed:

$$\sin\theta_1 = \sin\theta_2 \sqrt{1 + \frac{2}{mV_1^2} V_0} \;\rightarrow\; \sin\theta_1 = \sqrt{(E + V_0)/E} \,\sin\theta_2$$

Banen er således identisk med en lysstråle, der brydes af en kugle med radius a og $n = \sqrt{(E + V_0)/E}$

$$\sin\theta_2 = \frac{\sin\theta_1}{\sqrt{(E + V_0)/E}}$$

Afbøjningsvinkel svarende til θ_1 og θ_2 er $\theta = (\theta_1 - \theta_2)$. Således $\theta_1 = \frac{\theta}{2} + \theta_2$, og siden $b = a \sin\theta_1$ vi har:

$$\sin\theta_1 = \sin\left\{\frac{\theta}{2} + \theta_2\right\} = \sin\left(\frac{\theta}{2}\right)\sin\theta_2 + \cos\left(\frac{\theta}{2}\right)\cos\theta_2 = \frac{\sin\left(\frac{\theta}{2}\right)\sin\theta_1}{n} +$$
$$\cos\left(\frac{\theta}{2}\right)\sqrt{1 - \sin^2\theta_1^2}$$

$$\sin^2\theta_1 = \frac{\sin^2\left(\frac{\theta}{2}\right)}{\left(\frac{1}{n} - \cos\left(\frac{\theta}{2}\right)\right)^2 + \sin^2\left(\frac{\theta}{2}\right)}$$

$$b^2 = a^2\sin^2\theta_1 = \frac{a^2n^2\sin^2\left(\frac{\theta}{2}\right)}{+n^2\sin^2\left(\frac{\theta}{2}\right)+\left(1-2n\cos\left(\frac{\theta}{2}\right)+n^2\cos^2\left(\frac{\theta}{2}\right)\right)} = \frac{a^2n^2\sin^2\left(\frac{\theta}{2}\right)}{1+n^2-2n\cos\left(\frac{\theta}{2}\right)}$$

$$2b\,db = a^2n^2\left\{\frac{2\sin\left(\frac{\theta}{2}\right)\cdot\frac{1}{2}\cos\left(\frac{\theta}{2}\right)}{1 + n^2 - 2n\cos\left(\frac{\theta}{2}\right)}\right.$$
$$\left. + \frac{(-1)a^2n^2\sin^2\left(\frac{\theta}{2}\right)\left[-2n\left(-\frac{1}{2}\sin\frac{\theta}{2}\right)\right]}{(\ldots)^2}\right\}$$

$$= \frac{a^2n^2}{\left(1+n^2-2n\cos\left(\frac{\theta}{2}\right)\right)^2}\left\{\sin\left(\frac{\theta}{2}\right)\cos\left(\frac{\theta}{2}\right)\left(1 + n^2 - 2n\cos\frac{\theta}{2}\right) - \right.$$
$$\left. n\sin^3\left(\frac{\theta}{2}\right)\right\}$$

Dermed,

$$\frac{d\sigma}{d\Omega} = \frac{b}{\sin\theta}\left|\frac{db}{d\theta}\right|$$

$$= \frac{a^2n^2}{4\cos\left(\frac{\theta}{2}\right)}\frac{1}{\left(1 + n^2 - 2n\cos\left(\frac{\theta}{2}\right)\right)^2}\left\{\cos\left(\frac{\theta}{2}\right)(1 + n^2)\right.$$
$$\left. - 2n + n\left(1 - \cos^2\left(\frac{\theta}{2}\right)\right)\right\}$$

$$\frac{d\sigma}{d\Omega} = \frac{a^2n^2}{4\cos\left(\frac{\theta}{2}\right)}\frac{1}{\left(1 + n^2 - 2n\cos\left(\frac{\theta}{2}\right)\right)^2}\left\{\left(n\cos\left(\frac{\theta}{2}\right) - 1\right)\left(n\right.\right.$$
$$\left.\left. - \cos\left(\frac{\theta}{2}\right)\right)\right\}$$

Relaterede øvelser: se Fetter&Walecka [29].

114

Eksempel 4.4. (F&W 1,18)

Betragt en lille partikel ved stor anslagsparameter b fra centralt potentiale V(r) med kun en lille afbøjning, der forekommer ved spredning.

(a) Brug en impulstilnærmelse til at udlede den lille afbøjningsvinkel.

(b) Undersøg tilfældet $V(r) = \gamma r^{-n}$, hvor både γ og n er positive.

(c) Undersøg sagen $V(r) = \gamma e^{-\lambda r}$.

(d) I kvantemekanik er den lille vinkel del af tværsnittet anderledes end klassisk, diskuter.

Løsning

(a) I impulstilnærmelsen har vi $\theta_1 \approx \dfrac{P'_{1y}}{m_1 v_\infty}$ og $P'_{1y} = \int_{-\infty}^{\infty} F_y\, dt =$

$\int_{-\infty}^{\infty} -\dfrac{dU}{dr}\dfrac{y}{r}\, dt$

Antag lille afbøjning $y = b$, $dt = \dfrac{dx}{v_\infty}$:

$$\theta = \frac{b}{m_1 v_\infty^2}\int_{-\infty}^{\infty} -\frac{dU}{dr}\frac{dx}{r} = \frac{2b}{m_1 v_\infty^2}\left|\int_{b}^{\infty}\frac{dU}{dr}\frac{dr}{\sqrt{r^2-b^2}}\right|$$

(b) $V(r) = \gamma r^{-n}$ $\quad r > 0, n > 0$

$$\theta = \frac{2b}{m_1 v_\infty^2}\left|\int_{b}^{\infty}\gamma(-n)r^{-n-1}\frac{dr}{\sqrt{r^2-b^2}}\right| = \frac{2b}{m_1 v_\infty^2}n\gamma\left|\int_{b}^{\infty}\frac{r^{-(n-1)}dr}{\sqrt{r^2-b^2}}\right|$$

$$\theta = \frac{2b}{mv_\infty^2}\int_{b}^{\infty}\frac{dr}{\sqrt{r^2-b^2}}\gamma n r^{-n-1} = \frac{2b}{mv_\infty^2}\int_{1}^{\infty}\frac{\gamma nbdx b^{-(n+1)}x^{-(n+1)}}{b\sqrt{x^2-1}}$$

$$= \frac{2b}{mv_\infty^2 b^n}\int_{1}^{\infty}\frac{x^{-(n+1)}}{\sqrt{x^2-1}}dx$$

Dermed, $\theta = \dfrac{C}{b^n}$ $\quad C = \dfrac{2}{mv_\infty^2}\int_{1}^{\infty}\dfrac{x^{-(n+1)}}{\sqrt{x^2-1}}dx$.

Så,

$$\frac{d\theta}{db} = \frac{-nC}{b^{n+1}} \quad and \quad \frac{d\sigma}{d\Omega} = \frac{1}{nC}\frac{b^{n+2}}{\sin\theta} \cong \frac{1}{nC}\frac{b^{n+2}}{\theta}$$

Dermed,

$$b^{n+2} = \left(\frac{C}{\theta}\right)^{\left(\frac{n+2}{n}\right)} \quad and \quad \frac{d\sigma}{d\Omega} = C'\theta^{-\left(2+\frac{2}{n}\right)}.$$

For $n = 1$, $\quad \frac{d\sigma}{d\Omega} \simeq C'\theta^{-4} \leftarrow$ Rutherford:$\left(\frac{d\sigma}{d\Omega}\right)_{el} = \left(\frac{zZe^3}{4E\sin^2\frac{1}{2}\theta}\right)^2$

$n = 2$, $\quad \frac{d\sigma}{d\Omega} \simeq C'\theta^{-3} \leftarrow \left(\frac{d\sigma}{d\Omega}\right)_{el} = \frac{\gamma\pi^2}{E\sin\theta}\frac{\pi-\theta}{\theta^2(2\pi-\theta)^2}$

For $\sigma_\tau$at være veldefineret: $\int \frac{d\sigma}{d\Omega}d\Omega < \infty$. Her har vi:

$$\int_0^\theta C'\,\theta^{-\left(2+\frac{2}{n}\right)}d\Omega \sim \int_0^\theta C'\,\theta^{-\left(2+\frac{2}{n}\right)}\theta d\theta \sim \theta^{-\frac{2}{n}}\Big|_0^\theta = \infty \text{ for } n > 0$$

Så tværsnittet er kun veldefineret, hvis n<0.

(c) Har:$V(r) = \gamma e^{-\lambda r} \qquad r = bx$

$$\theta = \frac{2b}{m_1 v_\infty^2}\left|\int_b^\infty -\frac{\gamma\lambda e^{-\lambda r}dr}{\sqrt{r^2-b^2}}\right| = b^2\left(\frac{\lambda 2\lambda}{m_1 v_\infty^2}\right)\int_1^\infty \frac{xe^{-\lambda bx}dx}{\sqrt{x^2-1}}$$

Overvej $b\lambda \gg 1$kun $x \approx 1$bidrager

$$\theta = \gamma b\lambda\left(\frac{2}{m_1 v_\infty^2}\right)\int_1^\infty \frac{e^{-\lambda b}\,e^{-\lambda b\epsilon}}{\sqrt{2}\,\sqrt{\epsilon}}d\epsilon = \gamma b e^{-\lambda b}K \qquad K$$

$$= \left(\frac{\sqrt{2}\lambda}{m_1 v_\infty^2}\right)\int_1^\infty \frac{e^{-\lambda b\epsilon}}{\sqrt{\epsilon}}d\epsilon$$

Dermed,

$$\theta = \gamma\sqrt{\frac{\pi b}{\lambda}}e^{-\lambda b}\left(\frac{\lambda}{m_1 v_\infty^2}\right).$$

Siden

$$\log\theta \approx -\lambda b \quad \to \quad b \sim \lambda^{-1}\log\left(\frac{1}{\theta}\right) \quad \to \quad \frac{d\sigma}{d\Omega} \sim \frac{b}{\theta}\frac{db}{d\theta}$$

Altså $\sigma_\tau$ikke veldefineret pga$\int_0^x \frac{dx}{x\log x} = \log(\log x)\Big|_{x\to\infty} \to \infty$

(d) Klassisk: ingen nulvinkelspredning for endelig b; mens kvantemekanik har begrænset sandsynlighedstæthed for nul-vinkelspredning.

Relaterede øvelser: se Fetter&Walecka [29].

116

Kapitel 5. Kollektiv bevægelse

Kort omtale vil nu blive givet til kollektive bevægelser for idealiserede tilfælde såsom stive kroppe og simple materielle kroppe, med den fænomenologiske diskussion, der involverer materielle kroppe, delvist overladt til kapitel 8 Fænomenologi og dimensionsanalyse. Denne korte anmeldelse starter med Rigid Body motion.

5.1 Stiv kropsbevægelse

For et stift legeme er alle de indre belastninger netto nul. Hvis geometrien af et stivt legeme er statisk, skal de påførte kræfter afbalanceres og overføres gennem det stive legeme, således at nettokræfterne og torsionerne er nul. På enhver position i kroppen kan vi evaluere nettokræfterne og kraftmomenterne i henhold til seks skalære ligevægtsligninger:

$$\sum F_x = 0, \sum F_y = 0, \sum F_z = 0, \sum M_x = 0, \sum M_y = 0. \sum M_z = 0$$

$$(5\text{-}1)$$

Når man taler om et homogent materiale, der omfatter det stive legeme, er det muligt at tale om den gennemsnitlige normalspænding til en tværsnitsoverflade ($\sigma = N/A$, hvor N er den indre aksiale belastning og A er tværsnitsarealet) og den gennemsnitlige forskydningsspænding til en tværsnitsflade ($\tau_{avg} = S/A$, hvor S er forskydningskraften, der virker på tværsnittet A). Lad os overveje nogle klassiske problemer fra Hibbeler [59,60] for at arbejde igennem nogle af disse statiske problemer og se deres anvendelse.

Eksempel 5.1. (Hibbeler 1-12)

En bjælke holdes vandret med sin venstre ende ved en vægmonteret stift (punkt A). Når vi fortsætter fra venstre mod højre langs strålen, har vi punkter mærket som følger: 1 fod til højre for A er der punkt D, yderligere 2 fod og punkt B, yderligere 1 fod og punkt E, yderligere 2 fod og punkt G, og endnu en fod til nå den ende, hvor en belastning er angivet på grund af en kabelforbindelse 30 grader udad (højre) fra lodret. Ved punkt B er en støttebjælke rettet opad mod væggen, der danner en 3-4-5 trekant med væggen (øverste stiftbeslag mærket C), hvor 3'eren svarer til 3 fod fra A til B. Belastningen på kablet er 150 lb. Der er også en ensartet fordelt belastning mellem punkt B og enden af bjælken på $75\ lb/ft$. Langs den diagonale støttebjælke, nede 1 fod fra støttestiften ved punkt C, er et internt bjælkepunkt mærket F.

117

"Bestem de resulterende indre belastninger ved tværsnit ved punkterne F og G på samlingen."

Overvej det frie diagram for den vandrette bjælke, dette vil give os mulighed for at løse den aksiale bjælkekraft, F_{CB} hvorfra den indre belastning ved F trivielt kan opnås. Et snit (sektionering) til et frit legeme ved tværsnittet af G tages til højre side for en anden simpel frikropsanalyse for at få den indre belastning ved G. Først for F_{CB}:

$$\sum M_A = 0 \rightarrow 3(0.8)F_{BC} - 5(300) - 7(150)(0.5)\sqrt{3} = 0 \rightarrow F_{BC}$$
$$= 1{,}003.9 \; lb.$$

Herfra skal vi til den interne belastning ved F:

$$N_F = F_{BC} = 1{,}003.9 \; lb, \quad S_F = 0, \quad and \quad M_F = 0.$$

Lad os nu overveje den indre belastning ved G ved hjælp af frikropssektionen (se [59,60] for detaljer) bestående af kroppen på højre side af snittet:

$$\sum M_G = 0 \rightarrow M_G - (0.5)(75) - (1)(150)(0.5)\sqrt{3} = 0 \rightarrow M_G$$
$$= 167.4 ft \; lb .$$

$$\sum F_x = 0 \rightarrow N_G + 150(0.5) = 0 \rightarrow N_G = -75 lb.$$

$$\sum F_y = 0 \rightarrow V_G - 75 - 150(0.5)\sqrt{3} = 0 \rightarrow N_G = 205 lb$$

Øvelse 5.1. Gentag med 150 lb →250 lb.

Eksempel 5.2. Hibbeler (1-66)

En "ramme" er dannet af en lodret væg og to bjælker, der går sammen for at danne en 3-4-5 trekant (hypotenus opad, så stråle under spænding, ikke kompression). Vægbeslagene er hængslede tappe, ligesom forbindelsen mellem bjælkerne er. Afstanden mellem vægbeslagene (lodret længde) er 2m og den vandrette bjælke har længden 1,5m. Det nederste vægbeslag er mærket med punkt A, det øverste B, og bjælkernes forbindelsespunkt er punkt C. Hypotenusen er således længden BC. Ved punkt C er en last P angivet lodret nedad. Skæring gennem bjælke BC lodret er angivet som et tværsnitssnit mærket "aa".

"Bestem den største belastning **P** , der kan påføres rammen uden at få hverken den gennemsnitlige normalspænding eller den gennemsnitlige forskydningsspænding ved sektion aa til at overstige $\sigma = 150 MPa$ hhv $\tau = 60 MPa$. Medlem CB har et kvadratisk tværsnit på 25 mm på hver side.

Lad os starte med at betragte den vandrette stråle som et frit legeme at opnå F_{BC}i form af **P** :

$$\sum M_A = 0 \rightarrow \quad 0.8F_{BC} = P.$$

(5-2)

Det betragtede tværsnit er ikke ortogonalt i forhold til bjælkens akse, og det er derfor nødvendigt at korrigere normalkraften og (ikke-nul) forskydningskraft i overensstemmelse hermed:

$$N_{aa} = 0.6F_{BC} = 0.75P \quad and \quad S_{aa} = 0.8F_{BC} = P.$$

Tværsnittets areal er: $A_{aa} = A/\cos\theta = (5/3)A$. Normalspændingen til det angivne aa-tværsnit er således maksimal, når den er ved den angivne spændingsgrænse:

$$\sigma = \frac{N_{aa}}{A_{aa}} = 150MPa \rightarrow P_{max} = 208kN.$$

(5-3)

Den maksimale belastning P, der kan være ifølge den normale belastning, er begrænset til at være $P_{max} = 208kN$.

Forskydningsspændingen angivet ved aa kan højst være 60 MPa, hvorfra vi beregner:

$$\tau = \frac{S_{aa}}{A_{aa}} = 60MPa \rightarrow P_{max} = 22.5kN.$$

(5-4)

Den maksimale belastning P, der kan være i henhold til forskydningsspændingen, er begrænset til at være $P_{max} = 22.5kN$, og da denne grænse nås hurtigere, er den maksimale mulige belastning ved P 22,5 kN (for at undgå forskydningsbrud).

Lad os overveje nogle dynamiske situationer med stive kroppe (nogle få er allerede blevet nævnt, men med idealiserede masseløse stænger).

Øvelse 5.2. *Gentag med* $\sigma = 250MPa$.

Eksempel 5.3. En planke lænet op ad en væg .

Lad os overveje problemet med en planke, der læner sig op ad en væg. Hvis planken $\theta_0$til at begynde med laver en vinkel med gulvet, og planken er fri til at glide langs gulvet (ingen friktion), hvad er dens bevægelse? Hvornår, hvis nogensinde, efterlader planken kontakt med væggen? Hvornår, hvis nogensinde, efterlader planken kontakt med gulvet? Dette svarer til opgave 3.18 på side 85 af [29], med planke af længde L og masse M.

For at begynde at huske, at inertimomentet for en (ensartet) planke omkring dens massecentrum er $I = \frac{1}{12}ML^2$. Det kinetiske energiudtryk kan derefter gives i form af den lineære bevægelse i massecentret og rotationen omkring dette centrum:

$$T = \frac{1}{2}M(\dot{x}^2 + \dot{y}^2) + \frac{1}{2}I\dot{\theta}^2,$$

hvor (x, y) koordinaterne for massecentret er relateret til θ ved $x = \frac{L}{2}\cos\theta$ og $y = \frac{L}{2}\sin\theta$ (medens kontakten med væggen opretholdes). Den potentielle energi er ganske enkelt: $V = Mgy$. Lagrangian er således:

$$L = \frac{1}{2}M(\dot{x}^2 + \dot{y}^2) + \frac{1}{2}I\dot{\theta}^2 - Mgy \quad \rightarrow \quad L$$

$$= \frac{1}{2}M\left(\frac{L}{2}\right)^2 \dot{\theta}^2 + \frac{1}{2}I\dot{\theta}^2 - Mg\frac{L}{2}\sin\theta$$

Euler-Lagrange (EL) ligningen for sidstnævnte (begrænset form) giver derefter:

$$\dot{\theta}^2 = \frac{3g}{l}(\sin\theta_0 - \sin\theta).$$

Da vi er interesserede i kontaktbegrænsningerne (og når de fejler), lad os vende tilbage til den oprindelige form og tilføje Lagrange-multiplikatorer for begrænsningerne:

$$L(\lambda, \tau) = \frac{1}{2}M(\dot{x}^2 + \dot{y}^2) + \frac{1}{2}I\dot{\theta}^2 - Mgy + \tau\left(x - \frac{L}{2}\cos\theta\right)$$

$$+ \lambda\left(y - \frac{L}{2}\sin\theta\right).$$

Bevægelsesligningerne for (x, y) koordinaterne for massecentret og (λ, τ) Lagrange-multiplikatorerne for x-begrænsningen er:

$$M\ddot{x} - \tau = 0 \quad \rightarrow \quad \tau = -\frac{ML}{2}\left(\cos\theta\,\dot{\theta}^2 + \sin\theta\,\ddot{\theta}\right)$$

$$= \frac{3gM}{2}\cos\theta\left(\frac{3}{2}\sin\theta - \sin\theta_0\right)$$

hvor τ multiplikatoren går til nul, når:

120

$$\frac{3}{2}\sin\theta_C - \sin\theta_0 = 0 \ .$$

Således forlader planken væggen, når kontaktpunktet er i højden:

$$Y = 2y = 2\left(\frac{L}{2}\right)\sin\theta_C = \frac{2}{3}L\sin\theta_0.$$

I det øjeblik stigen forlader væggen er x-koordinaten fri og har:

$$x = \frac{L}{2}\sqrt{1 - \left(\frac{2}{3}\right)^2 \sin^2\theta_0} \quad and \quad \dot{x} = -\frac{\sqrt{gL}}{3}(\sin\theta_0)^{\frac{3}{2}} \quad and \quad \ddot{x} = 0$$

Lad os nu undersøge y-begrænsningen før og efter planken forlader væggen:

$$M\ddot{y} + Mg - \lambda = 0 \quad \rightarrow \quad \lambda = \frac{ML}{2}\left(-\sin\theta\,\dot{\theta}^2 + \cos\theta\,\ddot{\theta}\right) + Mg$$

Inden planken forlader væggen har vi $\dot{\theta}^2 = \frac{3g}{L}(\sin\theta_0 - \sin\theta)$og $\ddot{\theta} = -\frac{3g}{2L}\cos\theta$, som $\lambda > 0$altid. Efter planken forlader væggen har vi $\dot{\theta}^2 = \frac{g}{L}\sin\theta_0$og $\ddot{\theta} = 0$, som $\lambda > 0$altid. Går således λaldrig i nul, og planken forlader aldrig gulvet, med com y-bevægelse på samme måde som med x-bevægelsen ovenfor.

Øvelse 5.3. Antag, at der er en arbejder på stigen ved midtpunktet, med masse M, gentag analysen.

Eksempel 5.4. Roterende rør, i fast vinkel, med kugle indeni.
Overvej et rør, der roterer med konstant vinkelhastighed ωom en lodret akse, der danner en fast vinkel αmed det. Inde i røret er en kugle med masse m, der glider frit uden friktion. Ved hjælp af sfæriske koordinater, på tidspunktet t=0 lad kuglens position være $r = a$og $\frac{dr}{dt} = 0$. Til alle tider af interesse forbliver bolden i den øverste del af røret. (a) Find Lagrangian; (b) Find bevægelsesligningerne; (c) Find konstanterne for bevægelsen; (d) Find t som en funktion af r i form af et integral.

Løsning
(a) Lagrangian for boldens bevægelse er givet af

121

$$L = \frac{1}{2}m\left(\frac{ds}{dt}\right)^2 - mgrcos\alpha$$

hvor, for sfæriske koordinater: $ds^2 = dr^2 + r^2(d\theta^2 + sin^2\theta d\varphi^2)$.Således,

$$L = \frac{1}{2}m\left(\dot{r}^2 + r^2(\dot{\theta}^2 + sin^2\theta\dot{\varphi}^2)\right) - mgrcos\alpha, \quad with \quad \theta = \alpha, \quad \dot{\varphi} = \omega$$

og vi får:

$$L = \frac{1}{2}m(\dot{r}^2 + r^2sin^2\alpha\omega^2) - mgrcos\alpha$$

(b) Bevægelsesligningen for r for fast rotationsfrekvens og specificeret deklinationsvinkel:

$$m\ddot{r} - mrsin^2\alpha\omega^2 + mgcos\alpha = 0 \rightarrow \frac{d}{dt}\left\{\frac{1}{2}\dot{r}^2 - \frac{1}{2}r^2sin^2\alpha\omega^2 + rgcos\alpha\right\}$$
$$= 0.$$

(c) Bevægelsens konstant er således

$$\dot{r}^2 - r^2sin^2\alpha\omega^2 + r2gcos\alpha = const$$

Fra r=a og $\frac{dr}{dt} = 0$ initialisering har vi

$$const = 2agcos\alpha - (a\omega sin\alpha)^2.$$

(d) Vi kan skrive

$$\left(\frac{dr}{dt}\right)^2 = \dot{r}^2 = 2gcos\alpha(a - r) + (\omega sin\alpha)^2(r^2 - a^2)$$

eller skifte til integral form:

$$dt = \frac{dr}{\sqrt{2gcos\alpha(a - r) + (\omega sin\alpha)^2(r^2 - a^2)}}$$

Dermed,

$$t = \int \frac{dr}{\sqrt{2gcos\alpha(a - r) + (\omega sin\alpha)^2(r^2 - a^2)}}.$$

Øvelse 5.4. *Gentag analysen for et roterende paraboloid buet rør med kugle indeni.*

5.2 Materielle organer

Indtil videre har vi set, hvordan man beregner stress som en kraft over et område ($\sigma = F/A$). Med ikke-idealiserede legemer (såsom stive legemer), dvs. materielle legemer, vil der være en respons, en deformation, på denne stress. For at kvantificere denne deformation lad os definere stamme:

$$\epsilon = \frac{\Delta L}{L}.$$

(5-5)

Forholdet mellem påført normal spænding og resulterende tøjningsdeformation er givet af Hookes lov:

$$\sigma = Y\epsilon,$$

(5-6)

hvor Y er en konstant passende for det pågældende materiale kendt som Youngs modul. Ud fra dette kan vi beregne belastningens energitæthed: $u = \sigma\epsilon/2$. Lignende forhold findes for forskydningsspænding. Hvis vi betragter en konstant belastning og et tværsnitsareal, kan vi gruppere ligningerne for at få en relation til ændringen i længden for givet påført (normal) kraft:

$$\delta = \frac{FL}{AY}.$$

(5-7)

Hvis der er forbundne sektioner med forskellige areal-tværsnit osv., δ er deres 's additive.

Til sidst, for denne korte oversigt over materielle legemer, er at tage højde for termisk stress (de fleste termiske effekter diskuteres først [44]). Det er velkendt, at materialelegemer udvider sig eller trækker sig sammen under temperaturændringer. Dette er beskrevet ved følgende:

$$\delta_T = \alpha\Delta TL,$$

(5-8)

hvor α er den lineære koefficient for termisk ekspansion.

Eksempel 5.5. Hibbeler (3-8)
En bjælke holdes vandret, indledningsvis, med længde $10ft$, og en fordelt belastning på hele w. Den holdes for enden af en (vægmonteret) hængslet stift og i den anden ende af en trådstøtte i 30 grader i forhold til vandret.

"Den stive bjælke er understøttet af en stift ved C og en A-36 fyretråd AB. Hvis ledningen har en diameter på 0,2 tommer, bestemmes den fordelte belastning w, hvis enden B er forskudt 0,75 tommer. nedad."

Vi skal først beregne belastningen på kabeltråden og ud fra dette bestemme, hvilken belastning der er til stede. Den originale længde AB er 11.547 ft. Den strakte længde af trådtråden er 11.578 ft, således er

123

belastningen $\epsilon = 0.00269$. Young's modul for A-36 stiktråd er $29x10^3 ksi$, har således:

$$\frac{F}{A} = Y\epsilon \;\; \rightarrow \;\; F = 2.45 kip \;\; \rightarrow \;\; w = \frac{0.245 kip}{ft}.$$

Øvelse 5.5. Gentag for tråddiameter 0,3 tommer, og forskydning af ende B er 1,0 tommer langs længde AB.

Eksempel 5.6. Hibbeler (4-70)
En stang monteres vandret mellem to vægge ved brug af to (identiske) fjedre i hver ende, mellem væggen og stangens ender.

"Stangen er lavet af A992 stål [$\alpha = 6.6x10^{-6}/°F$] og har en diameter på 0,25 tommer. Hvis stangen er 4 fod lang, når fjedrene [$k = 1000 lb/in$] er komprimeret 0,5 in. og stangens temperatur er $T = 40°F$, skal du bestemme kraften i stangen, når dens temperaturen er $T = 160°F$."

Fra $\delta_T = \alpha \Delta T L \rightarrow \delta_T = 3.168 \times 10^{-3} ft$. Med de to fjedre, der virker sammen, har vi kraften, der virker indad på begge sider af:

$$F = k\left(\frac{\delta_T}{2}\right) = 19 \; lb.$$

Øvelse 5.6. Gentag for T = 360°Fog fjederkompression 0,75 tommer.

5.3 Hydrostatik og stationær væskestrøm
Hints of Special Relativity: Fizeau, Relativist Doppler Effect og Bondi K-calculus
Særlig relativitet afsløres, når man går til feltteori for at beskrive EM. Antydninger af eksistensen af speciel relativitet for konsistens skyld ses i primitive tidlige eksperimenter med lys, men betydningen ikke forstået på det tidspunkt.

Fizeau 1851 [22] fandt, at lysets hastighed i vand, der bevæger sig med en hastighed v(i forhold til laboratoriet), kunne udtrykkes som:

$$u = \frac{c}{n} + kv,$$

(5-9)

hvor "trækkoefficienten" blev målt til at være $k = 0.44$. Værdien af k forudsagt af Lorentz hastighedsafhængighed:

124

$$x = \frac{x' + vt'}{\sqrt{1 - \frac{v^2}{c^2}}} \rightarrow \quad u_x = \frac{dx' + vdt'}{dt' + \frac{v}{c^2}dx'} = \frac{u_x' + v}{1 + \frac{v}{c^2}u_x'}$$

$$(5\text{-}10)$$

Ved at behandle lys som en partikel vil laboratorieobservatøren finde sin hastighed til at være:

$$u_x = \frac{c/n + v}{1 + \frac{v}{c^2}\frac{c}{n}} \cong \frac{c}{n} + \left(1 - \frac{1}{n^2}\right)v.$$

Vand har $n \cong 4/3$ således:

$$u_x \cong \frac{c}{n} + (0.44)v,$$

således i overensstemmelse med eksperimentet udført i 1851.

Kapitel 6. Legendre Transformation og Hamiltonian

Lad os starte med Lagrangian og udføre en Legendre-transformation for at få Hamiltonian-formuleringen:

$$dL = \sum_i \frac{\partial L}{\partial q_i} dq_i + \frac{\partial L}{\partial \dot{q}_i} d\dot{q}_i$$

Ved at erstatte forholdet for generaliseret momenta, $p_i = \frac{\partial L}{\partial \dot{q}_i}$, og

Lagranges ligninger: $F_i = \dot{p}_i = \frac{\partial L}{\partial q_i}$,

$$dL = \sum_i \dot{p}_i dq_i + p_i d\dot{q}_i.$$

Omgruppering når vi frem til systemets Hamiltonian (set tidligere som energien, hvis systemet er bevaret):

$$dH = d\left(\sum_i p_i \dot{q}_i - L\right) = -\sum_i \dot{p}_i dq_i + \dot{q}_i dp_i,$$

$$(6\text{-}1)$$

hvilket indikerer, at $\dot{p}_i = -\frac{\partial H}{\partial q_i}$, og $\dot{q}_i = \frac{\partial H}{\partial p_i}$.

Overvej nu den samlede tidsafledte af Hamiltonian:

$$\frac{dH}{dt} = \frac{\partial H}{\partial t} + \sum_i \frac{\partial H}{\partial q_i} \dot{q}_i + \frac{\partial H}{\partial p_i} \dot{p}_i = \frac{\partial H}{\partial t}$$

$$(6\text{-}2)$$

og hvis H ikke eksplicit tidsafhængig får vi $\frac{dH}{dt} = 0$, $H = E$ for konstant E, systemets bevarede energi.

6.1 Områdebevarende kortlægninger

Lad os overveje infinitesimal bevægelse af et objekt i form af de generaliserede koordinater, der går fra (q_0, p_0) til (q_1, p_1) i faserummet:

$$q_1 = q_0 + \delta t \dot{q}|_{q=q_0} + O(\delta t^2) = q_0 + \delta t \frac{\partial H(q_0, p_0, t)}{\partial p_0} + O(\delta t^2)$$

$$p_1 = p_0 + \delta t \dot{p}|_{p=p_0} + O(\delta t^2) = p_0 - \delta t \frac{\partial H(q_0, p_0, t)}{\partial q_0} + O(\delta t^2)$$

Set som en koordinattransformation er Jacobianeren:

$$\frac{\partial(q_1, p_1)}{\partial(q_0, p_0)} = \begin{vmatrix} \dfrac{\partial q_1}{\partial q_0} & \dfrac{\partial p_1}{\partial q_0} \\[2ex] \dfrac{\partial q_1}{\partial p_0} & \dfrac{\partial p_1}{\partial p_0} \end{vmatrix} = 1 + O(\delta t^2).$$

(6-3)

Da infinitesimalen tages til nul, ser vi, at enhver strømning, der opfylder Hamiltons ligninger, er arealbevarende (Jacobian=1). Det omvendte er også sandt, hvis flowet i et lukket område under faserumskortlægningen eller flowet er områdebevarende, så opfylder flowet Hamiltons ligninger.

6.2 Hamiltonians og fasekort

Da Hamiltonian er bevaret, involverer det bevægelse i faserummet langs kurver af konstant $H = E$. Fasediagrammet for et Hamilton-system består således af konturer af konstant H, ligesom et konturkort. Tidligere,

$$L = \frac{1}{2}m\,\dot{q}^2 - U(q) \;\longrightarrow\; E = \frac{1}{2}m\,\dot{q}^2 + U(q)$$

(6-4)

ved brug af,

$$H = \sum_i p_i \dot{q}_i - L, with\ p_i = \frac{\partial L}{\partial \dot{q}_i}$$

(6-5)

Har nu:

$$H(p, q) = \frac{p^2}{2m} + U(q).$$

(6-6)

Hamiltonianerens konturer eller niveaukurver er invariante sæt, ligesom fikspunkter. Faste punkter i faserummet opstår, når Hamiltonianerens gradient er nul: $\nabla H = 0$, i.e. $\partial H/\partial q = 0$, og $\partial H/\partial p = 0$. Systemet er i ligevægt, når det er på et fast punkt, så identifikation af disse punkter, og relaterede tiltrækningsfaktorer og grænsecyklusser, vil således være af interesse for forståelsen af systemets dynamik og asymptotisk adfærd (alt sammen skal diskuteres).

Case 1-4 i det følgende beskriver tilfælde af almindelige differentialligninger med stabilitet som angivet. En komplet analyse i denne retning, lokalt, afslører de forskellige typer af stabilitet og generelle kriterier [31] og diskuteres i afsnittet efter dette. Hvis en fuldstændig global adskillelighed kan opnås, er det tydeligst i Hamilton-Jacobi formalismen (også diskuteret i et senere afsnit).

Lad os starte med en analyse af andenordens autonome systemer på linje med [28]. Dette dækker mange systemer af interesse, såvel som den lineariserede (lokale) tilnærmelse for ethvert system. Vi begynder med at beskrive systemet via en reel vektor, $r(t)$med 2N komponenter, hvis der er N frihedsgrader, med en tilhørende "fasehastighed" $\dot{r}(t) = v(t)$, som er en førsteordens vektor differentialligning. Rækkefølgen er defineret som minimumsantallet af koblede førsteordensligninger, her 2N.

Bevægelserne af et anden ordenssystem kan beskrives i form af flowlinjerne og fikspunkter (hvis nogen) i deres tilknyttede $\{r(t), v(t)\}$"faseportræt" eller "fasediagram". Dette muliggør en kvalitativ analyse af et systems egenskaber, hvor de særlige tilfælde analyseret i case I-VI giver en forståelse af byggestenene i en sådan kvalitativ analyse.

Efter [28], lad os først overveje faserumskort for specielle tilfælde af laveste orden q, $U(q)$og derefter beskrive en generel klasse af potentialer opnået ved konstruktion fra disse specielle tilfælde. For at begynde skal du overveje $U(q) = aq$:

Eksempel 6.1. Tilfælde 1 . $U(q) = aq$. Det ensartede kraftfelt. $aq = E - \frac{p^2}{2m}$:

Husk det $\dot{p}_i = -\frac{\partial H}{\partial q_i}$, og $\dot{q}_i = \frac{\partial H}{\partial p_i}$og antag $p = 0$at $t_0$og q_0:

$$H(p, q) = \frac{p^2}{2m} + aq \rightarrow \dot{p}_\square = -a \quad \dot{q}_\square = \frac{p}{m}$$

Integration af førsteordens ligninger:

$$p = -a(t - t_0) \quad q = q_0 - \frac{a}{2m}(t - t_0)^2.$$

Øvelse 6.1. Vis faserumskortet for Hamiltonian med potentiale $U(q) = aq$(og graf over potentiale). Vis, at der ikke er faste punkter.

Eksempel 6.2. Tilfælde 2 . $U(q) = +\frac{1}{2}aq^2$. Den lineære oscillator.

$\frac{1}{2}aq^2 + \frac{p^2}{2m} = E$(cirkler/ellipser i faserummet):

$$H(p, q) = \frac{p^2}{2m} + \frac{1}{2}aq^2 \rightarrow \dot{p}_\square = -aq \quad and \quad \dot{q}_\square = \frac{p}{m}$$

129

Den anden ordens bevægelsesligning, der resulterer, er:

$$\ddot{q} = -\frac{a}{m}q = -\omega^2 q \rightarrow q = A\cos(\omega t + \delta) \rightarrow p = -m\omega A \sin(\omega t + \delta).$$

Dette er klassisk enkel harmonisk bevægelse med periode $T = 2\pi/\omega$og
$E = \frac{1}{2}mA^2\omega^2$.

Øvelse 6.2. Vis faserumskortet for Hamiltonian med potentiale $U(q) =$
$+\frac{1}{2}aq^2$(sammen med grafen for potentialet). Vis, at niveaukurverne er
ellipser, og at der er et elliptisk fikspunkt ved q=0, p=0.

Eksempel 6.3. Tilfælde 3 . $U(q) = -\frac{1}{2}aq^2$. Den lineære frastødende
kraft (kvadratisk potentialbarriere).

$$H(p,q) = \frac{p^2}{2m} - \frac{1}{2}aq^2 \rightarrow \dot{p}_\square = aq \qquad \dot{q}_\square = \frac{p}{m}$$

Den anden ordens bevægelsesligning, der resulterer, er:

$$\ddot{q} = \frac{a}{m}q = \gamma^2 q \rightarrow q = Ae^{\gamma t} + Be^{-\gamma t} \rightarrow p$$

$$= m\gamma Ae^{\gamma t} - m\gamma Be^{-\gamma t}, and \ E = -2m\gamma^2 AB.$$

Indtil videre har vi set et tilfælde uden fikspunkt, et elliptisk fikspunkt og
et hyperbolsk fikspunkt. Dette er nogle af hovedkategorierne af interesse,
men for at være fuldstændig, lad os overveje et system beskrevet af en
vektorfunktion af tid, $r(t) = (q(t), p(t))$der opfylder en førsteordens
vektordifferentialligning for bevægelse:

$$\frac{dr(t)}{dt} = \big(\dot{q}(t), \dot{p}(t)\big) = v(q, p, t)$$

Et punkt (q, p), hvor $v(q, p, t) = 0$det er kendt som et fikspunkt,
repræsenterer systemet i ligevægt. Hvis som $t \rightarrow \infty$vi har $r(t) \rightarrow r_0$, så
$r_0$kaldes en attraktor. En stærk attraktor opstår, når en fasebane hvor som
helst i et eller andet område af attraktorpunktet $r_0$resulterer i, at banen
forbinder (asymptoterer med) attraktoren.

Adskillelse af variable er generelt mulig ud fra teorien om almindelige
differentialligninger [32] og stabilitet [31], og vil blive brugt til at
kategorisere typerne af strømme (med eller uden stabile punkter) i resten
af dette afsnit (sammen med linjer af [28]). Yderligere diskussion af
adskillelighed forekommer i et senere afsnit, hvor Hamilton-Jacobi-
ligningen diskuteres [27].

Øvelse 6.3. Vis faserumskortet for Hamiltonian med potentiale $U(q) = -\frac{1}{2}aq^2$. Vis niveaukurverne er hyperbler, eller lige linjer, hvis degenererede tilfælde (vis separatrix). Vis der er et fast punkt ved p=0, q=0 (hyperbolsk og tydeligt ustabil).

Eksempel 6.4. Tilfælde 4 . $U(q) = cubic$. The Cubic Potential Barrier, fase rumløsning konstrueret ud fra tilfælde 1-3:

Øvelse 6.4. Vis faserumskortet for Hamiltonian med potentiale $U(q) = cubic$(sammen med plot af potentiale).

Eksempel 6.5. Overvej Hamiltonianeren: $H = a|p| + b|q|$, beskriv alle de konsistente løsninger.

1. tilfælde ,$a > 0, b > 0$

Kvadranter: I:$H_I = ap + bq$
II:$H_{II} = ap - bq$
III:$H_{III} = ap - bq$
IV:$H_{IV} = ap + bq$

For at få dynamikken brug Hamiltons ligninger:

Overvej kvadrant I: $\dot{q} = a, \dot{p} = -b$, således $q = at + a_0, p = -bt + b_0$. Så $q = at, p = -bt + \frac{H}{a}$det giver flowet.

2. tilfælde ,$a < 0, b < 0$

Kvadranter: $H_I = -ap - bq$
$H_{II} = -ap + bq$
$H_{III} = ap + bq$
$H_{IV} = ap - bq$

H ≤ 0 er den eneste konsistente løsning på $a < 0, b < 0$.

3. tilfælde ,$a > 0, b < 0$

$H_I = ap - bq$ $\frac{dp}{dq} = b/a, q = 0, p = \frac{H}{a}$

$H_{II} = ap + bq$ $\dot{q} = a, \dot{p} = b$

$H_{III} = -ap + bq$ $q = at, p = bt + \frac{H}{a}$

131

$$H_{IV} = ap + bq \qquad\qquad \dot{q} = -a, \dot{p} = -b \;\rightarrow\; q =$$
$$-at, p = -bt - \frac{H}{a}$$

4. ^{tilfælde} ,$a < 0, b > 0$

$$H_I = -ap + bq \qquad\qquad p = 0, q = \frac{H}{b}$$
$$H_{II} = -ap - bq \qquad\qquad \dot{q} = a, \dot{p} = -b$$
$$H_{III} = ap - bq \qquad\qquad q = at + a_0, p = bt +$$
$$b_0 \text{hvora}_0 = 0 \qquad b_0 = \frac{H}{b}$$
$$H_{IV} = ap + bq \qquad\qquad \text{lignende}$$

Øvelse 6.5. Hvad sker der ved (0, 0)?

Eksempel 6.6. Overvej potentialet for 1D-bevægelse med $V = -Ax^4$, $A > 0$.

$$H(x, P_x) = \frac{P_x^2}{2m} + V(x)$$

$$2mE = P_x^2 - 2mAx^4 = \left(P_x - \sqrt{2mA}x^2\right)\left(P_x + \sqrt{2mA}x^2\right)$$

Der er ét fast punkt ved origo, $x = P_x = 0$og energikonturerne består af parablerne $P_x = \pm\sqrt{2mA}x^2$gennem det fikserede punkt. Separatrixet er den ustabile bane, der går gennem et ustabilt fikspunkt. Har:

$$\dot{x} = \frac{\partial H}{\partial P_x} = \frac{P_x}{m} = \frac{\sqrt{2mA}x^2}{m} = \sqrt{\frac{2A}{m}}x^2$$

$$t = \frac{1}{x\sqrt{\dfrac{2A}{m}}} \text{ as } x \rightarrow 0 \;\; and \;\; t \rightarrow \infty \, motion \, terminates.$$

Dermed afsluttes bevægelsen.

Øvelse 6.6. Hvad sker der hvornår$sqn(P_0X_0) = 1$? Vis potentiale- og faseplot.

6.3 Gennemgang af almindelige differentialligninger og klassificering af fikspunkter på lokalt, lineariseret (adskilleligt) niveau

Lad os begynde med at flytte oprindelsen i fasediagrammet til et fast interessepunkt og udtrykkeligt skrive hastighedsfunktionen i form af en ekspansion i positionsfunktionen:

$$v(r) = Ar + O(|r|^2),$$

$$(6\text{-}7)$$

siden $v(0) = 0$ved et fast punkt, hvor A er en ikke-singular reel matrix. Efter notationen af Percival [28], lad

$$A = \begin{pmatrix} a & b \\ c & d \end{pmatrix}.$$

$$(6\text{-}8)$$

For tilstrækkeligt små $r(x, y)$får vi kun det lineære udtryk og $\dot{r} = Ar$. Vi vil gerne diagonalisere matricen Aog derfra have en standardiseret evaluering af fikspunktsadfærden. For at opnå dette skal du overveje transformationen til nye koordinater$R(X, Y) = Mr \rightarrow \dot{R} = BR$, hvor $B = MAM^{-1}$. Resultatet af tre tilfælde:

Tilfælde (1) egenværdierne af Ber reelle og distinkte, i hvilket tilfælde $\dot{X} = \lambda_1 X$, $\dot{Y} = \lambda_2 Y$, så

$$\left(\frac{X}{X_0}\right)^{\lambda_2} = \left(\frac{Y}{Y_0}\right)^{\lambda_1}.$$

$$(6\text{-}9)$$

Hvis vi har $\lambda_1 < \lambda_2 < 0$, så har vi også en stabil node $\lambda_2 < \lambda_1 < 0$. Hvis vi har $\lambda_1 > \lambda_2 > 0$, så har vi en ustabil node, ligeledes for $\lambda_2 > \lambda_1 > 0$. Hvis vi har, $\lambda_1 < 0 < \lambda_2$har vi en ustabil node (et hyperbolsk punkt); og på samme måde, men med pile omvendt, hvis $\lambda_2 < 0 < \lambda_1$.

Tilfælde (2) er egenværdierne af Breelle og lige store. Der er to undertilfælde: antag $b = c = 0$, så skal have$\lambda_1 = \lambda_2 < 0$ ($b = c = 0$)kendt som den stabile stjerne. Ligeledes er$\lambda_1 = \lambda_2 > 0$ ($b = c = 0$)sagen er den ustabile stjerne. Hvis derimod, $c \neq 0$, så har

$$B = \begin{pmatrix} \lambda & 0 \\ c & \lambda \end{pmatrix},$$

$$(6\text{-}10)$$

med løsning:

$$\frac{Y}{X} = \frac{c}{\lambda}\ln\left(\frac{X}{X_0}\right)$$

$$(6\text{-}11)$$

133

Fasekurverne for dette tilfælde beskriver en ukorrekt knude, der er stabil if$\lambda_1 = \lambda_2 < 0$ $(b \neq 0 \; c \neq 0)$, eller en ustabil ukorrekt node hvis$\lambda_1 = \lambda_2 > 0$ $(b \neq 0 \; c \neq 0)$.

Tilfælde (3), egenværdierne af Ber komplekse og konjugerer til hinanden $\lambda_1 = \alpha + i\omega = \lambda_2 *$. Antag, at egenværdierne er rene imaginære ($\alpha = 0$), dette giver anledning til et elliptisk punkt, med rotation med eller mod uret i henhold til tegnet på ω. Antag $\alpha < 0$, at vi så har et stabilt spiralpunkt, med rotation i henhold til fortegn på ω. Ligeledes hvis $\alpha > 0$, vi så har et ustabilt spiralpunkt, med rotation i henhold til tegn på ω.

Indtil videre har vi identificeret de forskellige fikspunktsadfærd. For første ordens systemer har al bevægelse tendens til enten et fast punkt eller uendelig, så vi har en komplet 'taksonomi' med det, der er blevet beskrevet indtil videre. For anden ordens og højere systemer er dette ikke nødvendigvis tilfældet. Det eksplicitte eksempel på grænsecyklussen gives dernæst, med mærkelige attraktorer tilbage til et senere afsnit, hvor vi diskuterer overgangen til kaos.

I vores identifikation af fikspunktsadfærd har vi overset muligheden for en fast delmængde, der ikke blot er et punkt. Selv i andenordens systemer kan disse forekomme, hvilket resulterer i det klassiske "limit cycle" fænomen. Overvej følgende eksplicitte sag givet af [28] i denne henseende. Antag, at vi har et system, der kan adskilles i polære koordinater ifølge:

$$\dot{r} = \alpha r(r - R), \quad R > 0, and \quad \dot{\theta} = \omega.$$

Cirklen $r = R$er invariant, og for bevægelse i nærheden af cyklussen er den enten en stærk attraktor (stabil) eller omvendt (f.eks. ustabil, med strømningslinjer omvendt).

$$\dot{x} = x^2 \longrightarrow \frac{dx}{dt} = x^2 \longrightarrow -x^{-1} + x_0^{-1} = t$$
$$\dot{y} = -y \longrightarrow \frac{dy}{dt} = y \longrightarrow y = y_0 e^{-t}$$

Eksempel 6.7. Ustabil spiral og stabil grænsecyklus.
For små x_1, $x_2$systemet:
$$\dot{x_1} = -x_2 + x_1 r(1 - r)$$
$$\dot{x_2} = x_1 + x_2 r(1 - r)$$
$$r^2 = x_1^2 + x_2^2$$

134

reduceres til et lineært system, som har centrum ved (0,0). Vis, at det ikke-lineære system har en ustabil spiral ved (0,0), og en stabil grænsecyklus ved r=1.

Løsning

$$\dot{x}_1 = -x_2 + x_1 r(1 - r)$$
$$\dot{x}_2 = x_1 + x_2 r(1 - r)$$
$$r^2 = x_1{}^2 + x_2{}^2$$

For (x_1, x_2)både små og dermed små r $(\sim x)$, har

$$\begin{aligned}\dot{x}_1 = -x_2 \\ \dot{x}_2 = x_1\end{aligned} \rightarrow \begin{pmatrix} \dot{x}_1 \\ \dot{x}_2 \end{pmatrix} = \begin{pmatrix} 0 & -1 \\ 1 & 0 \end{pmatrix}\begin{pmatrix} x_1 \\ x_2 \end{pmatrix}$$

$$\lambda^2 + 1 = 0 \quad \rightarrow \quad \lambda = \pm i.$$

Sidstnævnte resultat fastslår, at dette er et ellipsoidpunkt {Percival], med centrum ved (0,0). Lad os nu undersøge r-adfærden. Start med at gruppere:

$$x_1\dot{x}_1 + x_2\dot{x}_2 = (x_1{}^2 + x_2{}^2)\gamma(1 - r) = r^2(1 - r).$$

Dette kan omskrives:

$$\frac{1}{2}\frac{d}{dt}(x_1{}^2 + x_2{}^2) = \frac{1}{2}\frac{d}{dt}\dot{r}^2 = r^3(1-r) \rightarrow \frac{dr}{dt} = r^2(1 - r).$$

En grænsecyklus er angivet ved $r = 1$. At bekræfte,

$$dt = \frac{dr}{r^2(1 - r)}, and\ as\ r \rightarrow 1\ we\ get\ dt = \frac{dr}{1 - r}.$$

I nærheden af $r = 1$:

$$t = -\ln|1 - r| \quad \rightarrow \quad r = 1 \pm \exp(-t), and\ as\ t \rightarrow \infty, r$$
$$\rightarrow 1, a\ limit\ cycle.$$

Lad os nu overveje, hvornår r er tæt på nul. For r nær nul har vi $\dot{r} \cong r^2$, og da vi starter med $r > 0$vil vi klart have $\dot{r} > 0$således, at det spiraler udad.

Eksempel 6.8. Elliptisk fikspunkt (se Percival [28], s. 41)

Vis, at oprindelsen er et elliptisk fikspunkt for systemet:

$$\dot{x}_1 = -x_2 + x_1 r^2 \sin\left(\frac{\pi}{r}\right)$$

$$\dot{x}_2 = x_1 + x_2 r^2 \sin\left(\frac{\pi}{r}\right).$$

Vis yderligere at:

(a) cirklerne r=1/n, n=1,2,... er fasekurver.

(b) banerne mellem to på hinanden følgende cirkler spiraler enten væk fra eller mod oprindelsen

(c) fasekurverne uden for r=1 er ubegrænsede

Løsning

Vi har et elliptisk punkt med centrum $(0,0)$, hvis $\dot{x}_1 = -x_2$ og $\dot{x}_2 = x_1$ netop tilfældet, da r går til nul.

(a) Når vi erstatter r=1/n, identificerer vi disse fasekurver som koncentriske cirkler:

$$\dot{x}_1 = -x_2 + x_1 \left(\frac{1}{n}\right)^2 \sin(\pi n) = -x_2$$

$$\dot{x}_2 = x_1 + x_2 \left(\frac{1}{n}\right)^2 \sin(\pi n) = x_1$$

(b) Gruppering af ligningerne for at få en samlet afledt:

$$x_1\left(\dot{x}_1 = -x_2 + x_1 r^2 \sin\left(\frac{\pi}{r}\right)\right)$$

$$+x_2\left(\dot{x}_2 = x_1 + x_2 r^2 \sin\left(\frac{\pi}{r}\right)\right)$$

$$x_1\dot{x}_1 + x_2\dot{x}_2 = (x_1^2 + x_2^2)r^2 \sin\left(\frac{\pi}{r}\right)$$

Således har vi:

$$\frac{1}{2}\frac{d}{dt}(x_1^2 + x_2^2) = r^4 \sin\left(\frac{\pi}{r}\right) \quad \rightarrow \quad 2r\dot{r} = 2r^4 \sin\left(\frac{\pi}{r}\right) \quad \rightarrow \quad \dot{r}$$

$$= r^3 \sin\left(\frac{\pi}{r}\right).$$

Tegnet på $\dot{r}$ ændringer i henhold til $\sin(\pi/r)$.Hvis vi grupperede for at få den anden løsning, ville vi se den gruppe spiral indad. Mellem to på hinanden følgende cirkler r=1/n vil tegnet vende. Således vil r=1/n-kurverne være grænsecyklusser, $\dot{r} < 0$ hvis de er over og $\dot{r} > 0$ hvis under r=1/n-grænsecyklussen.

(c) Hvis $r > 1$, så $\sin\left(\frac{\pi}{r}\right)$ er altid positiv, $\dot{r}$ er den derfor altid positiv, spiral udad.

6.4 Lineære systemer og propagatorformalismen

Case 4 ovenfor er et eksempel på et ikke-autonomt system, hvor hastighedsfunktionen er en eksplicit funktion af tiden. For et lineært andenordens system (muligvis ved perturbationstilnærmelse, der skal diskuteres senere) har vi ligningerne:

$$\frac{d\mathbf{r}(t)}{dt} = A(t)\mathbf{r}(t) + \mathbf{b}(t).$$

(6-12)

Lad os tage $\mathbf{b}(t) = 0$, for hvilken der eksisterer en 2x2 matrix værdisat funktion, der giver os mulighed for at skrive:

136

$$r(t_1) = K(t_1, t_0)r(t_0),$$

(6-13)

hvor matrixen $K(t_1, t_0)$er udbredelsen fra $t_0$til t_1. Bemærk, at propagatoren opfylder Chapman-Kolmogorov-relationen (forekommer i informationsteori):

$$K(t_2, t_0) = K(t_2, t_1)K(t_1, t_0)$$

(6-14)

Udbredelsesmatricerne i denne repræsentation behøver ikke at pendle. Diskussion om Chapman-Kolmogorov og deFinetti-udskiftelighedskriteriet er foretaget i senere afsnit (kvantevarianter i Bog 4, Stat. Mech-varianter i Bog 5 og informationsteoretiske spørgsmål i Bog 9).

Talrige resultater er bekvemt tilgængelige i propagatorformalismen. For at komme i gang, lad os etablere en relation mellem kendte løsninger og propagatormatricen, for at nå frem til en hurtig transformation til propagatorformalismen. Efter diskussionen af [28], lad os starte med at skrive to-elements kolonnevektoren som en blanding af ethvert par af løsninger:

$$r(t) = c_1 r_1(t) + c_2 r_2(t).$$

Lad os nu fokusere på det tilfælde, hvor $t_0$vi ved , har $r_1(t_0) = \binom{1}{0}$og $r_2(t_0) = \binom{0}{1}$, $c_1 = x(t_0)$og $c_2 = y(t_0)$:

$$\binom{x(t_1)}{y(t_1)} = c_1\binom{x_1(t_1)}{y_1(t_1)} + c_2\binom{x_2(t_1)}{y_2(t_1)} = c_1\binom{K_{11}}{K_{21}} + c_2\binom{K_{12}}{K_{22}},$$

hvor matrixværdierne er valgt som angivet, givet de specielle løsninger valgt ved t_0, og for at være i overensstemmelse med den endelige formeringsform, der opnås:

$$\binom{x(t_1)}{y(t_1)} = \binom{K_{11}x(t_0)}{K_{21}x(t_0)} + \binom{K_{12}y(t_0)}{K_{22}y(t_0)} = \binom{K_{11}x(t_0) + K_{12}y(t_0)}{K_{21}x(t_0) + K_{22}y(t_0)}$$

$$= \binom{K_{11} \quad K_{12}}{K_{21} \quad K_{22}}\binom{x(t_0)}{y(t_0)}$$

Dermed,

$$r(t_1) = K(t_1, t_0)r(t_0),$$

(6-15)

137

Overvej Case 2 ovenfor, hvor $U(q) = +\frac{1}{2}aq^2$ (den lineære oscillator). Løsningerne viste sig at være:

$$q = A\cos(\omega t + \delta) \quad and \quad p = -m\omega A \sin(\omega t + \delta)$$

$$(6\text{-}16)$$

Lad t_0 svare til $t = 0$, vi har så for løsning 1:

$$r_1(t_0) = \begin{pmatrix} x(t_0) \\ y(t_0) \end{pmatrix} = \begin{pmatrix} A\cos(\delta) \\ -m\omega A \sin(\delta) \end{pmatrix},$$

$$(6\text{-}17)$$

hvor vi opfylder den særlige formular, der er nødvendig, hvis $\delta = 0$ og $A = 1$. På samme måde $r_2(t_0)$ vælger vi $\delta = 90$ og $A = 1/(-m\omega)$. Dermed:

$$K(t = t_1, t_0 = 0) = \begin{pmatrix} \cos(\omega t) & (m\omega)^{-1} \sin(\omega t) \\ -m\omega \sin(\omega t) & \cos(\omega t) \end{pmatrix}$$

$$(6\text{-}18)$$

Bemærk at det$K$ = 1, beskriver således en kortlægning, der er områdebevarende, som det er nødvendigt for Hamilton-systemer. For K-matricen har vi lignende stabilitetsevalueringer som før for B-matrix, yderligere diskussion langs disse linjer kan findes på [28].

Kapitel 7. Kaos

Der er mange måder, hvorpå kaos er blevet udstillet i den videnskabelige litteratur (se [61], andre). Kaos findes let i mange endimensionelle systemer, der udviser periodefordobling i visse regimer, hvor dette regime med periodefordobling til sidst bliver til et kaosregime. Vi vil undersøge flere sådanne systemer i det følgende. Andre veje til kaos, såsom intermittens og kriser [61], når de ses grafisk, har flaskehalsregioner i deres iterative kortlægninger eller cykliske semi-stabile regioner, der ville forklare udseendet af kaoslignende adfærd. De anførte kaoseksempler vil således generelt være ret generelle.

I afsnit 7.1 vil vi diskutere en generel vej til kaosfænomen, når der er periodisk bevægelse. Dette skyldes, at kaos er allestedsnærværende, og med fokus på periodisk bevægelse har vi et simpelt matematisk grundlag, via en iterativ kortformulering, der vil tillade identifikation af kaosdomæner med lethed.

Før vi går videre med kaos, lad os dog omgruppere et øjeblik og overveje, hvad der er det modsatte af kaos for at få lidt perspektiv. Det mest ordnede system er et, der er "integrerbart", eller for hvilket der er "integrerbarhed". Husk, hvordan vi brugte bevarede mængder, som de blev identificeret, til at reducere kompleksiteten af differentialligningerne, såsom med identifikation af vinkelmomentum. Vi kan også repræsentere symmetrier som bevarede størrelser (Noethers sætning). Hvis både bevægelseskonstanter og symmetrier er tilstrækkelige til at have en fuld løsning på systemligningerne, så har vi integrerbarhed, hvis ikke, så er den ikke-integrerbar. Yderligere diskussion af integrerbarhed kan findes i [38,32,37].

Et eksempel på det kritiske ved integrerbarhed og ikke-integrerbarhed for at få adgang til kaotisk adfærd er formidlet af Swinging Atwood's Machine (Figur 7.1) [79]:

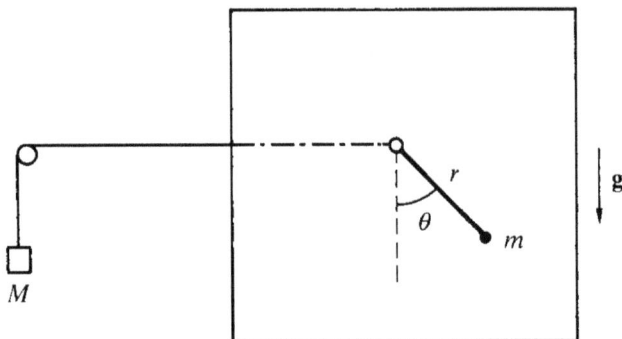

Figur 7.1.

Hamiltonianeren er

$$H = \frac{p_r^2}{2m(1 + \mu)} + \frac{p_\theta^2}{2mr^2} + mgr(\mu - \cos\theta), \quad \mu = \frac{M}{m},$$

(7-1)

og bevægelsen er generelt ikke integrerbar, da H normalt er den eneste konstant i bevægelsen.

I tilfældet $\mu > 1$ er bevægelsen af m altid afgrænset af en kurve med nul hastighed (p = 0), som er en ellipse, hvis form afhænger af masseforholdet μ og af energien H .

Når $\mu \leq 1$ er bevægelsen ikke begrænset til nogen energi, og til sidst passerer massen M over remskiven.

Systemet er integrerbart i tilfældet $\mu = 3$! I det specielle tilfælde er der en anden bevaret mængde givet af

$$J = \frac{p_\theta}{4m}\left(p_r \cos\frac{\theta}{2} - \frac{2p_\theta}{r} \sin\frac{\theta}{2}\right) + mgr^2 \sin\frac{\theta}{2} \cos^2\frac{\theta}{2}.$$

(7-2)

hvor $\dot{J} = 0$. Når $\mu = 3$ er bevægelsen fuldstændig ordnet. For alle andre masseforhold er der områder med kaotisk bevægelse.

7.1. Generel vej til kaosfænomen: Periodisk bevægelse →Iterativt →kortkaos

Antag at et lineært system under undersøgelse, $dr(t)/dt = A(t)r(t)$med passende valg af tid, har parametre, der er periodiske i tid: $A(t + T) = A(t)$for alle t. Hvis vi betragter propagatoren gennem en sådan periode T, har vi, med bekvemt valg for tidens oprindelse, propagatoren $K =$

140

$K(T, 0) =. K(nT, (n-1)T)$Overvej nu propagatoren for nT-trin i tid (og brug Chapman-Kolmogorov-relationen) for at få:

$$K(nT, 0) = K^n.$$

(7-3)

Ud fra ovenstående ligning kan vi se, at systemer med tidsafhængige parametre, der er periodiske i tid, udbrederen, $K(t, 0)$, har den egenskab, at den kan bestemmes på bestemte senere tidspunkter, nT, blot ved gentagne udbredelser af periodeudbredelsen K. I betragtning af, at periodepropagatoren er et lineært kort (og områdebevarende for Hamilton-systemer), indikerer dette, at meget af den fremtidige adfærd (stabil eller ej) af et periodisk-parametersystem kan bestemmes af adfærdsklasserne under gentagne periode-propagatorkortlægninger . Med andre ord er systemets adfærd for det meste reduceret til analyse af adfærden af dets periodiske udbredelse itererede kort.

Lad os nu overveje den formelle definition af et "kort" i betydningen af et system med diskret tid. Det diskrete tidspunkt kan skyldes definitionen af dataene (en sekvens af årlige aflæsninger), eller på grund af periodicitet (med måling taget med periodeprøveudtagning) eller af en række andre årsager. Lad os beskrive systemet med en vektor med virkelig værdi $r(t)$, nu med n komponenter, og for det diskrete-tid med kort-scenarie, antager vi $r(t+1) = F(r(t), t)$, at hvor Fer afbildningsfunktionen (en vektorværdi-funktion) af faserummet på sig selv. For kortfunktioner, der ikke eksplicit er tidsafhængige, får vi notationen $r_{t+1} = F(r_t)$. Kortformalismen er således meget naturlig for de lineære differentialligninger, når der er periodiske hastighedsfunktioner (f.eks. $dr(t)/dt = A(t)r(t)$med $(t+T) = A(t)$). Betingelsen for en periodisk hastighedsfunktion virker meget kraftig i denne henseende, og hvis vi slækker på betingelsen for linearitet, finder vi, at det iterative kortresultat stadig holder.

Overvej $dr(t)/dt = v(r, t)$med $v(r, t+T) = v(r, t)$generelt (ikke-lineær). Ved det første diskrete tidstrin, t=1, har vi $r(1) = F(r(0))$ved definitionen af kortet introduceret. Vi ser så, at $dr(t+1)/dt = v(r(t+1), t)$, altså $r(2) = F(r(1))$med samme kortlægningsfunktion, og ved induktion skal have $r_{t+1} = F(r_t)$generelt. Med andre ord kan både autonome og ikke-autonome systemer, hvis de har periodiske hastighedsfunktioner, beskrives i form af en kortlægningsfunktion forbundet med et autonomt system med diskret tid. Dette fører til en to-trins proces til løsning af differentialligninger: (1) Bestem kortlægningsfunktionen$F$ fra undersøgelse af opløsningen under en

141

bevægelsesperiode (fra t=0 til t=1); (2) Bestem løsningsadfærd ved gentagen anvendelse af kortlægningsfunktionen. Ud fra dette ser vi, at kaotisk systemadfærd er allestedsnærværende. Selv simple Hamilton-systemer med én frihedsgrad kan udvise kaos, eller simple *konservative* Hamilton-systemer med 2 eller flere frihedsgrader. Faktisk, for systemer med afgrænset bevægelse, involverer en betydelig del af faserummet fasepunkter, der gennemgår kaotisk bevægelse.

I eksemplet med det tvungne dæmpede pendul, der skal beskrives herefter (et simpelt Hamilton-system), vil vi finde kaotisk bevægelse under et generelt sæt af omstændigheder. Med andre ord vil vi se, at kaotisk adfærd (der skal defineres præcist) er et 'normalt' resultat, når man skubber de forstyrrende grænser for et system, eller endda inden for et forstyrrende domæne, hvis parameterrummet skubber 'kaos-fasen'. af systemet. Den sidstnævnte beskrivelse af en 'fase' af kaos i en given parameter er nøjagtig, eftersom den parameter, der går ind i en kaosfase (klassisk, men indeterministisk bevægelse) for systemet kan forlade denne kaosfase, tilbage til et domæne med klassisk deterministisk bevægelse (og tilbage) og frem). Denne sidstnævnte adfærd er universel i første- og andenordenssystemer [19], og beskriver et sæt universelle parametre for klassiske systemer på "kanten af kaos". I [45] vil vi se, at maksimal emanation/udbredelse af information er på kanten af kaos.

7.2 Kaos og det dæmpede drevne pendul
Tidligere, for små svingninger, blev penduloscillatoren tilnærmet som den klassiske fjederoscillator (lineær genopretningskraft), hvor differentialligningen, der beskriver tvungen oscillation med dæmpning, var (virkelig form):

$$\ddot{x} + 2\lambda\dot{x} + \omega^2 x = \left(\frac{F}{m}\right)\cos \gamma t,$$

(7-4)

som vi fandt løsningerne til:

$$x(t) = a \exp(-\lambda t)\cos(\omega t + \alpha) + b\cos(\gamma t + \delta),$$

(7-5)

hvor

$$b = \frac{F}{m\sqrt{(\omega^2 - \gamma^2)^2 + (2\lambda\gamma)^2}}, \qquad \tan\delta = \frac{(2\lambda\gamma)}{(\omega^2 - \gamma^2)}.$$

(7-6)

142

Hvis vi ikke bruger den lille vinkeltilnærmelse til at lave $\sin x \cong x$, og vi antager, at pendeltråden er stiv (altså en pendulstang), har vi:

$$\ddot{x} + 2\lambda\dot{x} + \omega^2 \sin x = \left(\frac{F}{m}\right)\cos\gamma t.$$

(7-7)

Lad os nu overveje dette på linje med undersøgelsen udført af [34]. Lad os først ændre variabler og overordnet normalisere sådan, at $\omega = 1$:

$$\ddot{\theta} + \frac{1}{q}\dot{\theta} + \sin\theta = \alpha\cos\gamma t.$$

(7-8)

Ved at bruge notationen [34] har vi $\omega = \dot{\theta}$, ikke at forveksle med den foregående ω, for at få tre uafhængige førsteordens ligninger:

(1) $\dot{\omega} = -\omega/q - \sin\theta + \alpha\cos\varphi$, hvor, q er kvalitetsfaktoren.
(2) $\dot{\theta} = \omega$
(3) $\dot{\varphi} = \gamma$

På dette tidspunkt har vi opfyldt de to generelle betingelser for, at der eksisterer løsningsdomæner, der er kaotiske:

(1) Systemet har tre eller flere dynamiske variable.
(2) Bevægelsesligningerne indeholder ikke-lineære koblingsled.

For vores problem er betingelse (2) opfyldt med koblingsvilkårene $\sin\theta$ og $\alpha\cos\varphi$. Fra [34], for det tilfælde, hvor $q = 2$, får vi følgende adfærd, når vi øger køreamplituden α:

(1) $\alpha = 0.5$, det moderat drevne pendul, med simpel pendultype, periodisk adfærd, når det først har sat sig i en stabil tilstand (banen er en grænsecyklus, således asymptotisk en cyklus som med et simpelt pendul).
(2) $\alpha = 1.07$, pendulet med en dobbeltsløjfebane i sit fasediagram, men med den mærkelighed, at dens bane i et konfigurationsdiagram endnu ikke har fuldført en sløjfe, selvom svingninger på over 180 grader kan forekomme.
(3) $\alpha = 1.15$, pendulbevægelsen har ingen steady-state, den er kaotisk, men dens fasediagram angiver struktur, der bedst afsløres i form af en Poincare-sektion (hvilken sporer positionen ved multipla af perioden for forceringsoscillationen). For kaotisk bevægelse er strukturen af Poincare-sektionerne (faserumsbaner) *selv-lignende* , dette gør det muligt at bestemme en præcis fraktal dimension [34] for den kaotiske bevægelse.

(4) $\alpha = 1.35$, fuldender pendulet nu en løkke i konfiguration (virkelig) rum.
(5) $\alpha = 1.45$, pendulet fuldender nu to sløjfer i konfiguration (virkelig) plads.
(6) $\alpha = 1.50$, pendulbevægelsen er kaotisk

Hvordan man interpolerer mellem ovenstående observationer, hvad er grænsen mellem systemer med steady state og dem uden (kaotisk). Dette er nemmest repræsenteret i det, der er kendt som bifurkationsdiagrammet (se figur 7.2). I bifurkationsdiagrammet viser de øjeblikkelige frekvenser, der er observeret over en række drivoscillationer, $\alpha = 1$en $\alpha = 1.50$klar periode-fordoblingsadfærd, der multipliceres hurtigt ved tilgang til et kaosdomæne (detaljer følger).

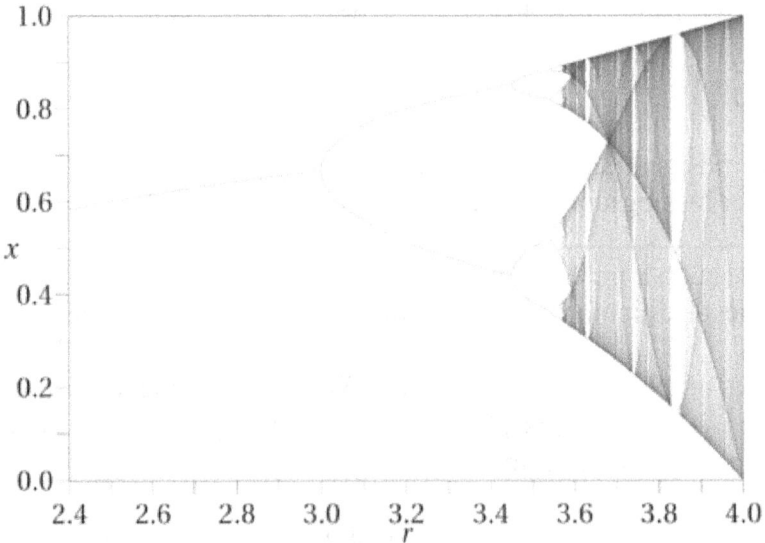

Figur 7.2. Bifurkationsdiagram for logistisk kort: $x_{n+1} = rx_n(1 - x_n)$[80].

Bifurkationsdiagrammet fanger tydeligst overgangen fra systemadfærd, der har steady state, til adfærd, der er kaotisk. Det tidligere pendulsystem er allestedsnærværende, men at generere præcise numeriske resultater med det er tidskrævende, hvis alt, der ønskes, er at demonstrere kaotiske systemers universelle adfærd. Dette skyldes, at periode-fordoblingsovergangen til kaos er et karakteristisk træk ved både andenordens dynamiske systemer og førsteordens dynamiske systemer, hvis iterative kortlægninger (Poincare Sections) involverer funktioner af tidligere kortlægningspositioner, der har et simpelt maksima [19].

Generelle betingelser for hvornår et dynamisk system med specifik kortlægningsafhængighed giver anledning til kaotisk adfærd er blevet bevist af [19] med universelle konstanter også derved afsløret (detaljer følger). I stedet for at arbejde med en kompleks evaluering på hvert trin i Poincare-sektionen for f.eks. pendulet, lad os undersøge kortlægningen og bifurkationsdiagrammet i figur 7.2, der resulterer for det meget enklere logistiske kort, som er førsteordens, men hvis nøglekonstanter er angiveligt universelle, så det er lettere at evaluere på denne måde. Her er synopsis fra [34]: "Ved at variere parameteren r observeres følgende adfærd:

- Med r mellem 0 og 1, vil befolkningen til sidst dø, uafhængigt af den oprindelige befolkning.
- Med r mellem 1 og 2 vil populationen hurtigt nærme sig værdien $r - 1 / r$, uafhængigt af startpopulationen.
- Med r mellem 2 og 3 vil populationen også til sidst nærme sig den samme værdi $r - 1 / r$, men vil først svinge omkring den værdi i nogen tid. Konvergenshastigheden er lineær, bortset fra $r = 3$, hvor den er dramatisk langsom, mindre end lineær (se Bifurkationshukommelse).
- Med r mellem 3 og $1 + \sqrt{6} \approx 3{,}44949$ vil populationen nærme sig permanente svingninger mellem to værdier.

  Disse to værdier er afhængige af r og givet af   .
- Med r mellem 3,44949 og 3,54409 (ca.) vil befolkningen fra næsten alle begyndelsesbetingelser nærme sig permanente svingninger blandt fire værdier. Sidstnævnte tal er en rod af et 12. grads polynomium (sekvens A086181 i OEIS).
- Med r stigende ud over 3,54409, vil befolkningen fra næsten alle begyndelsesbetingelser nærme sig svingninger blandt 8 værdier, derefter 16, 32 osv. Længderne af parameterintervallerne, der giver oscillationer af en given længde, falder hurtigt; forholdet mellem længderne af to på hinanden følgende bifurkationsintervaller nærmer sig Feigenbaum-konstanten $\delta \approx 4{,}66920$. Denne adfærd er et eksempel på en periode-doblingskaskade.
- Ved $r \approx 3{,}56995$ (sekvens A098587 i OEIS) er begyndelsen af kaos, i slutningen af periode-fordoblingskaskaden. Fra næsten alle begyndelsesbetingelser ser vi ikke længere svingninger med begrænset periode. Små variationer i den oprindelige

befolkning giver dramatisk forskellige resultater over tid, et primært kendetegn ved kaos.

- De fleste værdier af r ud over 3,56995 udviser kaotisk adfærd , men der er stadig visse isolerede områder af r , der viser ikke-kaotisk adfærd; disse kaldes nogle gange *for stabilitetsøer* . For eksempel begyndende ved $1 + \sqrt{8}$(ca. 3,82843) er der en række parametre r , der viser oscillation blandt tre værdier, og for lidt højere værdier af r oscillation blandt 6 værdier, derefter 12 osv.

Hvis den første bifurkation forekommer for $\mu = \mu_1$, og den anden for $\mu = \mu_2$, så er det muligt at definere en universel konstant F efter Feigenbaum [19]:

$$F = \lim_{k \to \infty} \frac{\mu_k - \mu_{k-1}}{\mu_{k+1} - \mu_k} = 4.66920160910299 \ldots,$$

(7-9)

hvor dette bemærkelsesværdigt nok er en universel adfærd for alle kort med kvadratisk maksimum. Så med andre ord, for et simpelt (rigtigt) kvadratisk kort eller komplekst kvadratisk kort (generator af Mandelbroit Set [35]) kommer vi frem til præcis den samme konstant fra deres bifurkationskort baseret på parameteriseringen af deres bifurkationshændelser. Tilsvarende:

Kvadratisk maksimumkort: $x_{n+1} = a - x_n^2$ har $\lim_{k \to \infty} \frac{a_k - a_{k-1}}{a_{k+1} - a_k} = F$.

Complex Quadratic Maximum Map Mandelbroit): $z_{n+1} = c + z_n^2$ har $\lim_{k \to \infty} \frac{c_k - c_{k-1}}{c_{k+1} - c_k} = F$.

7.3 Den særlige værdiC_∞

For det komplekse kvadratiske kort omtales den faktiske asymptote for c-værdien ved "kanten af kaos" som C_∞ og har værdien $C_\infty = -1.401155189 \ldots$ Konstanten $|C_\infty| = 1.401155189$ ...er også kendt som Myrbergs konstant [36]. Myrberg-konstanten, blot kaldet C_∞ her og i [45], vil spille en vigtig rolle i diskussioner.

Eksempel 7.1. Lad os overveje et andet 1D-kort, der kontinuerligt kan differentieres med et enkelt maksimum på intervallet (0,1): $f(x) = \left(\frac{A}{\pi}\right) \sin \pi x$, så vi har det iterative forhold:

$$x_{n+1} = \left(\frac{A}{\pi}\right) \sin \pi x_n$$

146

Ved det første bifurkationspunkt har vi

(7-10)

$$x_{n+2} = \left(\frac{A}{\pi}\right)\sin\pi\left(\left(\frac{A}{\pi}\right)\sin\pi x_n\right) = x_n$$

Lad os skitsere et plot af bifurkationsdiagrammet afsløret af beregningsresultater:

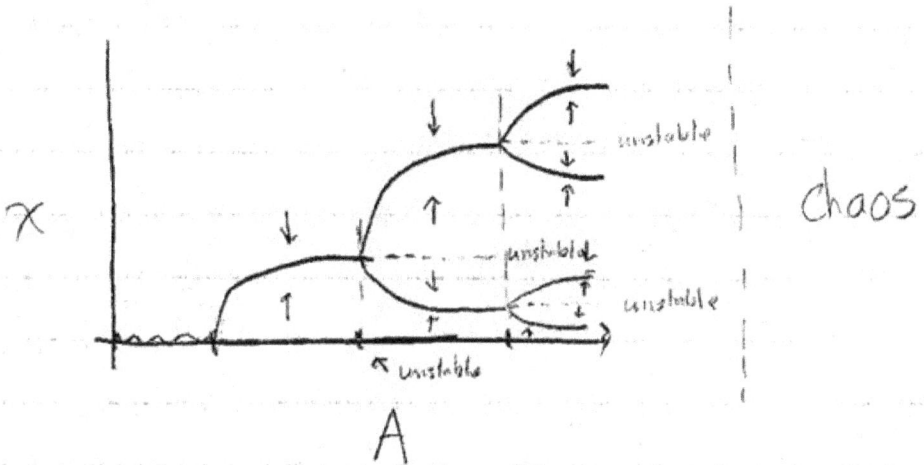

Værdierne af A, hvor der er de angivne bifurkationer, er:
$a_0 = 1$
$a_1 = 2.253804$
$a_2 = 2.614598$
$a_3 = 2.696126$
$a_4 = 2.714118$
$a_5 = 2.718112$
Feigenbaum-nummeret:

$$F = \lim_{j\to\infty} \frac{a_j - a_{j-1}}{a_{j+1} - a_j} \cong \frac{a_4 - a_3}{a_5 - a_4} = 4.505$$

(7-11)

Øvelse 7.1. Gentag ovenstående analyse for et andet 1D-kort, der kontinuerligt kan differentieres med et enkelt maksimum på intervallet (0,1).

Eksempel 7.2. Ved hjælp af analytiske metoder, evaluer periode 1,2,... faste punkter på standardkortet:

$$R \longrightarrow R + \varepsilon \sin\theta$$
$$\theta = \theta + R + \varepsilon \sin\theta$$

Betragt periode 1 faste punkter, hvor kortlægningen angiver
$$R_1 = R_0 + \varepsilon sin\theta_0 \quad\text{and}\quad \theta_1 = R_0 + \theta_0 + \varepsilon sin\theta_0$$

147

mens 1-perioden angiver: $R_1 = R_0$ *and* $\theta_1 = \theta_0$,med vinkellighed op til en forskel på $2m\pi$. Dermed,
$$sin\theta_0 = 0 \longrightarrow \theta_0 = n\pi, \quad n = 0,1,2, \dots$$
Bemærk, at for enhver løsning $\theta_0 = n\pi$ i sinusfunktionen er der stadig løsningen $\theta_0 = n\pi + 2m\pi$ fra multivaluedness. Dette er nyttigt at huske, når man overvejer løsninger på $\theta_1 = R_0 + \theta_0$:
$$R_0 = 2n\pi,$$
(ikke bare $R_0 = 0$). Således er de faste punkter ved periode 1: $\{ \theta_0 = n\pi, R_0 = 2n\pi \}$.

Lad os nu overveje periode 2 faste punkter:
$$R_2 = R_1 + \varepsilon sin\theta_1 = R_0 + \varepsilon sin\theta_0 + \varepsilon \sin(R_0 + \theta_0 + \varepsilon sin\theta_0)$$
$$\theta_2 = R_1 + \theta_1 + \varepsilon sin\theta_1$$
$$= 2(R_0 + \varepsilon sin\theta_0) + \theta_0 + \varepsilon \sin(R_0 + \theta_0 + \varepsilon sin\theta_0)$$
$$R_2 = R_0 \quad \rightarrow \quad sin\theta_0 + \sin(R_0 + \theta_0 + \varepsilon sin\theta_0) = 0 \quad \rightarrow \quad \theta_0 =$$
$$n\pi \quad and \quad R_0 = n\pi \quad or \quad R_0 = 2n\pi$$
$$\theta_2 = \theta_0 \quad \rightarrow \quad 2(R_0 + \varepsilon sin\theta_0) + \varepsilon \sin(R_0 + \theta_0 + \varepsilon sin\theta_0) = 0 \quad \rightarrow \quad R_0$$
$$= n\pi \quad indicated.$$
Således er de faste punkter ved periode 2: $\{ \theta_0 = n\pi, R_0 = n\pi \}$.

Lad os nu overveje periode 3 faste punkter:
$$R_3 = R_2 + \varepsilon sin\theta_2$$
$$= R_0 + \varepsilon sin\theta_2 + \varepsilon sin(R_0 + \theta_0 + \varepsilon sin\theta_0)$$
$$+ \varepsilon sin[2R_0 + \theta_0 + \varepsilon \sin(R_0 + \theta_0)]$$
Endnu engang har vi $\theta_0 = n\pi$.
$$\theta_3 = R_2 + \theta_2 + \varepsilon sin\theta_2$$
$$= 3(R_0 + \varepsilon sin\theta_0) + 2\varepsilon \sin(R_0 + \theta_0 + \varepsilon sin\theta_0) + \theta_0$$
$$+ \varepsilon sin[2(R_0 + \varepsilon sin\theta_0) + \theta_0 + \varepsilon \sin(R_0 + \theta_0)]$$
$$\theta_3 = \theta_0:$$
$$0 = 3R_0 + 2\varepsilon \sin(R_0 + \theta_0) + \varepsilon sin[2R_0 + \theta_0 + \varepsilon sin(R_0 + \theta_0)].$$
Således er de faste punkter ved periode 3: $\{ \theta_0 = n\pi, R_0 = 2n\pi \}$, og nu er mønsteret tydeligt:

> Selv perioder har faste punkter på: $\{ \theta_0 = n\pi, R_0 = n\pi \}$.
> Ulige perioder har faste punkter på: $\{ \theta_0 = n\pi, R_0 = 2n\pi \}$.

Øvelse 7.2. Prøve
$$R \longrightarrow R + \varepsilon[x(1 - x)]$$
$$x = x + R + \varepsilon[x(1 - x)]$$

Kapitel 8. Kanoniske koordinattransformationer

Tidligere viste vi, at en uendelig lille bevægelse af et objekt i form af de generaliserede koordinater, gående fra (q_0, p_0) til (q_1, p_1) i faserum, kunne beskrives i termer af Hamiltonian-systemet. Koordinattransformationen induceret af Hamiltonianeren er "kanonisk", da dens Jacobian er 1 (den områdebevarende egenskab ved kanoniske transformationer):

$$\frac{\partial(q_1, p_1)}{\partial(q_0, p_0)} = 1$$

(8-1)

Lad os nu betragte den generelle klasse af sådanne kanoniske koordinattransformationer. Lad startkoordinaterne være $\{ q_a, p_a \}$ for $a = 1, 2, \dots, n$. Lad de transformerede koordinater være $\{ Q_a, P_a \}$ (hvor $a = 1, 2, \dots, n$), og vi har transformationsrelationerne:

$$q_a = q_a(\{Q_a, P_a\}; t) \ and \ p_a = p_a(\{Q_a, P_a\}; t)$$

(8-2)

Hvor generelt et udtryk kan vi få for de nye koordinater $\{ Q_a, P_a \}$? At begynde. lad os skrive Hamiltons princip fra før (med undertrykte underskrifter):

$$S(q, \dot{q}) = \int_{t_1}^{t_2} L(q, \dot{q}, t)dt \ ; \ \ \delta S$$

$$= \left[\frac{\partial L}{\partial \dot{q}} \delta q \right]_{t_1}^{t_2} + \int_{t_1}^{t_2} \left[\left(\frac{\partial L}{\partial q} \right) - \frac{d}{dt}\left(\frac{\partial L}{\partial \dot{q}} \right) \right] \delta q dt$$

i form af Hamiltonian og handlingen i et modificeret Hamiltonian-princip (med udtrykt abonnent):

$$S(q_a, p_a) = \int_{t_1}^{t_2} \sum_a p_a \dot{q}_a - H(q_a, p_a, t)dt \ ; \ \ \delta S$$

$$= \int_{t_1}^{t_2} \left[\sum_a \delta p_a \dot{q}_a + p_a \delta \dot{q}_a - \delta H(q_a, p_a, t) \right] dt$$

149

Som med Lagrangian yder totaltidsderivater intet bidrag på grund af de faste endepunkter (afslappende denne tilstand undersøges senere). Således kan variationen i handlingen omskrives:

$$\delta S = \int_{t_1}^{t_2} \left[\sum_a \delta p_a [\dot{q}_a - \frac{\partial H}{\partial p_a}] + \delta q_a [-\dot{p}_a - \frac{\partial H}{\partial q_a}] \right] dt$$

(8-3)

som giver anledning til Hamiltons ligninger, når $\delta S = 0$:

$$\dot{q}_a = \frac{\partial H}{\partial p_a} \quad and \quad \dot{p}_a = -\frac{\partial H}{\partial q_a}.$$

(8-4)

For at fastholde Hamiltons bevægelsesligninger i de nye variable er vi derfor nødt til at kunne udtrykke

$$\sum_a p_a \dot{q}_a - H(q_a, p_a, t)$$

$$= \sum_a P_a \dot{Q}_a - \tilde{H}(Q_a, P_a, t) + \{total\ time\ derivative\}$$

(8-5)

I [25] er de fire typer af totaltidsafledte generatorfunktioner af kanoniske transformationer beskrevet, med afhængighed af de gamle og nye kanoniske variable i henhold til { qQ }, { q, P }, { p, Q }. { p,P } (den samme genererende funktion behøver ikke at blive brugt for alle variablerne, hvilket giver anledning til en blandet analyse, ligesom den Routhian- analyse involverer, at nogle variabler beskrives i form af en Lagrangian og andre i form af en Hamiltonian). Gengivelse af de forskellige sager er udført i detaljer i [25], så det vil ikke blive gjort her. For at tage et specifikt tilfælde, overveje transformationsgeneratorfunktionen af typen { qQ } og lad os analysere de kanoniske transformationer, den kan producere (ved at følge konventionerne i [29]). Specifikt variation på:

$$\sum_a P_a \dot{Q}_a - \tilde{H}(Q_a, P_a, t) + \frac{d}{dt} F(q_a, Q_a, t),$$

(8-6)

hvilket giver Hamiltons ligning for de nye variabler som forventet:

$$\dot{Q}_a = \frac{\partial \tilde{H}}{\partial P_a} \quad and \quad \dot{P}_a = -\frac{\partial \tilde{H}}{\partial Q_a}.$$

(8-7)

150

Hvis vi nu tager de forskellige partielle afledte for at omskrive den samlede tidsafledede, kan vi nå frem til overensstemmelse med Hamilton-ligningerne ovenfor, hvis:

$$p_a = \frac{\partial}{\partial q_a} F(q_a, Q_a, t),$$

$$P_a = -\frac{\partial}{\partial Q_a} F(q_a, Q_a, t), \quad \tilde{H}(Q_a, P_a, t)$$

$$= H(q_a, p_a, t) + \frac{\partial}{\partial t} F(q_a, Q_a, t)$$

(8-8)

Handlingsbeskrivelsen i et modificeret Hamiltonsk princip giver således en bemærkelsesværdig fleksibilitet i valg af ækvivalente repræsentationer af bevægelsen. Den enkleste ting at vælge er en situation, hvor de nye koordinater er cykliske ($\dot{Q}_a = 0 \quad and \quad \dot{P}_a = 0$), og det er det, der gøres i Hamilton-Jacobi Theory beskrevet i næste afsnit.

8.1 Hamilton-Jacobi-ligningen

Ved at bruge udledningen og notationen af [29] er der nu en enkel måde at nå frem til, hvad der er kendt som Hamilton-Jacobi Theory. Ideen er at have en transformation, så koordinaterne er cykliske. Inden man går i gang med den kanoniske transformation, hjælper det dog at skifte fra funktion $F(q_a, Q_a, t)$til en ny funktion, betegnet $S(q_a, P_a, t)$, ved hjælp af en Legendre-transformation. Denne nye funktion for tilstanden af cykliske koordinater vil være handlingen som angivet med Stidligere. Så overvej først Legendre-transformationen (virker her, da alle overfladevilkår er nul på grund af faste grænsebetingelser):

$$F(q_a, Q_a, t) = -\sum_a P_a Q_a + S(q_a, P_a, t)$$

(8-9)

For det første er differentialet per definition i form af dets afhængige variable:

$$dF = \sum_a \left(\frac{\partial F}{\partial q_a} dq_a + \frac{\partial F}{\partial Q_a} dQ_a\right) + \frac{\partial F}{\partial t} dt$$

$$= \sum_a (p_a dq_a - P_a dQ_a) + \frac{\partial F}{\partial t} dt$$

men fra oven har også:

$$dF = -\sum_a (P_a dQ_a + dP_a Q_a) + dS$$

151

Dermed,

$$dS = \sum_a (p_a dq_a + Q_a dP_a) + \frac{\partial F}{\partial t} dt,$$

(8-11)

hvor vi kan se, at den funktionelle afhængighed faktisk er $S(q_a, P_a, t)$.
Hvis vi tager følgende relationer per definition for partiel afledt for:

$$p_a = \frac{\partial}{\partial q_a} S(q_a, P_a, t),$$

$$Q_a = \frac{\partial}{\partial P_a} S(q_a, P_a, t), \quad \frac{\partial}{\partial t} S(q_a, P_a, t) = \frac{\partial}{\partial t} F(q_a, Q_a, t)$$

(8-12)

så får vi:

$$\tilde{H}(Q_a, P_a, t) = H(q_a, p_a, t) + \frac{\partial}{\partial t} S(q_a, P_a, t)$$

(8-13)

Enhver $S(q_a, P_a, t)$ givet ovenstående partial vil generere en kanonisk
transformation ved konstruktion. Lad os nu vælge en kanonisk
transformation med $S(q_a, P_a, t)$ sådan, at $\tilde{H}(Q_a, P_a, t) = 0$, da $\tilde{H}$ derved
ikke har nogen afhængighed af Q_a, og P_a de er cykliske koordinater. I så
fald kommer vi til:

$$0 = H(q_a, p_a, t) + \frac{\partial}{\partial t} S(q_a, P_a, t) = H\left(q_a, \frac{\partial S}{\partial q_a}, t\right) + \frac{\partial}{\partial t} S(q_a, P_a, t)$$

og da Q_a og P_a er konstanter for bevægelsen, får vi Hamilton-Jacobi-
ligningen:

$$H\left(q_a, \frac{\partial S}{\partial q_a}, t\right) + \frac{\partial}{\partial t} S(q_a, t) = 0$$

(8-14)

Dette er en førsteordens partiel differentialligning, der kan løses ved at
indføre (n+1) integrationskonstanter ($\{c_a\}$ and S_0):

$$S = S(q_a, c_a, t) + S_0$$

Hvis vi vælger konstanterne $\{c_a\}$ til at være konstanterne, $\{P_a\}$ vender vi
tilbage til den klassiske form for løsningen kendt som Hamiltons
principfunktion:

$$S = S(q_a, P_a, t) + S_0$$

hvor

$$p_a = \frac{\partial}{\partial q_a} S(q_a, P_a, t), \qquad Q_a = \frac{\partial}{\partial P_a} S(q_a, P_a, t).$$

(8-16)

Grunden til, at denne form er signifikant, skyldes det sidstnævnte forhold, da $\{P_a\}$og $\{Q_a\}$er konstanter for bevægelsen, det er invertibelt for at give en beskrivelse af bevægelsen, der kun er en funktion af tiden:

$$q_a = q_a(\{Q_a\}, \{P_a\}, t)$$

Bevægelsen er således klart defineret som en bane (parameteriseret ved t). Lad os overveje derivatet af Slangs denne vej:

$$\frac{dS}{dt} = \sum_a \frac{\partial S}{\partial q_a} \dot{q}_a + \frac{\partial S}{\partial t} = \sum_a p_a \dot{q}_a - H = L(q_a, \dot{q}_a, t)$$

Dermed,

$$S = \int_{t_0}^{t} L(q_a, \dot{q}_a, \tau) d\tau + S_0(t_0)$$

(8-17)

Eller ved at ændre notationen for tidsvariabelen lidt, når vi frem til den form, der oprindeligt blev angivet som Hamiltons "handlingsformulering", nævnt i starten af kapitel 3:

$$S = \int_{t_1}^{t_2} L(q, \dot{q}, t) dt$$

(8-18)

Eksempel 8.1. Lad os starte med et udtryk for handlingen:
$$S = (q, q_0, t, t_0) = \frac{m\omega}{2sin\omega t}\{(q^2 + q_0^2)cos\omega t - 2qq_0\}; \qquad T = t - t_0.$$
Hvilket system resultater? Hvad er Hamiltonian? Hvad er banerne?

Løsning:

$$H = -\frac{\partial S}{\partial t} = \frac{m\omega^2}{(2sin\omega t)^2}\{-4qq_0cos\omega t + 2(q^2 + q_0^2)\}.$$

hvorfra vi kan rekonstruere
$$p = \frac{\partial S}{\partial q} = \frac{m\omega}{2sin\omega t}\{2qcos\omega t - 2q_0\}$$

153

$$p^2 = 2m \left[\frac{m\omega^2}{2\sin^2\omega t}\right][q^2\cos^2\omega t - 2qq_0\cos\omega t + q_0{}^2]$$

$$\frac{p^2}{2m} = \frac{m\omega^2}{(2\sin\omega t)^2}\{-2q^2\sin^2\omega t - 4qq_0\cos\omega t + 2(q^2 + q_0{}^2)\}.$$

Hamiltonianeren kan således skrives som:

$$H = \frac{p^2}{2m} + \frac{m\omega^2}{(2\sin\omega t)^2}\{2q^2\sin^2\omega t\} = \frac{p^2}{2m} + \frac{m\omega^2 q^2}{2} = \frac{1}{2m}[p^2 + m^2\omega^2 q^2].$$

Den bevarede mængde, energi, er således:

$$E = \frac{1}{2m}[p^2 + m^2\omega^2 q^2].$$

Dette er en harmonisk oscillator. Lad os få banerne nu:

$$\dot{q} = \frac{\partial H}{\partial p} = \frac{p}{m} \quad and \quad \dot{p} = -\frac{\partial H}{\partial q} = m\omega^2 q.$$

Et muligt sæt af løsninger:

$$q = \sqrt{2E/m\omega^2}\cos\omega t \quad and \quad p = \sqrt{2mE}\sin\omega t.$$

Øvelse 8.1. Find alle løsninger.

Eksempel 8.2. Løs HJ-ligningen for bevægelse i én dimension for en partikel påvirkes af en kraft, der er konstant i både rum og tid.

Løsning
HJ-ligningen i 1D:

$$H(q,p) + \frac{\partial S}{\partial t} = 0, \qquad p = \frac{\partial S}{\partial q}, \qquad H\left(q, \frac{\partial S}{\partial q}\right) + \frac{\partial S}{\partial t} = 0.$$

(a) For partikel i 1D har ikke-relativistisk, med kraftkonstant i rum og tid:

$$F = -\frac{\partial V}{\partial q} = \alpha \quad \rightarrow \quad V = -\alpha q,$$

og for den kinetiske energi har vi det sædvanlige:

$$T = \frac{1}{2}m\dot{q}^2.$$

Lagrangian er således:

$$L = T - V = \frac{1}{2}m\dot{q}^2 + \alpha q.$$

For nu at konstruere Hamiltonian, først momentum:

$$p = \frac{\partial L}{\partial \dot{q}} = m\dot{q},$$

Dermed:

$$H(q,p,t) = \dot{q}p - L = \frac{p^2}{m} - \frac{1}{2}m\left(\frac{p}{m}\right)^2 - \alpha q = \frac{p^2}{2m} - \alpha q.$$

Ved at bruge dette i 1D HJ-ligningen får vi:

154

$$\frac{1}{2m}\left(\frac{\partial S}{\partial q}\right)^2 + \alpha q + \frac{\partial S}{\partial t} = 0.$$

Hvis vi gætter en løsning af formen:

$$S(q,E,t) = w(q,E) - Et \rightarrow \frac{\partial S}{\partial t} + H = 0 \rightarrow H = E.$$

Løsning til funktionen $w(q,E)$:

$$\frac{1}{2m}\left(\frac{\partial w}{\partial q}\right)^2 = E - \alpha q \rightarrow \frac{\partial w}{\partial q} = \sqrt{2m(E - \alpha q)}.$$

Dermed,

$$S = \sqrt{2mE} \int dq \sqrt{1 - \frac{\alpha q}{E}} - Et \rightarrow S$$

$$= \sqrt{2mE} \cdot \frac{2\sqrt{\left(1 - \frac{\alpha q}{E}\right)^3}}{3\left(-\frac{\alpha}{E}\right)} - Et + f(x_0)$$

Øvelse 8.2. Løs HJ-ligningen for bevægelse i én dimension for en partikel påvirkes af en kraft, der er konstant i rummet og stigende lineært i tid.

8.2 Fra Hamilton-Jacobi-ligning til Schrodinger-ligning

Klassisk mekanik har hidtil været ikke-relativistisk og ikke-felt, bortset fra i idealiseret forstand for sidstnævnte. Ydermere, når stof ophobes gravitationelt, forstår vi, at dets sammenbrud på et tidspunkt stoppes af materialekompressionsegenskaber, der i sig selv sporer til elektrodynamiske ikke-kollapsløsninger. Så vores objekter er indtil videre blevet forenklet til deres klassiske ikke-elektrodynamiske adfærd. Når vi forsøger at redegøre for relativitet eller beskrive felter som dynamiske i deres egen ret, støder vi på nye komplikationer (såsom elektrodynamik strålingssammenbrud), og en kvanteteori er angivet. Der er tre hovedformalismer, der forbinder den klassiske teori med en kvanteteori (Schrodinger, Heisenberg og Feynman-Dirac). Der er også den ældre Bohr-Sommerfeld-kvantisering i et tidligere forsøg, der omfatter en semiklassisk løsning i den nuværende teori. Den første, der skal diskuteres, er Schrodinger-bølgeligningsformen for kvantisering, som er direkte relateret til Hamilton-Jacobi-ligningen med passende substitution af operatorer.

Den klassiske Hamilton-Jacobi ligning har differentialet $\partial/\partial q_a$:

$$H\left(q_a, \frac{\partial S}{\partial q_a}, t\right) + \frac{\partial}{\partial t}S(q_a, t) = 0$$

(8-19)

155

I Schrodinger kvanteteorien skifter vi til en bølgefunktionsoperatorformalisme, som begynder med en bølgefunktion af formen:

$$\psi(q_a,t) \propto e^{\frac{i}{\hbar}S(q_a,t)},$$

(8-20)

hvor vi ser handlingen indtræde som en fase i bølgefunktionen. At handle på bølgefunktionen er et operatorudtryk, hvorved p_a det ikke erstattes af $\frac{\partial S}{\partial q_a}$(klassisk udtryk), men med $\frac{\partial}{\partial q_a}$ som en del af et operatorudtryk:

$$H(q_a, p_a, t) + \frac{\partial}{\partial t}S(q_a, t) = 0 \rightarrow \left\{ H\left(q_a, \frac{\partial}{\partial q_a}, t\right) + \frac{\partial}{\partial t}\right\} \exp\frac{i}{\hbar}S(q_a, t)$$
$$= 0$$

(8-21)

sidstnævnte er en form for Schrodingers ligning (yderligere detaljer i [42]). Kvanteligningen for bevægelse, til første orden i $\frac{S}{\hbar}$, genopretter derefter klassisk mekanik, da

$$\left\{ H\left(q_a, \frac{\partial S}{\partial q_a}, t\right) + \frac{\partial S}{\partial t}\right\} \exp\frac{i}{\hbar}S(q_a, t) = 0 \rightarrow H\left(q_a, \frac{\partial S}{\partial q_a}, t\right) + \frac{\partial}{\partial t}S(q_a, t)$$
$$= 0.$$

(8-22)

Semiklassisk fysik beskriver derefter den indledende blanding af anden og højere ordens udtryk, der giver anledning til ikke-klassiske effekter.

For afgrænsede konfigurationer er fulde løsninger til Schrodingers ligninger mulige, såsom for det kritiske hydrogenatom. Når det anvendes på brintatomet, løser kvantefysikken en gåde af klassisk elektrostatik, hvorved brintatomet har stabile bundne tilstande (og ikke blot kollapser).

Eksempel 8.3. Overvej den tidsafhængige Schrodinger-ligning for en enkelt partikel i et potentiale $U(r,t)$. Dette kvantemekaniske problem vil blive studeret indgående i [42], men set i en generel forstand er det nu meget lærerigt med hensyn til det nye "sted", der venter for klassisk mekanik i den større kvantemekaniske verden). Overvej ansatzen, hvor bølgefunktionsløsningen kan skrives:

$$\Psi(r,t) = A(r,t)\exp\left[\frac{i}{\hbar}\theta(r,t)\right],$$

(8-23)

hvor A og θ er reelle og analytiske i $\hbar$. (a) Vis udvidelsen i $\hbar$ afledninger, til laveste orden, til at θ være en løsning på den tilsvarende HJ-ligning (det er den klassiske handling). (b) Vis i næste rækkefølge, $\hbar$ der

156

A^2 opfylder en kontinuitetsligning (dette vil hjælpe med at motivere Born-fortolkningen i [42]).

Løsning

(a) Vi har for den tidsafhængige Schrödinger-ligning:

$$i\hbar\frac{\partial}{\partial t}\Psi(r,t) = \hat{H}\Psi(r,t).$$

For en enkelt partikel i et potentiale har vi:

$$\hat{H} = \frac{\hat{p}^2}{2m} + \hat{U}(r,t) = -\frac{\hbar^2}{2m}\nabla^2 + U(r,t),$$

dermed,

$$i\hbar\frac{\partial}{\partial t}\Psi(r,t) = -\frac{\hbar^2}{2m}\nabla^2\Psi(r,t) + U(r,t)\Psi(r,t).$$

Lad os nu prøve den angivne løsning for at få en ligning i form af $\{\,A,\,\theta\,\}$:

$$i\hbar\frac{\partial A}{\partial t} - A\frac{\partial\theta}{\partial t} = -\frac{\hbar^2}{2m}\nabla^2 A - \frac{i\hbar}{m}\nabla A\nabla\theta + \frac{A}{2m}(\nabla\theta)^2 - \frac{i\hbar}{2m}A\nabla^2\theta + AU.$$

Ved nulte orden i $\hbar$, $\hbar^0$, har vi vilkårene:

$$\frac{\partial\theta}{\partial t} = -\left[\frac{(\nabla\theta)^2}{2m} + U\right].$$

HJ (Hamilton-Jacobi) ligningen for variablen θ er:

$$H(r,\nabla\theta) + \frac{\partial\theta}{\partial t} = 0 \rightarrow \frac{\partial\theta}{\partial t} = -\left[\frac{(\nabla\theta)^2}{2m} + U\right],$$

som netop er nulteordensforholdet.

(b) Ved første ordre i $\hbar$, $\hbar^1$, har vi vilkårene:

$$i\hbar\frac{\partial A}{\partial t} = -\frac{i\hbar}{m}\nabla A\nabla\theta - \frac{i\hbar}{2m}A\nabla^2\theta,$$

gange med A og omgruppere:

$$\frac{\partial A^2}{\partial t} = -\frac{1}{m}\nabla(A^2\nabla\theta) \rightarrow \frac{\partial\rho}{\partial t} = -\nabla\left(\rho\frac{\nabla\theta}{m}\right), where\ \rho = A^2,$$

Således får vi:

$$\frac{\partial\rho}{\partial t} + \nabla\cdot(\rho v) = 0, where\ v = \frac{\nabla\theta}{m},$$

hvor ρ er som en væsketæthed og v er som et strømningshastighedsvektorfelt.

Øvelse 8.3. Hvad afsløres i anden orden i $\hbar$?

8.3 Action-Angle Variables og Bohr/Sommerfeld-Wilson Kvantisering

For det specielle tilfælde af begrænset konservativ bevægelse, der er adskillelig og periodisk, kan vi skifte til det, der er kendt som handlingsvinkelvariablerne. "Aktionsvariablerne" er defineret som integralet af området i faserummet over en periode af bevægelsen for hver frihedsgrad:

$$J_a = \oint p_a dq_a$$

(8-24)

De resulterende J_a er kun afhængige af konstanterne for bevægelsen, her betegnet $\{\alpha_a\}$ og efter notationen af [29]:

$$J_a = J_a(\{\alpha_a\}).$$

(8-25)

Eller, invertering og omdøbning af $\alpha_1 = E$:

$$E = H(\{J_a\}).$$

(8-26)

Yderligere detaljer om udledningen kan findes i [29]. Herfra kan vi bestemme systemets fundamentale frekvenser i form af ovenstående Hamiltonian udtrykt via handlingsvariable:

$$\nu_a = \frac{\partial}{\partial J_a} H(\{J_a\}).$$

(8-27)

I Sommerfeld-Wilson kvantisering blev det foreslået, at handlingsvariablerne skulle kvantiseres med heltalmængder af Planks konstant:

$$J_a = \oint p_a dq_a = nh$$

(8-28)

8.4 Poisson-beslag

Poisson Brackets antager en speciel form, når man arbejder i kanoniske koordinater, og de er defineret i termer af en Hamiltonian uanset, så præsentationen af Poisson Brackets er placeret her af den grund. Lad os i kanoniske koordinater overveje to funktioner $f(q_i, p_i, t)$ og $g(q_i, p_i, t)$, hvor de kanoniske koordinater (på et eller andet faserum) er givet af $\{p_i, q_i\}$ hvor $i = 1..N$. Poisson-parentesfunktionen for disse to funktioner er angivet med $\{f, g\}$ og defineret af:

$$\{f, g\} = \sum_{i=1}^{N} \left(\frac{\partial f}{\partial q_i} \frac{\partial g}{\partial p_i} - \frac{\partial f}{\partial p_i} \frac{\partial g}{\partial q_i} \right).$$

(8-29)

Derfor har vi per definition:

$$\{q_i, q_j\} = 0, \quad \{p_i, p_j\} = 0, \quad and \quad \{q_i, p_j\} = \delta_{ij},$$

(8-30)

hvor Kronecker-deltaet bruges ($\delta_{ij} = 1 \ if \ i = j$ og $\delta_{ij} = 0$ andet).

Ofte undersøger vi tidsudviklingen af en funktion på den symplektiske manifold induceret af én-parameter-familien af symplektomorfismer (kanoniske og områdebevarende diffeomorfier) [37], hvor Poisson-parenteser er bevaret.

Vi vil se Poisson-parenteser igen i [42] om kvantemekanik som generaliserede Poisson-parenteser, der ved kvantisering deformeres til Moyal-parenteser (en generalisering af Lie-algebraen, Poisson-algebraen, forbundet med Poisson-parenteserne). Med hensyn til Hilbert-rum, når vi frem til ikke-nul kvantekommutatorer.

Kapitel 9. Perturbationsteori, Dimensionsanalyse, og fænomenologi

9.1 Hamiltonsk forstyrrelsesteori

I perturbationsteorien betragter vi en kendt løsning eller et kendt system (typisk en Hamiltoniansk beskrivelse med dens konstanter for bevægelsen tydeliggjort), og vi betragter en lille "perturbation" til dette system. Vi laver derefter en forstyrrelsesudvidelse for vores løsning ved at løse på forskellige ordrer separat på, hvad der er simplere differentialproblemer (se Appendiks A. for nogle diskussioner og eksempler på almindelige differentialligningsforstyrrelsesløsningsmetoder generelt).

Eksempel 9.1. Perturbationsteori, der involverer en fuld Hamiltonianer.
Lad os nu overveje forstyrrelsesteori, der involverer en fuld Hamiltonianer $H(q, p, t)$, en enklere Hamiltonianer med kendte løsninger $H_0(q, p, t)$, og forstyrrelsesdelen $\Delta H(q, p, t)$, hvor $\Delta H \ll H_0$:

$$H(q, p, t) = H_0(q, p, t) + \Delta H(q, p, t).$$

(9-1)

Vi udvider alle variabler til forskellige rækkefølger i en forstyrrelsesparameter (vises i ΔH).

Overvej eksemplet med fri bevægelse med fjedergenoprettelseskraft set som forstyrrelse. I dette tilfælde kender vi den fulde løsning uden nogen forstyrrelsesteori, så vi kan se, hvordan vores resultat klarer sig. Så, for H_0 vi har $H_0 = p^2/2m$ og for forstyrrelse lad os bruge løsningsformen for fjederpotentialet i kanoniske koordinater: $\Delta H = (m\omega^2/2)x^2$. Vi kan derefter evaluere Hamilton-ligningerne for at få det sædvanlige resultat:

$$\dot{x} = \frac{p}{m} \quad ; \quad \dot{p} = -m\omega^2 x$$

(9-2)

(uden nogen tilnærmelse). Behandlet som en forstyrrelse, lad os betragte ω^2 som forstyrrelsesparameteren, så vi har $\dot{p}_0 = 0$ og i nulte orden $\dot{x}_0 = p_0/m$. Dermed

$$p^{(0)} = p_0 = const. \quad ; \quad x^{(0)} = x_0 = \left(\frac{p_0}{m}\right)t,$$

(9-3)

hvor vi vælger starttilstand $x(t = 0) = 0$. Nu får vi ved første ordre:

$$\dot{p}^{(1)} = -m\omega^2 x^{(0)} = -\omega^2 p_0 t \quad \rightarrow \quad p^{(1)}(t) = p_0 - \frac{1}{2}\omega^2 p_0 t^2$$

161

og

$$\dot{x}^{(1)} = \frac{p^{(1)}}{m} = \frac{p_0}{m} - \frac{1}{2m}\omega^2 p_0 t^2 \quad \to \quad x^{(1)}(t) = \frac{p_0}{m}t - \frac{1}{6m}\omega^2 p_0 t^3.$$

$$(9\text{-}5)$$

Hvis vi nu sammenligner med den kendte fulde løsning:

$$p(t) = p_0 \cos\omega t \quad ; \quad x(t) = \frac{p_0}{m\omega}\sin\omega t,$$

$$(9\text{-}6)$$

gennem første ordre kan vi se nøjagtig aftale.

Hvis der er en tidsafhængig forstyrrelse, så skifter man ofte fra en Hamilton-formulering til Hamilton-Jacobi-formuleringen [37]. Betragt $H = H_0 + \Delta H$ opsætningen som før, men nu har vi den tilføjede information at have opnået den primære funktion S, der er den genererende funktion for den kanoniske transformation fra $\{q, p\} \to \{\alpha, \beta\}$ sådan, at:

$$H_0\left(q, \frac{\partial S}{\partial q}, t\right) + \frac{\partial}{\partial t}S(q, \alpha, t) = 0.$$

$$(9\text{-}7)$$

I forhold til er H_0 variablerne $\{\alpha, \beta\}$ kanoniske og dermed konstanter. I forhold til H vil de ikke være konstanter, men vil stadig blive valgt som vores kanoniske variable (lad $\{P = \alpha, Q = \beta\}$):

$$P = \alpha(q, p) \quad ; \quad Q = \beta(q, p).$$

$$(9\text{-}8)$$

Omstøbning til standard HJ-form for forstyrret Hamiltonian H med den tidsafhængige forstyrrelse:

$$H(\alpha, \beta, t) = H_0(\alpha, \beta, t) + \Delta H(\alpha, \beta, t) + \frac{\partial S}{\partial t} = \Delta H(\alpha, \beta, t),$$

$$(9\text{-}9)$$

og siden $\dot{Q} = \frac{\partial H}{\partial P}$ og $\dot{P} = -\frac{\partial H}{\partial Q}$ vi får de nøjagtige relationer:

$$\dot{\alpha} = -\frac{\partial \Delta H}{\partial \beta} \quad ; \quad \dot{\beta} = \frac{\partial \Delta H}{\partial \alpha}.$$

$$(9\text{-}10)$$

Præcise løsninger er ofte ikke mulige, så vi laver perturbationsudvidelser som hidtil. Her $\{\alpha, \beta\}$ bruges de værdier, der er opnået ved nulteorden, til beregning af førsteorden, som før:

$$\dot{\alpha}^{(1)} = -\frac{\partial \Delta H}{\partial \beta}, \quad \alpha = \alpha^{(0)} \ , \quad \beta = \beta^{(0)},$$

$$(9\text{-}11)$$

og tilsvarende for $\dot{\beta}^{(1)}$, og gentages derefter i højere orden efter behov.

Øvelse 9.1. Anvend HJ-perturbationstilgangen på det tidligere betragtede fjedersystem og genindhent resultatet i HJ-formalismen.

9.2 Dimensionsanalyse

Fysik har dimensionelle størrelser, i modsætning til den hidtil anvendte differentielle matematik (selvom man kan indføre matematiske elementer, der kan fungere som dimensionelle størrelser). Dimensionsløse mængder kan grupperes i produkter, der er dimensionsløse. For eksempel giver Stefan-Boltzmann-loven (beskrevet i [42,45]) en sammenhæng mellem strålingsenergi E i et hulrum, med volumen V, med vægge ved temperatur T:

$$\frac{E}{V} = \frac{8\pi^5}{15}\frac{k_B^4 T^4}{c^3 h^3}.$$

(9-12)

Fysik matematiske formler skal have konsistens på dimensionaliteten af termer.

Eksempel 9.2. En marmor, der ruller i en cirkulær bane

Overvej en marmor, der ruller i en cirkulær bane inde i en omvendt kegle (se [62] for flere sådanne eksempler), med halvvinkel (fra lodret) lig med θ. Variablerne for systemet er så omløbsperiode τ, masse m, kredsløbsradius R, tyngdeacceleration g og det førnævnte θ. Lad os lave et dimensionsløst produkt:

$$\tau^\alpha m^\beta R^\gamma g^\delta = [T]^\alpha [M]^\beta [L]^\gamma [LT^{-2}]^\delta = T^{\alpha-2\delta} M^\beta L^{\gamma+\delta},$$

(9-13)

hvilket er dimensionsløst hvis $\alpha - 2\delta = 0$ og $\beta = 0$ og $\gamma + \delta = 0$, eller forenklet får vi:

$$\beta = 0 \text{ og } \gamma = -\delta = -\alpha/2.$$

Vi har således forholdet:

$$\tau = \sqrt{\frac{R}{g}} f(\theta).$$

(9-14)

Med en meget større indsats viser en detaljeret analyse, at $f(\theta) = 2\pi\sqrt{\tan\theta}$.

Øvelse 9.2. Vis det $f(\theta) = 2\pi\sqrt{\tan\theta}$.

En mere generel formulering af den partielle løsning, der er mulig ved dimensionsanalyse, er givet af Buckingham- Πsætningen [62].

163

9.2.1 Buckingham- Πsætning

1. Hvis en ligning er dimensionelt homogen, kan den reduceres til et forhold mellem et komplet sæt af uafhængige dimensionsløse produkter [63]
2. Antallet af komplette og uafhængige dimensionsløse produkter N_P er lig med antallet af dimensionsløse variabler (og konstanter) N_V minus antallet af dimensioner, N_D der er nødvendige for at udtrykke formlerne: $N_P = N_V - N_D$.

Afklaring af ovenstående metoder vises bedst med nogle få eksempler.

Eksempel 9.3. Pendulet dimensionsanalyse.

For et pendul med periode τ, masse m, armlængde l, acceleration på grund af tyngdekraften g:
$$\tau^\alpha m^\beta l^\gamma g^\delta = [T]^\alpha [M]^\beta [L]^\gamma [LT^{-2}]^\delta = T^{\alpha-2\delta} M^\beta L^{\gamma+\delta},$$
som har den samme løsning som før (men uden θ), således har vi:

$$\tau = C \sqrt{\frac{l}{g}},$$

hvor C er en konstant.

Øvelse 9.3.
Gentag for vandret fjederbevægelse på friktionsfri overflade, den ene ende fastgjort, den anden med en ikke-ubetydelig masse.

Eksempel 9.4. Nuclear Blast Analysis af GI Taylor [33]

Dette er et berømt eksempel, hvor udbyttet (energien) af en atomeksplosion blev bestemt ud fra en sekvens af højhastighedsfotografier, der blev offentliggjort i en avis (med de nødvendige tidsstempler, der viser spredningen af eksplosionen). Lad R betegne radius af en ekspanderende eksplosionsbølge, lad tiden fra eksplosion være t, lad den frigivne energi være E, og lad den (initielle) atmosfæriske tæthed være ρ.

Øvelse 9.4.
Vis det $E = k\rho R^5 / t^2$ for en eller anden (dimensionsløs) konstant k.

Eksempel 9.5.
Overvej Hamiltonianeren:
$$H = \frac{1}{2}\left(P_x^2 + P_y^2\right) + 2x^3 + xy^2$$

For hvilket Hamiltons ligninger giver:
$$\dot{x} = P_x; \quad \dot{y} = P_y; \quad \dot{P}_x = -(6x^2 + y^2); \quad \dot{P}_y = -(2xy).$$

Vi har vores første bevarede mængde Energien, $E = H$og med henvisning til Energidimensionaliteten, lad os konstruere en tabel med udtryk:

Semester	Bestil i E
x, y	1/3
P_x, P_y	½
$\dfrac{d}{dt}$	1/6
H	1

Vi ønsker en anden bevaret mængde W, som $\dot{W}$kan konstrueres ud fra ($x, y, P_x, P_y, \dot{x}, \dot{y}, \dot{P}_x, \dot{P}_y$) for at give nul i overensstemmelse med formen af "byggeklodserne" ovenfor. Da de $\dot{P}_x, \dot{P}_y$er det eneste sted, hvor termer er koblet, skal de være i W. Da de $\dot{P}_x, \dot{P}_y$er af orden 2/3, skal vi have $\dot{W}$af orden ≥2/3. Skal også Wvære en nøjagtig differential (som med H).

Case 1: betragtes $\dot{W}$som ordre 2/3, dette betyder at:
$$\dot{W} = \alpha\dot{P}_x + \beta\,\dot{P}_y + ax^2 + bxy + cy^2,$$
hvor koefficienterne alle er konstanter, vi kan vælge. Dette udtryk er dog ikke en nøjagtig differential for ethvert valg af konstanter, så dette tilfælde virker ikke.

Case 2: betragtes $\dot{W}$som ordre 5/6, dette betyder at:
$$\dot{W} = \alpha x P_x + \beta y P_x + \gamma y P_y + \delta x P_y + ax\dot{x} + bx\dot{y} + cy\dot{x} + dy\dot{y}.$$
Dette udtryk er heller ikke en nøjagtig differential, så denne sag virker ikke.

Case 3: betragter $\dot{W}$som ordre 6/6, ... har udtryk som $x\dot{P}_x$, og igen, ingen løsning.

Case 4: betragtes $\dot{W}$som ordre 7/6, dette virker, men det genvinder den første bevarede mængde, selve Hamiltonianeren.

Case 5: betragter $\dot{W}$som ordre 8/6, ... har udtryk som $x^2\dot{P}_x$, og igen, ingen løsning.

Case 6: betragtes $\dot{W}$som ordre 9/6, ... dette virker. Den generelle form er nu:

165

$$\dot{W} \propto E^{3/2} \quad \rightarrow \quad W \propto E^{4/3}$$

Det generelle udtryk for W er nu:
$$W = a_1 x^4 + a_2 x^3 y + a_3 x^2 y^2 + a_4 xy^3 + a_5 y^4$$
$$+ b_1 x P_x^2 + b_2 x P_x P_y + b_3 x P_y^2 + b_4 y P_x^2 + b_5 y P_x P_y + b_6 y P_y^2$$

Det generelle udtryk for $\dot{W}$ er således:
$$\dot{W} = x^3 P_x (4a_1 - 12b_1) + \cdots,$$
hvor de konstante koefficienter for hvert led hver for sig er lig med nul. Der er således 12 ligninger for de 11 angivne ukendte. Når vi løser, finder vi, at:

$$W = x^2 y^2 + \frac{1}{4} y^4 - x P_y^2 + y P_x P_y.$$

9.2.2 Dimensionsanalyse viser 22 unikke dimensionelle størrelser [62]
Hvis vi starter med sættet af 6 grundlæggende dimensionelle konstanter, $\{G, \varepsilon_0, c, e, m_e, h\}$, finder vi, at der er 22 unikke dimensionsmæssige grupperinger [62] og 2 dimensionsløse grupperinger (Eddington-Dirac-tallet og finstrukturkonstanten). I [45] vil vi igen finde 22 fundamentale, dimensionsfulde parametre, der er angivet.

Øvelse 9.5. Identificer de 22 dimensionsfulde grupperinger.

9.3 Fænomenologi
Når du ikke har en grundlæggende teori, men stadig ønsker at etablere en videnskabelig model baseret på nogle empiriske data for et eller andet fænomen, så er det, du etablerer, en fænomenologisk model. En fænomenologisk model er ikke baseret på nogle første principper. Grundlæggende teorier starter ofte som fænomenologiske modeller, indtil de er bedre forstået. Feynman beskriver for eksempel i sine beskrivelser af fysisk lov [64] opdagelsesprocessen for fysisk lov som oplyst gætværk. Termodynamik ses ofte som en fænomenologisk teori, der har lånt fysisk lov fra andre steder (såsom bevarelse af energi). Dels af denne grund, og i afventning af andre udviklinger af teorien, er diskussionen af fænomenologi i termodynamiske og statistiske mekaniske sammenhænge først afsluttet [44].

Nogle af de sværeste problemer i moderne teoretisk fysik er blevet behandlet i form af fænomenologiske modeller (partikelfysik, kondenseret stoffysik, plasmafysik). Hvis alt andet fejler, så prøv fænomenologi. Et berømt eksempel på dette fra filmen "Dark Star" har at gøre med deaktivering af en " termostellar " bombe, der ved et uheld er blevet aktiveret (det er den semi-lastbilformede genstand vist i figur 8.1). Bomben styres af en AI, og besætningen har vurderet, at deres bedste chance for at deaktivere bomben er at "lære den fænomenologi", så den kan se det store billede og indse, at den ikke behøver at eksplodere, hvis den ikke vil til..... Desværre, efter at have revurderet med større perspektiv, beslutter AI'en, at det er gud, siger "Lad der være lys," og eksploderer. Sådan fungerer tingene normalt også i fysik, men det må vente endnu en dag og endnu en bog (se den kommende [40] for beskrivelse af elektromagnetisme).

Figur 9.1 Besætningsmedlem vist underviser i bombens AI-fænomenologi, fra filmen "Dark Star".

Kapitel 10. Ekstra øvelser

Øvelse 10.1.

Overvej en kollision af to identiske systemer, der hver består af to punktmasser m forbundet med en fjeder med konstant k. Før kollisionen er hver fjeder "afslappet" eller ukomprimeret. Før kollisionen bevæger det ene system sig med hastighed v mod det andet langs fjedrenes linje, og det andet system er i ro. De partikler, der kolliderer, klæber sammen og danner et 3-partikelsystem som vist på "efter"-billedet. Hvis kollisionstiden er kort i forhold til $\sqrt{\frac{m}{k}}$, $find$

(a) Hastigheden af hver af de tre sidste partikler umiddelbart efter kollisionen.

(b) Partiklens position yderst til højre som funktion af tiden t efter kollisionen

Øvelse 10.2.

To partikler af henholdsvis masser m_1, m_2 og positioner $\vec{r}_1$, $\vec{r}_2$ interagerer med potentiel energi $U(r)$, hvor r $= \left| \vec{r}_1 - \vec{r}_2 \right|$.

(a) Skriv Lagrangian L af dette system.

(b) Definer den relative koordinat $\vec{r} = \vec{r}_1 - \vec{r}_2$ og

massecentrumkoordinaten $\vec{R} = \frac{\left(m_1 \vec{r}_1 + m_2 \vec{r}_2 \right)}{(m_1 + m_2)}$. Udtryk Lagrangian L i form af disse generaliserede koordinater. Vis, at $L = L_R + L_r$, hvor L_R er den del af Lagrangian, der indeholder koordinaten, $\vec{R}$ og L_r er den del, der indeholder koordinaten. $\vec{r}$. Skriv L_r i form af Lagrangian af en enkelt partikel med koordinat $\vec{r}$ og masse m. Angiv udtrykket for denne "reducerede masse m i form af m_1 og m_2.

(c) I resten af problemet skal du overveje bevægelsen af partiklen beskrevet af Lagrangian L_r
(*the subscript r on L will be dropped for brevity*).Vælg cylindriske koordinater med z-aksen pegende i retningen af vinkelmomentet, $\vec{l} = \vec{r} \times \vec{p}$ hvor $P_i = \partial L / \partial \dot{r}_i$. Skriv Lagrangian i cynlindriske koordinater (r, ϕ, z).

169

(d) Vis nu, at vinkelmomentet er bevaret. Da $\underset{l}{\rightarrow}$den er bevaret, kan partiklen antages at bevæge sig i planet. $z = 0$.Dette forenkler Lagrangian.

(e) Vis, at der som et resultat af Lagranges ligninger er en bevaret energi E, og giv den eksplicit i form af r, ϕ og deres tidsafledte. Skriv udtrykket for den bevarede vinkel

(f) Fra udtrykket for Eudtrykke $t$som en integreret funktion af $r$og konstanterne af bevægelse Eog l.

(g) Tilsvarende udtrykkes ϕsom en integreret funktion af r, E, og$l$.

Øvelse 10.3.

En partikel, hvis massen m bevæger sig i et kraftfelt af formen

$$\underset{F}{\rightarrow} - \left(-\frac{a}{r^2} + \frac{b}{r^{\frac{3}{2}}} \right) \hat{r}$$

Hvor a og b er positive konstanter.

(a) For hvilket radielområde er cirkulære baner mulige?

(b) For hvilket radielområde er cirkulære baner stabile?

(c) Find frekvensen af små svingninger omkring en cirkulær bane

med radius r $= \frac{a^2}{4b^2}$

Øvelse 10.4.

(a) Vis, at en isoleret partikel med endelig hvilemasse m ikke kan henfalde til en enkelt partikel med nul hvilemasse.

(b) Kan en enkelt partikel med nul hvilemasse henfalde til n partikler, der alle har nul hvilemasse og positiv energi? Hvis ja, giv et eksempel. Hvis ikke, bevis, at det er umuligt for alle n > 1

Øvelse 10.5.

En stang med længde, a og masse, m, er ophængt i en masseløs streng med længden a/3. Anskaf normaltilstandsfrekvenserne (egenfrekvenser) for små forskydninger fra dette systems stabile ligevægtsposition.

Øvelse 10.6.

Betragt den tværgående bevægelse (dvs. bevægelse vinkelret på strengen) af de to masser, M og m, fastgjort på en masseløs ledning af længde 4a. hele systemet ligger på et friktionsfrit bord.

Øvelse 10.7.

En cylinder (med masse M_1. Radius R og højde h) hviler på en masseløs skive og roterer omkring en fast akse i midten af skiven (skiveradius -D). ved skivens rin er fastgjort en punktmasse M_2. Der er friktion mellem cylinder og skive. Lat D – 2R og M_1-2 M_2. Den dimensionsløse kinetiske friktionskoefficient er c, og tyngdeaccelerationen er g. cylinderens begyndelsesvinkelhastighed (ω_1^0)er fire gange skivens (ω_2^0), dvs. ω_1^0-4 ω_2^0. Kun i form af R, M_1, σog g, find

(A) Den tid, der kræves for, at systemet når en stabil tilstand.
(B) Den endelige vinkelhastighed for skiven og cylinderen.

Øvelse 10.8.

En streng med længden L er fikseret i begge ender, har totalmasse M og strækkes under spænding T. På tidspunktet t = 0 slås strengen af en hammer med bredden d i position x = a (se diagram) i en sådan en måde at sætte strengen til at vibrere med startbetingelser.

$$y(x, t = 0) = 0 \text{ alle } x$$
$$\dot{y}(x, 0) = 0 \qquad 0 \leq x \leq a - \frac{d}{2}$$
$$\dot{y}(x, 0) = v_0 \text{en } -\frac{d}{2} \leq x \leq a + \frac{d}{2}$$
$$\dot{y}(x, 0) = 0 \text{et } +\frac{d}{2} \leq x \leq L$$

(a) Find et udtryk for den (tidsafhængige) kinetiske energi af n^{th} strengens normale vibrationsmåde i $\hat{y}$retningen. (Der er ingen langsgående vibration). Udtryk bølgens hastighed og frekvens i form af konstanterne givet i opgaven.
(b) Find en position x = a og bredden d af hammeren, som vil maksimere energien i vibrationstilstanden n = 3.

Øvelse 10.9.

En partikel er tvunget til at bevæge sig på cykloiden:
$$x = a\cos^{-1}\left(\frac{a-y}{a}\right) + \sqrt{2ay - y^2} \ (0 \leq y \leq 2a)$$
Under påvirkning af tyngdekraften (y-aksen peger opad).
(i) Skriv Lagrangian for dette system.

171

(ii) Få Euler-ligning(er).

(iii) Antag at partiklen starter fra et punkt $y = y_0$ med nul begyndelseshastighed: vis at den tid det tager at nå bunden af kurven (y = 0) er uafhængig af y_0.

$$\left[You\ may\ need\ the\ integral\ \int \frac{du}{\sqrt{u-u^2}} = sin^{-1}(2u-1)u < 1\right]$$

Øvelse 10.10.

(a) I forfaldet

$A + p + \pi^-$

Hvad er pionens energi, målt i hvilerammen af A'et?

(*Find E_π in terms of the rest masses m_Δ, m_p, m_π*).

(b) En neutron med energi på 939 x 10^{10}MeV rejser hen over en galakse, hvis diameter er 10^5lysår. Hvis halveringstiden for en neutron er 640 s.. skal du vædde på, at neutronen vil henfalde, før den krydser galaksen? (Begrund dit svar.)

$m_n = 939\ MeV$ $1\ year = \pi\ x\ 10^7\ 5.$

Øvelse 10.11.

Metrikken, der beskriver en sfærisk skal af stof med radius R, kan skrives

$$ds^2 = -\left(1 - \frac{2M}{r}\right)dt^2 + \left(1 - \frac{2M}{r}\right)^{-1} dr^2$$
$$+r^2(d\theta^2 + sin^2\theta d\phi^2).\ outside$$
$$ds^2 = -dt^{-2} + dr^{-2} + r^{-2}(d\theta^2 + sin^2\theta d\phi^2).\ inside.$$

a) Find funktioner $\bar{t}(r,t), \bar{r}(r,t)$ nær r= R, for hvilke metrikken er kontinuert ved r =R.

b) En neutrino, der udsendes af en henfaldende neutron i midten af skallen ($\bar{r} = 0$).Har energi E målt af en observatør i hvile ved $\bar{r} = 0$. Hvad er dens energi, når den når uendeligt (r >> R), målt af en observatør ved uendelig? (Det passerer gennem skallen uden interaktion.)

Øvelse 10.12.

En partikel med massen m og ladningen e bevæger sig i et magnetfelt, $\vec{B}= b(x^2 + y^2)\hat{k}$, hvor b er en konstant.

(a) Find et vektorpotentiale for $\vec{B}_A$ af formen $\vec{A} = f(x^2 + y^2)\,\vec{\phi}$,

hvor $\vec{\phi} = x\hat{j} - y\hat{i}$.

(b) Find Hamiltonian for partiklen ved at bruge denne $\vec{A}$.

(c) Vis, at det $\vec{p} * \vec{\phi}$ er en konstant af bevægelsen ved at verificere,

at Poisson-beslaget $\left[\vec{p} * \vec{\phi}, H\right]_{PB}$ forsvinder.

(d) Find en anden bevaret mængde end H og $\vec{p} * \vec{\phi}$.

Øvelse 10.13.

Overvej følgende tre måder, hvorpå du kan starte med en y-strålefoton med energi 3 Mev og ende med en bevægelig elektron. Beregn den numeriske værdi af den maksimale kinetiske energi, som en elektron kunne have i hvert tilfælde.

(a) Fotoelektrisk effekt

(b) Elektronparproduktion

(c) Compton-spredning (Afled ethvert udtryk, du bruger til Compton-spredning.)

$H = 6.63 \times 10^{-34} J \times s$

$= 4.136 \times 10^{-15} eV \times s$

Hvis du har brug for flere data, som du ikke kender, skal du lave et skøn (af rimelig størrelse, hvis det er muligt) og bruge denne værdi til din beregning. Vær eksplicit om det skøn, du bruger.

Øvelse 10.14.

En relativistisk kollision finder sted langs en ret linje mellem en partikel af hvilemasse m_0 og en anden af hvilemasse nm_0. De klæber sammen efter sammenstødet, og har en kombineret hvilemasse på M_0, som forlader med hastighed v. før sammenstødet, m_0 er i ro og den anden partikel nærmer sig med hastighed u. hvis vi ringer

$$Y = \frac{1}{\sqrt{1 - \dfrac{u^2}{c^2}}}$$

Find derefter

A) V som funktion af u og y. Og

B) $\dfrac{M_0}{m_0}$ som funktion af u og y.

Øvelse 10.15.

I Eddington-Finkelstein koordinerer metrikken for et Schwarzschild sort hul

$$ds^2 = -\left(1 - \frac{2M}{r}\right) dv^2 + 2\, dvdr + r^2\{d\theta^2 + sin^2\theta d\phi^2\}.$$

(a) vis, at tilfældet M=0 er fladt rum ved at finde et diagram (koordinatsystem)

$\underset{t,\ r,}{\rightarrow\ \rightarrow}\ \theta, \phi$ som metrikken (1) har formen til

$$ds^2 = -dt^{-2} + dr^{-2} + r^{-2}(d\theta^2 + sin^2\theta d\phi^2)\ (M = 0).$$

(b) Lad r(v) være en radial tidslignende kurve, hvis begyndelsespunkt ligger inden for horisonten r(0) < 2M. vis at r(v) < r(0) når v > 0 (dvs. kurven kan ikke komme ud af horisonten).

(c) En lommelygte og en observatør, begge på $\theta = \phi = 0$aksen, er ved faste radier $r = r_f$og $r = r_o$. Lommelygten udsender lys af bølgelængde λ(målt i dens ramme). Hvilken bølgelængde måler observatøren?

(d) Vis, at v = konstante overflader er nul,$g^{ab\nabla} a^{\nu\nabla} b^{\nu} = 0$

Øvelse 10.16.

En partikel med ladning 2 q bevæger sig i det elektromagnetiske felt af en fast partikel, der bærer både en elektrisk ladning Q og en magnetisk ladning b: den faste partikels magnetfelt er

$$B = \frac{b \vec{r}}{r^3}$$

Bevis at vektoren

$$\underset{L}{\rightarrow} - \frac{qb}{c} \frac{\vec{r}}{r}$$

Er en bevægelseskonstant for partiklen q, hvor $\underset{L}{\rightarrow}$er det orbitale vinkelmoment.

Øvelse 10.17.

I det viste dobbeltpendul er punktmasser 3m og m forbundet med vægtløse stænger af længde $l$med hinanden og til et støttepunkt. Masserne kan frit svinge i et lodret plan. På tidspunktet$t = d, \theta = 0, \frac{d\theta}{dt} = 0, \phi = \phi_0 \ll 1\ and\ \frac{d\phi}{dt} = 0$.
Find$\theta(t)\ and\ \phi(t)$.

Kapitel 11. Serie Outlook

De klassiske formuleringer af punktpartikelbevægelse er blevet beskrevet: ved hjælp af differentialligninger (Newtons 1. og 2. ^{lov}); brug af en variationsfunktionsformulering til at vælge differentialligningen (lagrangsk variation); anvendelse af en variationsfunktionel formulering (Action formulering) til at vælge variationsfunktionsformuleringen. Også beskrevet var de to domæner for bevægelse i mange systemer: ikke-kaotisk; og kaotisk.

Ud fra den lagrangske variationsformulering af 'handling' for partikelbevægelse vil vi i sidste ende definere den vejintegrale funktionelle variationsformulering, der involverer den samme lagrange for at nå frem til en kvantebeskrivelse for den ikke-relativistiske kvantepartikelbevægelse (beskrevet i detaljer i bog 4 [42] , og relativistisk i Bog 5 [43]). Fra kvantebeskrivelsen når vi frem til udbredelsesformalismen til beskrivelse af dynamikker (denne findes også i den klassiske formulering, men bruges typisk ikke meget i den sammenhæng). Komplekse propagatorer vil så vise sig at have bånd til statistisk mekanik og termodynamiske egenskaber (bog 6 [44]). Forbindelserne til statistisk mekanik understreges yderligere, når man er på "kanten af kaos", men med kredsløbsbevægelsen stadig begrænset. Dette kan være forbundet med et ligevægts- og martingalregime, hvis eksistens så kan bruges i begyndelsen af bog 6 [44] statistisk mekanik og termodynamiske afledninger med eksistensen af ligevægt etableret i begyndelsen. Eksistensen af de velkendte entropimål er allerede angivet i neuromanifoldbeskrivelsen (Bog 3 [41]), og sammen med ligevægte er Bog 6 termodynamiske beskrivelse i stand til at begynde med et veletableret grundlag, som ikke hævdes af fiat, snarere hævdet som et direkte resultat af, hvad der allerede er blevet bestemt i teorien/eksperimentet beskrevet i de foregående bøger i serien.

Når man går fra en teori om punktpartikler til en teori om felter, er der ikke megen diskussion i kernefysikbøgerne om felter i generel forstand, det springer som regel direkte til hovedrelevansen, Elektromagnetisme (EM). Hvis den er avanceret, kan den også dække General Relativity (GR), som med [92]. I de næste to bøger i serien vil vi dække disse emner, men vi vil også dække grundlæggende felter i 1, 2 og 3D (inklusive væskedynamik), såvel som 4D Lorentzianske feltformuleringer (til speciel relativitet), målefeltet formulering (således Yang Mills dækket i en klassisk sammenhæng), og GR geometriske og gauge formuleringer. Dette etablerer grundlaget for standardkræfterne, og ved kvantisering (bog 4 og 5 i serien) lægges grundlaget for standard renormaliserbare kræfter (alle undtagen gravitation).

I bog 2 fokuseres der på klassisk feltteori i en fast geometri, det vigtigste fysiske eksempel er EM. I denne indstilling optræder alfa f.eks. i beskrivelsen af et elektron-positron-par: $F = e^2/(4\pi\varepsilon a^2)$ for elektron-positron-afstand 'a' fra hinanden, hvor alfa vises som koblingskonstanten. Senere, i kvantemekanikken, både moderne og i den tidlige Bohr-model, har vi, at alfa = $[e^2/(4\pi\varepsilon)]/(c\hbar)$. Forekomsten af alfa i situationerne forekommer i bundne systemer. Hvis vi på den anden side undersøger EM-interaktioner, der er ubundne, såsom med Lorentz Force $F = q(E \times v)$, opstår der her ingen alfa-parameter, og heller ikke med den tidlige kvantemekaniske analyse af sådanne systemer, såsom med Compton-spredning. Således ser vi en tidlig rolle for alfa, men kun i bundne systemer, altså kun i systemer med (konvergent) forstyrrende udvidelser i systemvariable.

I bog 3, klassisk feltteori med *dynamisk* geometri, altså GR, ser vi slet ikke alfa. I stedet ser vi mangfoldige konstruktioner og matematikken i differentialgeometri (og til en vis grad differentiel topologi og algebraisk topologi). Mangfoldige konstruktioner er beskrevet i den matematiske baggrund givet i bog 3 og appendiks. En applikation inden for neuromanifolds (se [24]) viser, at ækvivalenten til en geodætisk sti i denne indstilling er evolution, der involverer minimale relative entropitrin. I lighed med beskrivelsen af et lokalt fladt rum-tid vil vi finde en beskrivelse af 'entropi', der stiger/udvikler i henhold til minimum relativ entropi.

bilag

A. En synopsis af almindelige differentialligninger

Denne synopsis er på niveau med Caltechs kandidatkursus i anvendt matematik AMa101 ca. 1985, hvor den anvendte hovedtekst var af Bender & Orszag [39]. Mange problemer blev tildelt, og der findes komplette løsninger til mange af disse problemer. Indirekte er løsninger på flere problemer præsenteret i [39] således også inkluderet i det følgende. Kernematerialet om differentialligninger og bearbejdede eksempler er udvalgt for hurtigt at oplyse om den fantastiske kompleksitet, der er mulig, og for at tydeliggøre standardløsningsmetoder.

Denne synopsis indeholder en introduktion til almindelige differentialligninger; lokal ordinær differentialligningsanalyse (en undersøgelse af entalspunkter); ikke-lineære almindelige differentialligninger; Perturbation Methods (herunder WKB teori); og Sturm-Liouville-teorien. De to sidstnævnte emner er mest relevante for problemer inden for kvantemekanik, så de er placeret som et appendiks til bog 4 om kvantemekanik.

A.1 Introduktion til almindelige differentialligninger

Definer en n. ordens ordinær differentialligning til at være:

$$\frac{d^n y}{dx^n} = F\left(x, y, \frac{dy}{dx}, \ldots, \frac{d^{n-1}y}{dx^{n-1}}\right) \rightarrow y^{(n)} = F\left(x, y, y^{(1)}, \ldots, y^{(n-1)}\right),$$

$$(A\text{-}1)$$

og der er den alternative notation $y' = y^{(1)}; y'' = y^{(2)}$; osv. også. Hvis F er lineær i $y, y^{(1)}, \ldots, y^{(n-1)}$, så er den almindelige differentialligning en lineær almindelig differentialligning [39]. Løsningen af en n. ordens lineær ordinær differentialligning er en funktion af n integrationskonstanter. Hvis F er ikke-lineær, er der stadig n integrationskonstanter, men der kan være yderligere løsninger, som ikke kan konstrueres ved at vælge konstanterne. Lineære ordinære differentialligninger er ofte skrevet i "operatornotation":

$$\mathcal{L}\, y(x) = f(x),$$

$$(A\text{-}2)$$

hvor $\mathcal{L}$ er differentialoperatoren:

$$\mathcal{L} = p_o(x) + p_1(x)\frac{d}{dx} + \cdots + p_{n-1}(x)\frac{d^{n-1}}{dx^{n-1}} + \frac{d^n}{dx^n}.$$

Hvis $f(x) = 0$, så er den homogen, ellers er den ikke-homogen (med homogene opløsninger plus særlige løsninger). Vi har et initial value problem (IVP), hvis vi kender $y, y^{(1)}, \ldots, y^{(n-1)}$ til en (initial) værdi $x = x_0$: $y(x_0) = a_0$, $y'(x_0) = a_1, \ldots, y^{(n-1)}(x_0) = a_{n-1}$, for hvilken der er en generel løsning $y(x) = \sum_{j=1}^{n} c_j y_j(x)$, hvor de c_j er vilkårlige integrationskonstanter og $\{ y_j \}$ er et sæt lineært uafhængige løsninger. For at afgøre, om vores sæt af løsninger er virkelig uafhængige, skal vi evaluere deres Wronskian [39]. Wronskian opstår også naturligt i at henvende sig til IVP, så det vil blive overvejet næste gang. Bemærk, i modsætning til IVP'er, for et grænseværdiproblem (BVP) stiller vi værdier (og/eller afledte) på mere end ét punkt. Dette er nødvendigvis en global løsningskontekst, ikke lokal, og dermed mere kompliceret.

For at vise eksistensen og unikheden for IVP'er $y^{(n)} = F(x, y, y^{(1)}, \ldots, y^{(n-1)})$ kan vi altid konvertere n. ordens ligning til et system af n første ordens ligninger:

$$\frac{dy_i}{dx} = f_i(y_1, y_2, \ldots, y_n, x), \quad i = 1..n, \quad where \quad y_i = \frac{d^{i-1}}{dx^{i-1}} y(x).$$

(A-4)

Dette er ofte skrevet i vektornotation:

$$\vec{Y} = \begin{pmatrix} y_1(x) \\ \ldots \\ y_n(x) \end{pmatrix}, \qquad \vec{F} = \vec{F}(\vec{Y}, x) = \begin{pmatrix} f_1(x) \\ \ldots \\ f_n(x) \end{pmatrix}, \qquad \frac{d\vec{Y}}{dx}$$

$$= \vec{F}(\vec{Y}, x), \quad with\ IVP: \vec{Y}(x = x_0) = \vec{Y_0}$$

(A-5)

For at løse dette bruger vi en rekursiv tilnærmelse (Picard iteration), der starter med integralformen:

$$\vec{Y}(x) = \vec{Y_0} + \int_0^x F(Y, t)dt .$$

(A-6)

Hvis vi antager $x_0 = 0$ uden tab af generelitet (wlog .), skriver vi:

$$\vec{Y_0}(x) = \vec{Y_0}; \quad \vec{Y_1}(x) = \vec{Y_0} = + \int_0^x \vec{F}(\vec{Y}, t)dt; \quad \ldots..; \quad \vec{Y}_{n+1}(x)$$

$$= \vec{Y} + \int_0^x \vec{F}(\vec{Y_n}, t)dt .$$

(A-7)

Konvergens af sekvensen afhænger af $\vec{F}$. Lad os vise, at iterationen konvergerer i et eller andet område af $x = 0$. Først. lad os vise, at det $\vec{F}$opfylder en Lipschitz-betingelse:

$$\left\| \vec{F}(\overrightarrow{Y_1}, x) - \vec{F}(\overrightarrow{Y_2}, x) \right\| \le K \left\| \overrightarrow{Y_1} - \overrightarrow{Y_2} \right\|,$$

(A-8)

for alle $\| \vec{Y} - \overrightarrow{Y_0} \| \le a$og alle $X: \|x\| \le b$. Hvis du arbejder med rene tal (eller 1-dimension), skal du kun have $\|x\| = |x|$, og , $|x - y| \ge 0$med lighed, når x=y. Har også $|x - y| = |y - x|$(symmetri) og $|x - z| \le |x - y| + |y - z|$(trekant ulighed). For vektorer: $\|\vec{x} - \vec{y}\| = |\sqrt{(\vec{x} - \vec{y}) \cdot (\vec{x} - \vec{y})}|$, og vi har stadig symmetri og trekantens ulighed. Vi kræver også, at det $\vec{F}$er afgrænset:

$$\vec{F}(\vec{Y}, x) \le M.$$

Hvis disse betingelser er opfyldt, konvergerer Picard-iterationen. For at demonstrere, overvej:

$$\overrightarrow{Y_n}(x) = \overrightarrow{Y_0} + \int_0^x \vec{F}(\overrightarrow{Y_{n-1}}, t)dt \quad and \quad \overrightarrow{Y_{n+1}}(x) = \overrightarrow{Y_0} + \int_0^x \vec{F}(\overrightarrow{Y_n}, t)dt.$$

Så har vi:

$$\overrightarrow{Y_{n+1}} - \overrightarrow{Y_n} = \int_0^x \left[\vec{F}(\overrightarrow{Y_n}, t) - \vec{F}(\overrightarrow{Y_{n-1}}, t)\right]dt$$

$$\left\| \overrightarrow{Y_{n+1}} - \overrightarrow{Y_n} \right\| \le \int_0^x \left\| \vec{F}(\overrightarrow{Y_n}, t) - \vec{F}(\overrightarrow{Y_{n-1}}, t) \right\|dt \le K \int_0^x \left\| \overrightarrow{Y_n} - \overrightarrow{Y_{n-1}} \right\|dt.$$

For at evaluere RHS skal du overveje:

$$\left\| \overrightarrow{Y_2} - \overrightarrow{Y_1} \right\| \le K \int_0^x \|Y_1 - Y_0\|dt \le K \int_0^x dt \int_0^t du \|F(Y_0, u)\|$$

$$\le KM \int_0^x dt \int_0^t du.$$

Ved hjælp af induktion kan det vises, at:

$$\left\| \overrightarrow{Y_{n+1}} - \overrightarrow{Y_n} \right\| \le \frac{MK^n x^{n+1}}{(n + 1)!}.$$

Hvis vi så skriver:

$$\overrightarrow{Y_n}(x) = \overrightarrow{Y_0} + (\overrightarrow{Y_1} - \overrightarrow{Y_2}) + (\overrightarrow{Y_2} - \overrightarrow{Y_3})\cdots,$$

179

så, hvis normrækken konvergerer, så $\overrightarrow{Y_n}$ vil den konvergere (den har sandsynligvis negerende faktorer):

$$\left\|\overrightarrow{Y_n}\right\| \leq \left\|\overrightarrow{Y_0}\right\| + \sum_{m=0}^{\infty} \frac{MK^m x^{m+1}}{(m+1)!} = \left\|\overrightarrow{Y_0}\right\| + \frac{M}{K}(e^{kx} - 1).$$

(A-9)

Vi har således en betingelse om løsningen, som er tilstrækkelig, men ikke nødvendig. Vi er nødt til at vise unikhed for at fuldende den generelle løsning. Vi viser unikhed ved modeksempel, start med:

$$\vec{X} = \overrightarrow{X_0} + \int_0^x F(x,t)dt \quad and \quad \vec{Y} = \overrightarrow{Y_0} + \int_0^x F(y,t)dt,$$

(A-10)

derefter

$$\left\|\vec{X} - \vec{Y}\right\| \leq \int_0^x \left\|F(\vec{X},t) - F(\vec{Y},t)\right\| dt \leq K \int_0^x \left\|\vec{X} - \vec{Y}\right\| dt$$

$$\leq K^2 \int_0^x dt \int_0^1 du \left\|\vec{X} - \vec{Y}\right\|,$$

dermed

$$\left\|\vec{X} - \vec{Y}\right\| \leq \frac{K^{n+1}}{(n+1)!} \int_0^x (x-t)^n \left\|\vec{X} - \vec{Y}\right\| dt.$$

(A-11)

Når n går til det uendelige, går RHS til nul, og det ser vi $\left\|\vec{X} - \vec{Y}\right\| = 0$, og ved Lipschitz-tilstanden har vi $\vec{X} = \vec{Y}$ f.eks. unikhed. Vi ser således, at en (unik) løsning generelt er mulig. Rent praktisk, hvad er denne generelle løsning?

Generel homogen opløsning (efter notation af [39])
Overveje:

$$\mathcal{L}\, y(x) = 0$$

(A-12)

Som det er normalt med almindelige differentialligninger, lad os overveje en løsning, der involverer et eksponentielt led: e^{rx}. ved at erstatte dette som en prøvefunktion i operatorligningen får vi:

$$\mathcal{L}\, e^{rx} = e^{rx}\, P(r),$$

(A-13)

hvor $P(r)$ er et polynomium af n. orden:

180

$$P(r) = r^n + \sum_{j=0}^{n-1} p_j r^j \, .$$

(A-14)

Løsningerne svarer til nullerne af $P(r)$, $r_1, r_2, \ldots$, dvs.

$$y = e^{r_1 x}, e^{r_2 x}, \ldots$$

(A-15)

Den eneste komplikation opstår, hvis der er gentagne nuller. Antag at den første rod er m-fold, så har vi en løsning på formen:

$$\mathcal{L} \, e^{rx} = e^{rx}(r - r_1)^m \, Q(r),$$

(A-16)

hvor Q er et polynomium af grad $n - m$. En lineær kombination af alle løsningerne udgør så en generel løsning.

Generel uhomogen løsning
Overvej den inhomogene ligning,

$$\mathcal{L} \, y(x) = f(x).$$

(A-17)

En teknik til at finde en specifik løsning er kendt som variation af parametre, som fungerer bedst, hvis du har en uafhængig løsning (ikke-nul Wronskian) (se [39]). Nogle eksempler, der involverer denne teknik, vil blive udforsket. I denne hurtige synopsis går vi videre til at overveje Greens funktionsmetoder til at løse den inhomogene ligning. Til dette gør vi brug af delta-funktioner. Til det følgende vil vi definere deltafunktionen som:

$$\delta(x - a) = \begin{cases} 0 & x \neq a \\ \infty & x = a \end{cases},$$

(A-18)

sådan at:

$$\int_{-\infty}^{\infty} \delta(x - a)dx = 1 \quad and \quad \int_{-\infty}^{\infty} \delta(x - a)f(a)dx = f(x) \, .$$

(A-19)

Hvis vi integrerer halvvejs, får vi den klassiske Heaviside Step-funktion (med trin ved x=a):

$$\int_{-\infty}^{\infty} \delta(x - a)dx = h(x - a).$$

(A-20)

Den Grønnes funktionsmetode er så at få den særlige løsning til

181

$$\mathcal{L}\, G(x,a) = \delta(x - a),$$

(A-21)

hvor løsningen til den generelle inhomogene ligning så trivielt følger af:

$$y_p(x) = \int\limits_{-\infty}^{\infty} da\, f(a)G(x,a).$$

(A-22)

Lad os i det følgende specialisere os til en andenordens differentialligning (trivial 2x2 Wronskian). I så fald når vi frem til formularen:

$$\frac{d^2}{dx^2}G(x,a) + p(x)\frac{d}{dx}G(x,a) + p_0(x)G = \delta(x - a).$$

(A-23)

Nu skal L:HS matche singulariteten af deltafunktionen på RHS. En argumentation, der $d^2G/dx^2 \sim \delta(x - a)$(så G skal være mindre ental end $\delta(x - a)$)Ligeledes må vi dG/dxikke have mere ental end en trinfunktion, f.eks $dG/dx \sim h(x - a)$. . I overensstemmelse med dette er, at G ikke må være mere variant end en rampefunktion (nul indtil rampe) starter ved x=a), som vil blive betegnet med 'r': $G \sim r(x - a)$. Dette er alt, hvad vi behøver at vide for at nå frem til en generel formulering af løsningen. Tricket er nu at analysere den almindelige differentialligning ved at integrere fra $a - \varepsilon$til $a + \varepsilon$og lade $\varepsilon \to 0$:

$$\int\limits_{a-\varepsilon}^{a+\varepsilon} \frac{d^2G}{dx^2}dx + \int\limits_{a-\varepsilon}^{a+\varepsilon} p\frac{dG}{dx}dx + \int\limits_{a-\varepsilon}^{a+\varepsilon} Gp_0\, dx = \int\limits_{a-\varepsilon}^{a+\varepsilon} \delta(x - a) = 1.$$

Dermed,

$$\left.\frac{dG}{dx}\right|_{a+\varepsilon} - \left.\frac{dG}{dx}\right|_{a-\varepsilon} = 1.$$

(A-24)

Ved at arbejde med to (uafhængige) homogene løsninger, $y_1(x)$og $y_2(x)$vi ved, at vi kan udtrykke den inhomogene løsning på hver side af singulariteten i den 'homogene' form for den side. Lad os skrive den grønnes funktion på denne måde:

$$G(x,a) = \begin{cases} A_1y_1(x) + A_2y_2(x) & x < a \\ B_1y_1(x) + B_2y_2(x) & x \geq a \end{cases}$$

(A-25)

Da G er kontinuert ved x=a, har vi:

$$A_1y_1(a) + A_2y_2(a) = B_1y_1(a) + B_2y_2(a)$$
$$B_1y_1'(a) + B_2y_2'(a) - A_1y_1{'}(a) - A_2y_2{'}(a) = 1$$

I matrixnotation:

$$\begin{bmatrix} y_1(a) & y_2(a) \\ y_1{'}(a) & y_2{'}(a) \end{bmatrix} \begin{bmatrix} B_1 - A_1 \\ B_2 - A_2 \end{bmatrix} = \begin{bmatrix} 0 \\ 1 \end{bmatrix},$$

182

som kan løses ved

$$B_1 - A_1 = \frac{-y_2(a)}{W(y_1(a), y_2(a))}$$

$$B_2 - A_2 = \frac{y_1(a)}{W(y_1(a), y_2(a))}$$

hvor W er Wronskian, som er

$$W = det \begin{bmatrix} y_1(a) & y_2(a) \\ y_1'(a) & y_2'(a) \end{bmatrix}.$$

Ved at bruge dette,

$$y(x) = \int_{-\infty}^{\infty} G(x, a)f(a)da$$

er hele løsningen, hvis $y(x)$ den opfylder $\mathcal{L}y(x) = f(x)$ og $y(x)$ opfylder de angivne BC'er eller initialværdier. Lad os overveje et simpelt eksempel:

$$y'' = f(x) \quad with \quad \begin{matrix} y(0) = 0 \\ y'(1) = 0 \end{matrix}$$

Vi får $W = \begin{bmatrix} 1 & x \\ 0 & 1 \end{bmatrix} = 1$, og

$$B_1 - A_1 = -a$$
$$B_1 - A_1 = \ 1$$

Dermed,

$$G(x, a) = \begin{cases} A_1y_1(x) + A_2y_2(x) & x < a \\ B_1y_1(x) + B_2y_2(x) & x \geq a \end{cases} = \begin{cases} A_1 + A_2x & x < a \\ B_1 + B_2x & x \geq a \end{cases},$$

$$(A\text{-}26)$$

hvorfra vi bestemmer:

$$A_1 = 0 \quad B_1 = -a$$
$$B_2 = 0 \quad A_2 = -1 \ .$$

Dermed,

$$G = \begin{cases} -x & x < a \\ -a & x \geq a \end{cases}.$$

Løsning for $y(x)$:

$$y(x) = \int_0^1 da \ G(x, a)f(a) = \int_0^a da \ (-x)f(a) + \int_a^1 da \ (-a)f(a)$$

$$(A\text{-}27)$$

Ikke-lineære ordinære differentialligninger (se [65] for mange eksempler)

For vores første ikke-lineære almindelige differentialligning, lad os overveje Bernoullis ligning:

$$y'(x) = a(x)y + b(x)y^p .$$

(A-28)

Lad os prøve at løse ved at erstatte $u(x) = y(x)^{1-p}$, hvor:

$$\frac{du}{dx} = (1-p)y^{-p}\frac{dy}{dx} .$$

(A-29)

Vi får således:

$$\frac{du}{dx} = [a(x)y^{-p} + b(x)](1-p),$$

(A-30)

som er en førsteordens almindelig differentialligning og dermed direkte opløselig.

Hvis vi arbejder med den samme førsteordensform, undtagen nu med kvadratisk i y, får vi Riccati-ligningen. En simpel transformation viser, at den generelle Riccati-ligning relaterer sig til den generelle (lineære) andenordens differentialligning. Således har vi allerede ramt en begrænsning i at opnå generelle løsninger selv for den tilsyneladende 'simple' Riccati-ligning. Dette skyldes, at der ikke findes en generel løsning til den lineære andenordens differentialligning (derved eksisterer der ikke en generel løsning til Riccati-ligningen). Når det er sagt, lad os prøve at løse følgende Riccati-ligning:

$$y' = y^2 + \frac{y}{x} + x^2.$$

(A-31)

Vi finder en løsning med $y = x$, så lad os overveje en generel løsning af formen: $y = x + u(x)$:

$$u' = \left(2x + \frac{1}{x}\right)u + u^2$$

(A-32)

som er en første ordens ligning, og dermed løsbar.

Nogle andre teknikker, der er værd at nævne, begyndende med operatør 'factoring'. Overveje

$$\frac{d^2y}{dx^2} + p(x)\frac{dy}{dx} + q(x)y = f(x).$$

(A-33)

Det kan vi medregne som

$$\left(\frac{d}{dx} + a(x)\right)\left(\frac{dy}{dx} + b(x)\right)y = f(x).$$

184

De to formularer er enige om $(b + a) = p$ og $b' + ab = q$.

Overvej derefter muligheden for en 'nøjagtig' ligning, f.eks. hvor vi har formen

$$M(x, y) + N(x, y)\frac{dy}{dx} = 0,$$

(A-35)

sådan at

$$M(x, y)dx + N(x, y)dy = dF(x, y) = \left[\frac{\partial F}{\partial x}\right]dx + \left[\frac{\partial F}{\partial y}\right]dy = 0.$$

Testen for at have en nøjagtig form er således

$$\frac{\partial M}{\partial y} = \frac{\partial N}{\partial x}.$$

(A-36)

Overvej dernæst begrebet 'integrationsfaktor'. Denne situation opstår, hvis
$$M(x, y)dx + N(x, y)dy \neq dF(x, y),$$
men ved at gange med en (integrerende) faktor finder vi at:
$$\mu(x, y)M(x, y)dx + \mu(x, y)N(x, y)dy = dF(x, y).$$
Sidstnævnte udtryk er da en nøjagtig form if
$$\frac{\partial(M\mu)}{\partial y} = \frac{\partial(N\mu)}{\partial x}.$$

(A-37)

For ikke-lineære almindelige differentialligninger af højere orden er vigtig forenkling mulig, hvis der findes specifikke former, lad os overveje nogle af dem:

(i) Autonom – en almindelig differentialligning er autonom, hvis den ikke har en eksplicit afhængighed af den afhængige variabel.

(ii) Ligedimensionel – en almindelig differentialligning er ligedimensionel, hvis substitutionen $x \rightarrow ax$ lader ligningen være invariant. En sådan ligning kan trivielt flyttes til autonom form med substitutionen $x = e^t$.

(iii) Skalainvariant – en almindelig differentialligning er skalainvariant, hvis substitutionerne $x \rightarrow ax$ og $y \rightarrow a^p y$ forlader ligningen. En sådan ligning kan trivielt flyttes til ækvidimensionel form (og derfra til autonom) med substitutionen $y = x^p u$. Lad os nu vende os til spørgsmålet om entalspunkter ved løsning af almindelige differentialligninger.

Ovenstående metoder til løsning af almindelige differentialligninger er så robuste, at selv når nøjagtige løsninger ikke kan opnås, kan omtrentlige løsninger generelt opnås lokalt i nærheden af et interessepunkt. Ofte er det alligevel alt, der skal til. Så det eneste, der kan gå galt, er, hvis referencepunktet af interesse ikke er 'almindeligt', dvs. hvis punktet er 'ental'. Lad os nu undersøge denne mulighed.

Enkelte punkter i homogene lineære ligninger
Husk notationen introduceret for den homogene lineære differentialligning:
$$\mathcal{L}\, y(x) = f(x),$$
hvor
$$\mathcal{L} = p_o(x) + p_1(x)\frac{d}{dx} + \cdots + p_{n-1}(x)\frac{d^{n-1}}{dx^{n-1}} + \frac{d^n}{dx^n}.$$
(A-38)

Den generelle teori for analysen af enkeltstående punkter begynder med ovenstående form, når man overvejer komplekse argumenter, ikke kun reelle [39, 65, 66]. De opnåede teoretiske resultater [67] kategoriserer derefter enkeltpunkterne i forhold til koefficientfunktionernes analyticitet (komplekse egenskaber):

Almindelig punkt
Et punkt $x_0$er almindeligt, hvis alle koefficientfunktionerne er analytiske i nærheden af x_0. Fuchs viste i 1866, at alle n lineært uafhængige løsninger til en lineær almindelig differentialligning af [th] orden (opnået fra tidligere analysemetoder) vil være analytiske i nærheden af et almindeligt punkt.

Almindelig Singular Point
Et punkt $x_0$er et regulært entalspunkt, hvis ikke alle koefficientfunktionerne er analytiske, men hvis alle termerne i $\mathcal{L}\, y(x)$er lokalt analytiske (om referencepunktet x_0), dvs. når følgende funktioner er analytiske: $(x - x_0)^n p_o(x)$, $(x - x_0)^{n-1}p_1(x)$, ... , $(x - x_0)p_{n-1}(x)$. Bemærk, at en løsning kan være analytisk, $x_0$selvom $x_0$den er et regulært entalspunkt. Hvis den ikke er analytisk ved et regulært singulærpunkt, skal en løsning enten involvere en pol eller et algebraisk eller logaritmisk forgreningspunkt. Følgelig viste Fuchs, at der altid er én løsning af formen (følgende notation af [39]:
$$y = (x - x_0)^\alpha A(x),$$
(A-39)

186

hvor α er kendt som indiciel eksponent og $A(x)$ er en funktionsanalytisk i det regulære entalspunkt x_0. Hvis rækkefølgen er anden eller større, findes der en anden løsning i en af to mulige former:

$$y = (x - x_0)^\beta B(x),$$

(A-40)

eller

$$y = (x - x_0)^\beta B(x) + (x - x_0)^\alpha A(x) \ln(x - x_0).$$

(A-41)

Når man går til højere end anden orden, har yderligere løsninger enestående adfærd, når det er værst, af formen:

$$y = (x - x_0)^\delta \sum_{i=0}^{n-1} [\ln(x - x_0)]^i A_i(x),$$

(A-42)

hvor alle funktioner A_i er analytiske. Således kan regulære entalspunkter håndteres i en omfattende teori ligesom almindelige punkter.

Uregelmæssig ental punkt

Et punkt x_0 er et uregelmæssigt entalspunkt, hvis det ikke er regelmæssigt eller almindeligt. Der er ingen omfattende teori at bruge til at løse, hvis et uregelmæssigt ental punkt. Fra Fuchs ved vi, at hvis et komplet sæt af løsninger alle havde de former, der er angivet i det foregående afsnit, så skal punktet være regelmæssigt. omvendt, hvis vi har et uregelmæssigt singular punkt, så vil mindst en af løsningerne ikke have formerne angivet ovenfor. Typisk har løsningerne alle væsentlige singulariteter (ikke analytiske) ved referencepunktet, x_0 hvor det irregulære singularpunkt (ISP) eksisterer.

Eksempel A.1.

$$x^2 y'' - x(x + 1)y' + y = 0$$

vi ser, at det $x_0 = 0$ er uregelmæssigt, prøv:

$$y(x) = \sum_{n=0}^{\infty} \frac{a_n}{x^{n+\alpha}}.$$

Så har:

$$y'(x) = -\sum_{n=0}^{\infty} (n + \alpha) \frac{a_n}{x^{n+\alpha+1}} \quad and \quad y''(x)$$

$$= \sum_{n=0}^{\infty} (n + \alpha)(n + \alpha + 1) \frac{a_n}{x^{n+\alpha+2}}.$$

187

Dermed

$$a_{n+1} = -(n+1)a_n \quad \rightarrow \quad y(x) = a_0 \sum_{n=0}^{\infty} \frac{(-1)^n n!}{x^n}.$$

Indtil videre er vores ene løsning ikke engang god (den adskiller sig), hvilket indikerer nogle af de problemer, der kan opstå med irregulære singular points (ISP'er). Løsningen antyder dog et svar. Overveje

$$y(x) = x \int_0^{\infty} \frac{e^{-t}}{x+t} dt.$$

Så har vi:

$$x^2 y'' - x(x+1)y' + y$$

$$= \int_0^{\infty} e^{-t} \left[\frac{-2x^2}{(x+t)^2} + \frac{2x^2}{(x+1)^3} - \frac{x^2+x}{x+t} + \frac{x^3+x^2}{(x+t)^2} \right.$$

$$\left. + \frac{x}{x+t} \right] dt = 0,$$

som virker. Når vi arbejder med den angivne løsning, lad os udvide til $x \to \infty$:

$$y(x) = \int_0^{\infty} \frac{e^{-t}}{1+t/x} dt$$

lad $t = xS$at få:

$$y(x) = \int_0^{\infty} \frac{e^{-xs}}{1+S} ds \approx \sum_{n=0}^{\infty} \frac{(-1)^n n!}{x^n}.$$

Lad os nu overveje den eksponentielle adfærd nær internetudbyderen for følgende:

$$y'' - (x^2+1)y = 0$$

hvor internetudbyderen er på $x_0 = \infty$. Vi har til løsninger

$$y_1(x) = e^{x^2/2} \quad and \quad y_2(x) = e^{x^2/2} \, erfc(x) \approx \frac{1}{\sqrt{\pi}} \frac{1}{x} e^{\frac{x^2}{2}} \text{ as } x \to \infty.$$

Hvis $x_0 \neq \infty$ så typisk adfærd kan være $\exp\left(-\frac{1}{(x-x_0)^2}\right)$. For at bestemme ledende adfærd skriv:

$$y(x) = e^{S(x)}, \quad y' = S' e^{S(x)}, \quad and \quad y'' = [(S')^2 + S'']e^S.$$

Dermed

$$S'' + (S') - (x^2+1) = 0 \quad as \quad x \to \infty.$$

Brug af metoden med ***dominant balance*** :

Bemærk at x^2 bliver stor, hvad balancerer det?

(i) S'' bliver hurtigere stor end $(S')^2$, og $S'' \gg (S')^2$ as $x \to \infty$.

188

(ii) $S'' \ll (S')^2$ as $x \to \infty$ (altid sandt hos ISP).

(iii)   Alle tre udtryk er i samme rækkefølge (dårlig, metoden kan ikke bruges).

Overvej tilfælde (i): $S'' \approx x^2$ as $x \to \infty$, som giver $S' \approx x^3/3$, men dette er i strid med $S'' \gg (S')^2$ som $x \to \infty$.

Overvej tilfælde (ii): $(S')^2 \approx x^2$ as $x \to \infty$, som giver $S' \approx \pm x$, således $S'' \approx \pm 1$. Siden $S'' \ll (S')^2$ som $x \to \infty$ dette er konsekvent. Vi ser, at det $S \approx \pm x^2/2$ virker. Faktisk $x^2/2$ er + en nøjagtig løsning. For den anden løsning, lad os prøve: $S(x) = -x^2/2 + C(x)$. Dette afføder en separat dominerende balanceanalyse, og vi finder ud af, at det eneste gyldige valg er $C(x) \sim -\ln(x)$, og

$$S \sim -x^2/2 - \ln(x) + \cdots$$

Dermed,

$$y(x) \sim e^{-\frac{1}{2}x^2} \sum_{n=1}^{\infty} a_n x^{-n} = e^{-\frac{1}{2}x^2} F(x)$$

og vi kan fortsætte med den klassiske Frobenius-metode herfra [65]:

$$y'' - (x^2 + 1)y = e^{-\frac{1}{2}x^2}[F'' - 2xF' - 2F] = 0$$

Brug standard serieudvidelse til F:

$$0 \cdot a_1 + 2 \cdot a_2 + \sum_{n=3}^{\infty}[(n-2)(n-1)a_{n-2} + 2(n-1)a_n]x^{-n} = 0$$

Således har vi, at: a_1 er vilkårlig, $a_2 = 0$ og $a_{n+2} = -\frac{n}{2}a_n$. Dermed,

$$a_{2n+1} = \frac{(-1)^n(2n-1)!!}{2^n}a_1$$

$$y(x) \sim e^{-\frac{1}{2}x^2} \sum_{n=0}^{\infty} \frac{(-1)^n(2n-1)!!}{2^n x^{2n+1}} a_1.$$

Lad os overveje, at den systematiske udvidelse betyder et regulært ental punkt, specialiseret til anden orden:

$$\mathcal{L}y = y'' + \frac{p(x)}{x}y' + \frac{q(x)}{x^2}y = 0$$

Antag et regulært entalspunkt ved x=0, og at p(x), q(x) er analytiske omkring x=0. Erstatning

$$y = \sum_{n=0}^{\infty} a_n x^{n+\alpha}.$$

Eksempel A.2.
Løse:

$$y'' + \frac{1}{xy'} - \left(1 + \frac{v^2}{x^2}\right)y = 0.$$

Vi har: $p(x) = 1$, $\quad p_0 = 1$, $\quad q(x) = -x^2 - v^2$, $\quad q_0 = -v^2$.Altså,

På bestilling $x^{\alpha-2}$; $\quad (\alpha(\alpha - 1) + \alpha - v^2)a_0 = 0 \to \alpha^2 - v^2 = 0 \to$
$\alpha = \pm v$. If $v$er et brøktal ($v \neq 0$ and $2v \neq n$) vi får to løsninger, så
gjort, og har:
Ved bestilling $x^{\alpha-1}$: $\quad x^{\alpha-1}[(\alpha + 1)^2 - v^2]a_1 = 0 \to a_1 = 0$
På bestilling $x^{\alpha+n-2}$:$x^{\alpha+n-2}[(\alpha + n)^2 - v^2]a_n = a_{n-2} \to 0 = a_1 =$
$a_3 = a_5 \ldots$
Løsningen er således:

$$y(x) = a_0\Gamma(v + 1)x^v \sum_{n=0}^{\infty} \frac{(x/2)^{2n}}{n!\,\Gamma(n + v + 1)}.$$

Læg mærke til det $a_n = (a_n - 2)/[(-v + n)^2 - v^2]$. Så for $\alpha =$
$-v$nævneren forsvinder, når $n = 2v$. Hvis $v$er halv-integral dvs.
$1/2, 3/2, \ldots$, så $2v$er ulige-heltal. Efter $2v$trin har vi en ny vilkårlig
konstant a_{2v}(det sker for eksempel for Bessel-funktioner), og
rekursionsrelationen genererer derefter to lineært uafhængige løsninger.

Dobbelt root case:$\alpha_1 = \alpha_2$
Overvej Frobenius-formen for den første løsning: $x^\alpha \sum_{n=0}^{\infty} a_n(\alpha)x^n =$
$y(x, \alpha)$. Når der er en dobbeltrod, kan det vises, at en anden løsning
følger af relationen (afledt i [39]):

$$\mathcal{L}\left[\frac{\partial}{\partial \alpha}y(x, \alpha)\bigg|_{\alpha=\alpha_1}\right] = 0.$$

Eksempel A.3. Den modificerede Bessel-funktion for $v = 0$:

$$y'' + \frac{1}{x}y' - y = 0,$$

hvor der er en dobbeltrod ved $\alpha = 0$substitution med Frobenius-formen
ovenfor. Evaluering ved forskellige ordrer:
Vi starter med $a_0$at være en vilkårlig konstant.
Hos $\mathcal{O}(x^{\alpha-1})$vi har $[(\alpha + 1)^2 a_1] = 0 \to a_1 = 0$.
At $\mathcal{O}(x^{\alpha+n-2})$vi har $[(\alpha + n)^2 a_n - a_{n-2}] = 0$, således, for $n \geq 2$vi har
$a_2 = \frac{a_0}{(\alpha+2)^2}$

190

$$a_4 = \frac{a_0}{(\alpha+4)^2(\alpha+2)^2}$$

$$a_4 = \frac{a_0}{(\alpha+6)^2(\alpha+4)^2(\alpha+2)^2}$$

Derfor har vi en løsning (for $\alpha = 0$):

$$I_0(x) = a_0\left[1 + \frac{(x/2)^2}{(1!)^2} + \frac{(x/2)^4}{(2!)^2}\cdots\right] = a_0\sum_{n=0}^{\infty}\frac{(x/2)^{2n}}{(n!)^2}.$$

Den anden løsning er $\frac{\partial}{\partial\alpha}x^\alpha\sum_{n=0}^{\infty}a_n(\alpha)x^n\Big|_{\alpha=0}$. Den anden løsning er så:

$$y(x) = \ln x\, I_0(x) + \sum_{n=0}^{\infty}\frac{\partial}{\partial\alpha}a_n(\alpha)\Big|_{\alpha=0}x^n = \ln x\, I_0(x) + \sum_{n=0}^{\infty}b_n x^n$$

$$= K_0(x).$$

Generelt ser vi, at ulige b_n forsvinder (som med a_n), og for lige n:

$$b_{2n} = \frac{-a_0}{2^{2n}n!}[1 + 1/2 + 1/3 + 1/4 + \cdots 1/n].$$

For yderligere diskussion af de modificerede Bessel-løsninger, forv = heltal, se [39] og de bearbejdede eksempler, der følger.

Brug af dominant balance til at løse inhomogene ligninger
Eksempel A.4.

$$y' + xy = 1/x^4$$

Betragt den asymptotiske adfærd som x→0:

(1) Balance $y' + xy \sim 0$ *asymptotic to zero(authors don'tlike)*
Dette har y asymptotisk til nul, hvilket er inkonsistent med
$y \sim A\exp(-x^2/2) \to 0$.

(2) $xy \sim 1/x^4 \to y \sim 1/x^5$ (hvilket er inkonsekvent).

(3) $y' \sim \frac{1}{x^4} \to y = -\frac{1}{3}x^{-3}$, hvilket er i overensstemmelse med
$xy \sim x^{-2}$.

Så prøv: $y = -\frac{1}{3}x^{-3} + C(x)$, som er afbalanceret hvis $C = -\frac{1}{3}x^{-1}$ for løsningen.

Eksempel A.5. (Inhomogen luftig ligning)

$$y'' = xy - 1$$

hvor vi betragter asymptotikken for $y(x \to +\infty) \to 0$. Dette kan løses ved variation af parametre. Siden anden orden har to uafhængige løsningstyper for homogen luftlig ligning, lad os betegne dem ved:

$$y_1 = Ai(x), \qquad y_2 = Bi(x).$$

Den generelle løsning ved variation af parametre er således

$$y(x) = \pi\left[Ai(x)\int_0^x Bi(t)dt + Bi(x)\int_x^\infty Ai(t)dt\right] + CAi(x)$$

Den asymptotiske adfærd af Ai, Bi er:

$$Ai(x) \sim \frac{1}{2\sqrt{\pi}} x^{-1/4} \exp\left(-\tfrac{2}{3}x^{\frac{3}{2}}\right)$$

$$Bi(x) \sim \frac{1}{\sqrt{\pi}} x^{-1/4} \exp\left(-\tfrac{2}{3}x^{\frac{3}{2}}\right)$$

Dermed,

$$\int_0^x Bi(t)\,dt \sim \int_0^x \frac{1}{\sqrt{\pi}} t^{-1/4} \exp\left(\frac{2}{3}t^{3/2}\right) dt$$

$$= \int_0^x \frac{1}{\sqrt{\pi}} t^{-\frac{1}{4}} t^{-\frac{1}{2}} \frac{d}{dt} \exp\left(\frac{2}{3}t^{3/2}\right) dt$$

$$\int_0^x Bi(t)\,dt \sim \frac{1}{\sqrt{\pi}} x^{-3/4} \exp\left(^2/_3\, x^{3/2}\right) + \cdots$$

$$\int_x^\infty Ai(t)\,dt \sim \int_x^\infty \frac{1}{2\sqrt{\pi}} t^{-1/4} \exp\left(-\frac{2}{3}t^{3/2}\right) dt$$

$$= \frac{1}{2\sqrt{\pi}} x^{-3/4} \exp\left(-\,^2/_3\, x^{3/2}\right) + \cdots$$

Dermed,

$$y(x) = \pi \frac{1}{2\sqrt{\pi}} x^{-1/4} \exp\left(-\frac{2}{3}x^{3/2}\right) \frac{1}{\sqrt{\pi}} x^{-3/4} \exp\left(\frac{2}{3}x^{3/2}\right) +$$

$$\pi \frac{1}{\sqrt{\pi}} x^{-1/4} \exp\left(\frac{2}{3}x^{3/2}\right) \frac{1}{2\sqrt{\pi}} x^{-3/4} \exp\left(-\frac{2}{3}x^{3/2}\right)$$

$$+ C\, Ai(x)$$

hvilket forenkler at være:

$$y(x) \sim \frac{1}{x}.$$

Lad os gentage analysen ved hjælp af dominerende balancemetode:
Overvej $y'' \sim -1 \rightarrow y \sim -x^2/2$, hvilket er inkonsekvent.
Overvej $-xy \sim -1 \rightarrow y \sim \frac{1}{x}$, hvilket er konsekvent, og gjort.

Indtil videre har vi opnået den første ordens adfærd, lad os nu overveje korrektionsudtrykket:

$$y = \frac{1}{x} + C(x) \rightarrow y = -\frac{1}{x^2} + C' \rightarrow y'' = \frac{2}{x^3} + C'', \text{ så ved}$$

substitution har vi:

$$\frac{2}{x^3} + C'' - 1 - xC(x) = -1 \rightarrow C'' - xC \sim -\frac{2}{x^3}$$

En separat dominerende balance på det sidste udtryk afslører overensstemmelse med $C(x) \sim \frac{2}{x^4}$. Vi har således de to første ordrer, lad os skrive den generelle løsning i formen:

$$y(x) \sim \frac{1}{x} \sum_{n=0}^{\infty} a_n x^{-3n} \quad as\ x \rightarrow \infty$$

Formode

$$y(x) = \frac{1}{x} \sum_{n=0}^{\infty} a_n x^{-3n}$$

derefter

$$y'(x) = -\frac{1}{x^2} \sum a_n x^{-3n} + \frac{1}{x} \sum (-3n) a_n x^{-3n-1}$$

$$y''(x) = \frac{2}{x^3} \sum a_n x^{-3n} - \frac{2}{x^2} \sum_{n=0}^{\infty} a_n (-3n) x^{-3n-1} + \frac{1}{x} \sum (-3n) a_n x^{-3n-2}$$

vi har således : $y'' - xy = -1$

$$\sum_{n=0}^{\infty} (2 + 6n + (3n)(3n+1)) a_n x^{-3n-3} - \sum_{n=0}^{\infty} a_n x^{-3n} = -1$$

Koefficientrelationerne er da:

$$a_0 = 1$$

og

$$a_{n+1} = (3n+1)(3n+2) a_n$$

Dermed,

$$y(x) = \frac{1}{x} \sum_{n=0}^{\infty} \frac{(3n)!}{3^n (n!)} \frac{1}{x^{3n}}$$

Eksempel A.6.

Lad os nu overveje et eksempel, hvor balancering kun 2 vilkår mislykkes:

$$y' - \frac{y}{x} = \frac{\cos x}{x^2} \quad want\ behaviour\ as\ x \rightarrow 0^+$$

Prøv at balancere med $y' - y/x \sim 0 \rightarrow y' \sim cx$ (inconsistent).

Prøv at balancere med $-\frac{y}{x} \sim \frac{\cos x}{x^2} \rightarrow y \sim \frac{-\cos x}{x}$ (inconsistent).

Prøv at balancere med $y' \sim \frac{\cos x}{x^2} \rightarrow y \sim -$
$\frac{1}{x}$ (also inconsistent, but close)

Så vi flytter til en tre-term dominerende balance med $\cos x \rightarrow 1$:
$$y' - \frac{y}{x} \sim \frac{1}{x^2} \rightarrow y \sim \frac{C}{x} \rightarrow y \sim -\frac{C}{x^2}$$
hvilket er konsistent for $C = -1/2$.

Ikke-lineære differentialligninger har polpositioner afhængig af startbetingelser (kan ikke findes ved inspektion). Generelt, selvom ligningen er både regulær, og Picard-sætningen garanterer en løsning lokalt, er det stadig svært at vide, hvor den nærmeste singularitet er. Overvej for eksempel:
$$y^1 = \frac{y^2}{1 - xy} \qquad y(0) = 1$$
Erstat med $y = \sum_{n=0}^{\infty} a_n x^n \rightarrow a_n = \frac{(n+1)^{n-1}}{n!}$. VI kan nu evaluere konvergensradius R:
$$R = \lim_{n \to \infty} \left| \frac{a_n}{a_{n+1}} \right| = \lim_{n \to \infty} \left| \frac{n+1}{n+2} \frac{(n+1)^{n-2}}{(n+2)^{n-1}} \right| = \lim_{n \to \infty} \left| \left(1 - \frac{1}{n+2}\right)^n \right| = \frac{1}{e}.$$

Lad os nu overveje en andenordens differentialligning med 'Sturm-Liouville' (SL) form:
$$\frac{d}{dz} p \frac{d\Psi}{dz} + (q + \lambda R) \Psi = 0 \quad with \quad BC's \quad \Psi(a) = \Psi(b)$$
$$= 0 \qquad a < z < b.$$
$$\text{(A-43)}$$

Egenskaber for SL-ligningen:
- Ingen løsninger generelt medmindre $\lambda = \lambda_m$, $\Psi = \Psi_m$
- De λ_m er afrundet nedefra, og det er altid muligt at justere tingene således $\lambda_0 = 0$
- Det λ_m's $\rightarrow +\infty$ as $n \rightarrow \infty$
- $\int_a^b R(z) \Psi_n(z) \Psi_m(z) dz = E_n^2 \delta_{nm}$
- Påstand: Vi kan bruge egenfunktionerne til at tilpasse en vilkårlig funktion i mindste kvadraters forstand:
$$f(z) = \sum_{n=0}^{\infty} A_n \Psi_n(z),$$
$$\text{(A-44)}$$

194

hvor

$$\int_a^b R(z)f(z)\,\Psi_m(z)dz = \sum_{n=0}^{\infty} A_n \int_a^b dz\, R\, \Psi_n\, \Psi_m = A_n E_n^2.$$

(A-45)

Dermed,

$$A_n = \frac{\int_a^b R(z)f(z)\,\Psi_m(z)dz}{E_n^2}\,.$$

(A-46)

Således hævder vi, at det $\sum_{n=0}^{N} A_n\, \Psi_n(z)$er en løsning på problemet med at finde en bly-firkanter, der passer til $f(z)$. For at bevise dette vil vi gerne minimere $I = \int_a^b R(z)dz[f(z) - \sum_{n=0}^{N} A_n\, \Psi_n(z)]^2$:

$$\frac{\partial I}{\partial A_m} = 0 = \int_a^b R(z)dz\left[f(z) - \sum_{n=0}^{N} A_n\, \Psi_n(z)\right]\left[-\sum_{n=0}^{N} \delta_{nm}\, \Psi_n(z)\right].$$

Vi ønsker at vise, at $N \to \infty$ fejlen i mindste kvadraters forstand går til nul. Vi kan vise, at løsning af en Sturm-Liouville svarer til at minimere:

$$\Omega = \int_a^b \left[p(z)\left(\frac{d\Psi}{dz}\right)^2 - q(z)\,\Psi^2\right] dz$$

(A-47)

Underlagt $\int_a^b \Psi^2 R(z)dz = constant$. Antag, at vi vælger en prøvefunktion $\Psi(z)$, som tilfredsstiller BC'erne ved $z = a, b$ og normaliseret således

$$\int_a^b R(z)dz\,\Psi^2(z) = 1$$

Beregn:

$$\Omega(\Psi_0) = \int_a^b \left[p\left(\frac{d\Psi_0}{dZ}\right)^2 - q\,\Psi_0^2\right] dz$$

$$= \left[p\Psi_0\frac{d\Psi_0}{dz}\right]_a^b - \int_a^b \Psi_0\left[\frac{d}{dz}\left(p\frac{d\Psi_0}{dz} + q\,\Psi_0^2\right)\right]$$

Dermed

195

$$\Omega(\Psi_0) = \int_a^b \Psi_0 R \lambda_0 \, \Psi_0 dz = \lambda_0$$

(hvor $\lambda_0$er typisk den laveste egenværdi). På samme måde $\Psi = \sum_{n=0}^N A_n \, \Psi_n(z)$får vi:

$$\Omega(\Psi) = \int_a^b R dz \sum_{n=0}^N A_n \Psi_n \sum_{m=0}^M \lambda_m A_m \, \Psi_m = \sum_{n=0}^N A_n^2 \, \lambda_m E_N^2 \; .$$

(A-48)

For at fuldføre beviset ved hjælp af ovenstående skal vi vise, at mindste kvadraters fejl falder med N, men det er overladt til referencerne [65].

Asymptomatiske bevillinger til SL-egenfunktioner og egenværdier
Husk SL-ligningen:

$$\frac{d}{dz} p \frac{d\Psi}{dz} + (q + \lambda R)\, \Psi = 0$$

(A-49)

Lad os lave en 'inspireret transformation':

$$y = (pR)^{1/4}\, \Psi$$

(A-50)

og definere nye værdier:

$$\varepsilon = \frac{1}{J} \int_a^z \sqrt{\frac{R}{P}} dz \quad and \quad J = \frac{1}{\pi} \int_a^b \sqrt{\frac{R}{P}} dz \; .$$

(A-51)

SL-ligningen bliver derefter løselig i form af Volterra Integral-ligningen:

$$\frac{d^2 y}{d\varepsilon^2} + \left(k^2 + \omega(\varepsilon)\right) y(\varepsilon) = 0,$$

(A-52)

hvor

$$k^2 = J^2 \lambda \quad and \quad \omega = \left[\frac{1}{(pR)^{1/4}} \frac{d^2}{d\varepsilon^2} (pR)^{1/4} - J^2 \frac{q}{R} \right],$$

(A-53)

og vi har $a < z < b$(som før) og $0 < \varepsilon < \pi$. Løsninger kan skrives:

$$y(\varepsilon) = A\sin(k\varepsilon) + B\cos(k\varepsilon) + \frac{1}{k} \int_{\varepsilon_0}^{\varepsilon} \sin(k(\varepsilon - t))\, w(t) y(t) dt.$$

Antag $\Psi(a) = \Psi(b) = 0$, så $k = n$og

$$\Psi_n \sim \frac{1}{(Rp)^{1/4}} \sin(n\varepsilon) \quad and \quad \lambda_n = \left(\frac{n}{J}\right)^2$$

196

Antag, at vi har generelle BC'er $\alpha\Psi + \beta\frac{d\Psi}{dz} = 0$ $at\ z = a, b$, så har vi

$$k_n \sim \frac{J}{\pi n}\left[\frac{\alpha}{\beta}\sqrt{\frac{P}{R}}\right]_a^b$$

(A-54)

Eksempel: Singular SL med $p(a) = 0$ or $p(b) = 0$ $or\ both$sådan som forekommer med Bessel-ligningen:

$$\frac{d}{dz}\left(z\frac{d\Psi}{dz}\right) + \left(\lambda z - \frac{m^2}{z}\right)\Psi = 0,$$

(f.eks. SL-ligningen med $p = z$; $R = z$; og $q = -m^2/z$). Her er det enestående punkt $z = 0$, og vi har:

$$\Psi = \frac{1}{\sqrt{z}}y, \quad J = \frac{1}{\pi}\int_0^b dz = \frac{b}{\pi}, \quad \varepsilon = \frac{\pi z}{b}, \quad k^2 = \frac{b^2\lambda}{\pi^2}$$

at give:

$$\frac{d^2y}{d\varepsilon^2} + \left[k^2 - \frac{(m^2 - 1/4)}{\varepsilon^2}\right]y = 0$$

med løsninger:

$$y(\varepsilon) = \cos(k\varepsilon + \theta) - \frac{1}{k}\int_\varepsilon^\infty \sin(k(\varepsilon - t)y(t)\left(\frac{m^2 - 1/4}{t^2}\right)dt$$

Bessel-funktioner har lokal opførsel af formen
$z^{\pm m}[\,Taylor\ series\ in\ z]\quad and\quad J_n \sim z^n[\sum A_n z^{2n}].$

A.2 Almindelige differentialligninger med Sturm-Liouville-form – asymptotiske tilnærmelser
(Noget af dette materiale blev dækket i Ama101b i foråret 1986.)

Eksempel A.7. Bekræft Abels formel for Wronskian. Altså vis, at hvis

$$\frac{d^n y}{dx^n} + p_{n-1}(x)\frac{d^{(n-1)}y}{dx^{(n-1)}} + \cdots p_0(x)y(x) = 0$$

så opfylder Wronskian W(x).

$$\frac{dW}{dx} = -p_{n-1}(x)W(x).$$

Løsning

197

Når vi tager den afledte af Wronskian, distribuerer vi for at få afledte inde i determinanten på en række-for-række-basis. Dette gør to rækker ens på alle undtagen determinanten med dens afledte i den sidste række. Hvis vi så overvejer, $\frac{dW}{dx} + p_{n-1}(x)W(x)$ ser vi begge udtryk, der bidrager med polynomielle udtryk, der involverer y_n^n og $p_{n-1}y_n^{n-1}$, sådan at omgruppering i en ny determinant er mulig med disse udtryk grupperet i den nye sidste række, som $y_n^n + p_{n-1}y_n^{n-1}$ f.eks. er det sidste element i den sidste række. Da $(y_n^n + p_{n-1}y_n^{n-1}) + \cdots + p_0 y_0 = 0$ der er en klar afhængighed af grupperingen med hensyn til lavere ordens elementer (kan fås fra gruppering af andre rækker), vil denne determinant således være nul, og vi har:

$$\frac{dW}{dx} + p_{n-1}(x)W(x) = 0$$

som ønsket.

Eksempel A.8. Find formlen for den grønnes funktion af en tredje orden i homogen lineær ligning. Generaliser denne formel til n. ^{orden}.

Løsning
Der er tre betingelser:
(i) G er kontinuerlig kl $x = a$.
(ii) dG er kontinuerlig ved $x = a$.
(iii) $d^2 G|_{a^+} - d^2 G|_{a^-} = 1$
Dermed,

$$\begin{bmatrix} y_1(a) & y_2(a) & y_3(a) \\ y_1{}'(a) & y_2{}'(a) & y_3{}'(a) \\ y_1{}''(a) & y_2{}''(a) & y_3{}''(a) \end{bmatrix} \begin{bmatrix} B_1 - A_1 \\ B_2 - A_2 \\ B_3 - A_3 \end{bmatrix} = \begin{bmatrix} 0 \\ 0 \\ 1 \end{bmatrix}$$

Cramers regel:

$$B_1 - A_1 = \frac{y_2(a)y_3{}'(a) - y_3(a)y_2{}'(a)}{\det W[y_1(a), y_2(a), y_3(a)]}, \quad etc.$$

Der kan vælges yderligere tre betingelser for at specificere grænsebetingelserne. For n^{th} rækkefølge lad W_j være W med j^{th} kolonnen erstattet af en kolonnevektor med alle nuller undtagen den sidste række:

$$B_j - A_j = \frac{W_j}{\det W}$$

Eksempel A.9. Find en lukket form løsning til følgende Riccati- ligning:

$$xy' - 2y + ay^2 = bx^4.$$

Løsning

Gæt $y = \sqrt{b/a}x^2$(angivet med dominerende balance på de sidste par vilkår), og test derefter, at det virker, hvilket det gør. Således har vi en Bernoulli-ligning ved at foretage substitutionen

$$y(x) = \sqrt{\frac{b}{a}}x^2 + u(x).$$

Ved at løse standard Bernoulli-ligningen er der den generelle løsning:

$$y(x) = x^2\left(\sqrt{\frac{b}{a}} + \frac{2}{Ce^{\sqrt{ab}\,x^2} - \sqrt{\frac{a}{b}}}\right).$$

Eksempel A.10. Legendre polynomier $P_n(z)$opfylder differensligningen
$$(n+1)P_{n+1}(z) - (2n+1)z\,P_n(z) + n\,P_{n-1}(z) = 0$$
Med$P_0(z) = 1$, $P_1(z) = z$.

a) Definer den genererende funktion $f(x,y)$ved
$$f(x,z) = \sum_{n=0}^{\infty} P_n(z)\,x^n$$
Vis det $f(x,z) = (1 - 2xz + x^2)^{-1/2}$.

b) Hvis $g(x,z) = \sum_{n=0}^{\infty} \frac{P_n(z)x^n}{n!}$vis, $g(x,z) = e^{xz}J_0\left(x\sqrt{1-z^2}\right)$hvor J_0er en Bessel-funktion, der opfylder:$ty'' + y' + ty = 0$ $with$ $y(0) = 1$ and $y'(0) = 0$.

Løsning

(a) $f(x,z) = \sum_{n=0}^{\infty} P_n(z)\,x^n = \sum_{n=0}^{\infty} P_{n+1}(z)\,x^{n+1} + P_0(z)$(hvor $P_0(z) = 1$), mens
$f'(x,z) = \sum_{n=0}^{\infty}(n+1)P_{n+1}(z)\,x^n$og $f''(x,z) = \sum_{n=0}^{\infty}(n+1)(n+2)P_{n+2}(z)\,x^n$. Således, hvis vi forskyder indekseringen, differensligningen ($n \to n+1$), og multiplicerer rekursionsligningen ovenfor $(n+1)x^n$med summering n=0 til ∞:

$$\sum_{n=0}^{\infty}[(n+1)(n+2)P_{n+2}(z)x^n - z(n+1)(2n+3)P_{n+1}(z)x^n$$
$$+ (n+1)^2P_n(z)x^n] = 0$$

bliver til:

$$f''(x,z) + \sum_{n=0}^{\infty} [-z[3(n+1) + 2n(n+1)]P_{n+1}(z)x^n + [n(n-1) + 3n$$
$$+ 1]P_n(z)x^n] = 0$$

som bliver til:
$$f''(x,z) - z[3f'(x,z) + 2xf''(x,z)]$$
$$+ [x^2f''(x,z) + 3xf'(x,z) + f(x,z)] = 0.$$

Dermed,
$$(1 - 2xz + x^2)f'' + (3x - 3z)f' + f = 0.$$

Direkte substitution af $f(x,z) = (1 - 2xz + x^2)^{-1/2}$ viser, at den opfylder ligningen.

(b) Multiplicer den indeksforskudte ligning (som før) med $x^{n+1}/(n+1)!$ med summering n=0 til ∞:
$$\sum_{n=0}^{\infty} \frac{(n+2)P_{n+2}(z)x^{n+1}}{(n+1)!} - \sum_{n+0}^{\infty} \frac{(2n+3)P_{n+1}(z)x^{n+1}}{(n+1)!}$$
$$+ \sum_{n=0}^{\infty} \frac{(n+1)P_n(z)x^{n+1}}{(n+1)!} = 0$$

Træk en 'd/dx' ud foran, derefter en anden gang for det (n+2) indekserede polynomium, gange derefter med 'x' og gør brug af substitutionen $g(x,z) = \sum_{n=0}^{\infty} \frac{P_n(z)x^n}{n!}$:
$$xg'' + (1 - 2zx)g' + (x - z)g = 0.$$

Hvis vi nu erstatter den mulige løsning $g(x,z) = e^{xz}J_0\left(x\sqrt{1-z^2}\right)$, hvor J_0 er bare en funktion på dette tidspunkt (vi vil snart se, at det er den nulte Bessel-funktion), og vi får relationen:
$$x\sqrt{1-z^2}J_0''\left(x\sqrt{1-z^2}\right) + J_0'\left(x\sqrt{1-z^2}\right) + x\sqrt{1-z^2}J_0^{\square}\left(x\sqrt{1-z^2}\right).$$

Hvis vi erstatter $t = x\sqrt{1-z^2}$, så har vi:
$$ty'' + y' + ty = 0,$$
hvor dette er nulte ordens Bessel-ligning med løsning y normalt angivet J_0 som allerede valgt.

Eksempel A.11 .

(a) Bessel-funktionerne $J_n(z)$ opfylder differensligningen
$$J_{n+1}(z) - \frac{2n}{z}J_n(z) + J_{n-1}(z) = 0 \qquad (-\infty < n < \infty)$$

200

med og$J_0(0) = 1$ $J_n(0) = 0$. Definer den genererende funktion $f(x,z)$ ved

$$f(x,z) = \sum_{n=-\infty}^{\infty} x^n J_n(z) \,.$$

Vis det$f(x,z) = exp\left(\frac{z}{2}(x - 1/x)\right)$.

(b) Vis det$J_{-n}(z) = J_n(-z) = (-1)^n J_n(z)$.

(c) Vis det $1 = J_0(z) + 2\sum_{n=1}^{\infty} J_{2n}(z)$.

Løsning

(a) $J_{n+1}(z) - \frac{2n}{z} J_n(z) + J_{n-1}(z) = 0$er omgrupperet ved at bruge $f(x,z) = \sum_{n=-\infty}^{\infty} x^n J_n(z)$som:

$$\left(\frac{1}{x} + x\right)f = \frac{2x}{z}f' \;\rightarrow\; f(x,z) = exp\left(\frac{z}{2}\left(x - \frac{1}{x}\right)\right)$$

(b) Vi vil bruge $ex\,p\left(\frac{z}{2}\left(x - \frac{1}{x}\right)\right) = \sum_{n=-\infty}^{\infty} x^n J_n(z)$:

$$\sum_{n=-\infty}^{\infty} x^n J_{-n}(z) = \sum_{n=-\infty}^{\infty} x^{-n} J_n(z) = \sum_{n=-\infty}^{\infty} x^n (-1)^n J_n(z)$$

$$\rightarrow \quad J_{-n}(z) = (-1)^n J_n(z)$$

Tilsvarende

$$\sum_{n=-\infty}^{\infty} x^n J_{-n}(z) = \sum_{n=-\infty}^{\infty} y^n J_n(z) = exp\left(\frac{z}{2}\left(y - \frac{1}{y}\right)\right)$$

$$= exp\left(\frac{z}{2}\left(\frac{1}{x} - x\right)\right) = \sum_{n=-\infty}^{\infty} x^n J_n(-z),$$

dermed $J_{-n}(z) = J_n(-z)$.

(c)

$$J_0(z) + 2\sum_{n=1}^{\infty} J_{2n}(z) = \sum_{n=-\infty}^{\infty} J_{2n}(z) = \sum_{n=-\infty}^{\infty} x^m J_m(z) \;(with\; m$$

$$= 2n \; and \; x = 1).$$

Dermed,

$$J_0(z) + 2\sum_{n=1}^{\infty} J_{2n}(z) = exp\left(\frac{z}{2}\left(\frac{1}{1} - 1\right)\right) = 1,$$

dermed er resultatet vist.

Eksempel A.12 . Klassificer alle entalspunkter i følgende ligninger
(Undersøg også singulariteten ved uendelig).
(a) $x(1 - x)y'' + [c - (a + b + 1)x]y' - aby = 0$(den
hypergeometriske ligning).
(b) $y'' + (h - 2\theta \cos 2x)y = 0$(Mathieu-ligningen).

Løsning
(en)
$$y'' + \left[\frac{c}{x(1 - x)} - \frac{(a + b + 1)}{1 - x}\right] y' - \frac{ab}{x(1 - x)} y = 0.$$
I nærheden af oprindelsen ser vi, at x=1 er et regulært entalspunkt og x= 0
er et uregelmæssigt entalspunkt. For at undersøge adfærd i det uendelige
lad $x = 1/t$:

$$y'' + \left(\frac{(2 - c)t + (a + b - 1)}{t(t - 1)}\right)y' - \frac{ab}{(t^2(t - 1)} y = 0.$$
I nærheden af t-oprindelsen ser vi, at t=1 er et regulært singulærpunkt
(således er x=1 et regulært singulærpunkt), og t=0 er et uregelmæssigt
singulærpunkt (altså ∞er x= et uregelmæssigt singulærpunkt).

(b) $y'' + (h - 2\theta \cos 2x)y = 0$har ingen singulariteter i nærheden af
oprindelsen. Hvis vi erstatter $x = 1/t$, får vi:
$$y'' + \frac{2}{t}y' + \frac{(h - 2\theta \cos 2/t)}{t^4}y = 0$$

For denne ligning ser vi, at t = 0 er et uregelmæssigt singulært punkt
(oscillerer, når det blæser op), således $x = \infty$ er et uregelmæssigt
singulærpunkt.

Eksempel A.13 . Ved hjælp af Frobenius-metoden bestemmes
serieudvidelsen for de to løsninger af den modificerede Bessel-ligning:
$$y'' + \frac{1}{x}y' - \left(a + \frac{v^2}{x^2}\right)y = 0, \quad with \quad v = 1.$$
Løsning: Efterladt som en øvelse.

Eksempel A.14 . Find den førende asymptotiske adfærd i $x \to +\infty$ den
følgende ligning
$$a) \quad y'' = \sqrt{x}\, y$$

202

$$b)\ y'' = \cosh xy'$$

Løsning

(a) Lad os starte med substitutionen: $y = e^s\ \to\ y' = s'e^s\ \to\ y'' = s''e^s + (s')^2 e^s$. Dermed,

$$s'' + (s')^2 = \sqrt{x}$$

Første tilfælde $s'' \ll (s')^2\ \to\ s' = \pm x^{1/4}$:. Da $s'' = \pm(1/4)x^{-3/4}$ vi ser, at dette stemmer overens med $s'' \ll (s')^2$ som $x \to +\infty$.

Andet tilfælde: $s'' \gg (s')^2\ \to\ s'' = \sqrt{x}\ \to\ s' = (\frac{2}{3})x^{3/2}$, som IKKE stemmer overens med $s'' \gg (s')^2$ som $x \to +\infty$.

Førende asymptotisk adfærd er således $s' = \pm x^{1/4}\ \to\ s(x) = \pm\frac{4}{5}x^{5/4} + c(x)$. En fuld løsning kan opnås ved løsning af c(x):

$$\pm\frac{1}{4}x^{-3/4} + c'' + c'\left(2x^{1/4} + c'\right) = 0.$$

Igen ved at bruge metoden med dominerende balance, lad os prøve $c'' \ll c'\ \to\ c = -(1/8)\ln x$, hvilket er konsekvent. Hvis vi prøver, $c' \ll c''$ er det ikke konsekvent. Vores løsning er således:

$$y(x) = cx^{-1/8}\exp(\pm\frac{4}{5}x^{5/4}).$$

(b) Brug substitutionen: $y = e^s\ \to\ y' = s'e^s\ \to\ y'' = s''e^s + (s')^2 e^s$ som før. Dermed,

$$s'' + (s')^2 = \cosh x\, s'.$$

Antag $(s')^2 \gg s''$, så $s = \sinh x + c$, og som $x \to \infty$ vi har $(\cosh x)^2 \gg \sinh x$, så konsekvent. Hvis vi prøver, $(s')^2 \ll s''$ er resultatet inkonsekvent. Så lad os prøve

$$s = \sinh x + c(x)$$

som giver ved substitution:

$$\sinh x + c'' + (\cosh x + 1)c' = 0.$$

Prøver vi dominerende balance igen, får vi $c(x)\sim -\ln(\cosh x)$ således $s = \sinh x - \ln(\cosh x)$, og:

$$y(x)\sim c\frac{e^{\sinh x}}{\cosh x}.$$

Eksempel A.15 . (Bender og Orszag opgave 3.45). En måde at fastslå den asymptotiske adfærd af visse integraler er at finde differentialligninger, som de opfylder, og derefter udføre en lokal analyse af differentialligninger. Brug denne teknik til at studere adfærden af følgende integraler

a) $y(x) = \int_0^x exp(l^2)\, dt$ as $x \to +1$

b) $y(x) = \int_0^\infty exp\,(-xt - 1/t)\, dt$ as $x \to 0^+$ and as $x \to +\infty$

Løsning
Overladt til læseren.

Eksempel A.16 . Find de tre første led i den lokale adfærd som $x \to \infty$ af en bestemt løsning på

$$x^3\, y'' + y = x^{-4}$$

Løsning
Prøv $y \gg x^3\, y''$ således $y \sim x^{-4}$, hvilket er konsekvent. Så erstatning $y(x) = x^{-4} + c(x)$ for at få:

$$c''x^3 + c = -20x^{-3}.$$

Prøv $c \gg c''x^3$ således $c = -20x^{-3}$, hvilket er konsekvent. Så erstatning $y(x) = x^{-4} - 20x^{-3} + d(x)$:

$$x^3 d'' + d = 240x^{-2}.$$

Prøv $d \gg x^3 d''$ således $d = 240x^{-2}$, hvilket er konsekvent. Så har

$$y(x) = x^{-4} - 20x^{-3} + 240x^{-2} + e(x).$$

Eksempel A.17 . (Bender og Orszag 3.55). Find placeringen af mulige stokes-linje som $z \to \infty$ for følgende differentialligning

$$y'' = z^{1/3}y$$

Løsning:
Lokal adfærd:

$$y(z) \sim cz^{-1/12} exp\,(\pm(6/7)\, z^{7/6}).$$

Ledende adfærd:

$$e^{\left(\frac{6}{7}\right)z^{7/6}} \quad and \quad e^{-\left(\frac{6}{7}\right)z^{7/6}}.$$

Stokes-linjerne er asymptoterne $z \to \infty$ fra kurverne

$$Re\left\{e^{\left(\frac{6}{7}\right)z^{\frac{7}{6}}} - \left(-e^{-\left(\frac{6}{7}\right)z^{\frac{7}{6}}}\right)\right\} = 0 \to \frac{12}{7}Re\left\{z^{\frac{7}{6}}\right\} = 0 \to e^{i\frac{7}{6}\theta} = 0.$$

Således opstår Stokes-linjer for $z = re^{i\theta}$ hvornår $\theta = \pm\frac{3}{7}(2n + 1)\pi$.

204

Eksempel A.18 . Overvej problemet med den oprindelige værdi

$$y' = \frac{y^2}{1 - xy} \quad with \quad y(0) = 1.$$

(a) Vis, at der omkring $x = 0$ er en Taylor-serieløsning af formen:

$$y = \sum_{n=0}^{\infty} A_n x^n$$

hvor $A_n = \frac{(n+1)^{n-1}}{n!}$.

(b) Vis, at løsningen opfylder

$$y(x) = \exp(xy)$$

og at denne ligning kan løses iterativt for y som en grænse for indlejrede eksponentialer

$$y(x) = \lim_{n \to \infty} y_n(x)$$

hvor $y_{n+1}(x) = \exp(xy_n(x))$. Vælg derfor $y_0 = 1$, $y_1 = \exp(x)$, $y_2 = \exp(x \exp(x))$, ... Vis, at grænsen eksisterer, når $-e \leq x \leq 1/e$.

Løsning
(a) tilbage som en øvelse.
(b) tilbage som en øvelse.

Eksempel A.19 . Differentialoperatoren $y' = \cos(\pi xy)$ er for svær at løse analytisk. Hvis løsninger plottes for forskellige værdier af y(0), ses de at samle sig, når x øges. Kan dette forudsiges ved hjælp af asymptotika? Find den mulige førende adfærd for løsninger som $x \to \infty$. Hvad er rettelserne til disse ledende adfærd?

Løsning (delvis):
$y' = \cos(\pi xy)$

Lad $y(x) = \frac{1}{\pi x} u(x)$ da $u' = \frac{u}{x} + \pi x \cos u$. Nu, som $x \to \infty$ vi har $u/x \ll \pi x \cos u$. Dermed:

$$u' \sim \pi x \cos u \quad or \quad \frac{du}{\cos u} \sim \pi x dx$$

Siden $\ln(\sec u + \tan u) \sim \frac{\pi x^2}{2} + c$ vi har

$$\left| 1 + \frac{\sin u}{\cos u} \right| \sim e^{\frac{\pi x^2}{2} + c}.$$

Efter lidt omgruppering ser vi:

$$u \sim \sin^{-1}\left\{\frac{-1 \pm \exp{(\pi x^2 + 2c)}}{1 + \exp{(\pi x^2 + 2c)}}\right\}$$

Dermed:

$$u \sim \left\{\begin{matrix} \sin^{-1}(-1) \\ \sin^{-1}(1) \end{matrix}\right\} \rightarrow \quad u \sim \left\{\begin{matrix} \dfrac{-\pi}{2} + 2k\pi \\ \dfrac{\pi}{2} + 2k\pi \end{matrix}\right\} \quad for \quad k = 0,1,2\dots$$

Resten efterlades som en øvelse.

Eksempel A.20. Foretag substitutionerne $y = e^{x/2}\, u(x)$ for ligningen $y'' = y^2 + e^x$, $s = e^{x/4}$ og få en ligning, hvis løsninger for asymptotisk store x opfører sig som elliptiske funktioner af s. Udled, at singulariteterne af y(x) er adskilt af afstand proportional med $e^{-x/4}$ as $x \rightarrow \infty$.

Løsning

Vi har: $y'' = y^2 + e^x$; $y = e^{x/2}u(x)$; $s = e^{x/4}$. hvorfra vi får

$$y' = e^{x/2}u'(x) + u(x) + \frac{1}{2}e^{x/2}$$

og

$$y'' = e^{x/2}u''(x) + e^{x/2}u'(x) + \frac{1}{4}e^{x/2}u(x)$$

Udskiftning får vi:

$$\frac{d^2u}{ds^2} + \frac{5}{s}\frac{du}{ds} + \frac{4}{s^2}u = 16(u^2 + 1)$$

For $x \rightarrow \infty$, $s \rightarrow \infty$ og vi har cirka:

$$\frac{d^2u}{ds^2} = (u^2 + 1)16.$$

Sidstnævnte er en autonom ligning, som vi løser ved følgende:

$$\left(\frac{d^2u}{ds^2}\right)\frac{du}{ds} = 16[1 + u^2]\frac{du}{ds}$$

og

$$\frac{1}{2}\left[\frac{du}{ds}\right]^2 = 16[u + u^3/3 + c].$$

Dette bliver: $\pm 4s = \int \frac{du}{\sqrt{2u^3/3 + 2u + 2c}}$, som er en elliptisk funktion af s.

Polerne for dette er adskilt af periode T: $s(x + \Delta) - s(x) \approx T \rightarrow$ $e^{(x+\Delta)/4} - e^{x/4} \approx T \rightarrow e^{\Delta/4} \sim Te^{-x/4}$. Således er singulariteterne adskilt af afstand proportional med $e^{-x/4}$ som $x \rightarrow \infty$.

Eksempel A.21 . Vis, at den ledende adfærd af en eksplosiv singularitet af Thomas-Fermi-ligningen $y'' = y^{3/2}x^{-1/2}$er givet af:

$$y(x) \sim \frac{400a}{(x-a)^4} \quad as \ x \to a.$$

Løsning

Arbejde med $y'' = y^{3/2}x^{-1/2}$lad os prøve $y = A(x-a)^b$, i så fald har vi $y' = Ab(x-a)^{b-1}$og $y'' = Ab(b-1)(x-a)^{b-2}$. Ved at erstatte disse får vi:

$$b(b-1)(x-a)^{-\frac{1}{2}b-2} = A^{\frac{1}{2}}x^{-\frac{1}{2}}.$$

For at denne ligning skal balancere asymptotisk $(x-a)^{-\frac{1}{2}b-2}$, skal den således være en konstant

$$-\frac{1}{2}b - 2 = 0 \quad \to \quad b = -4.$$

Afbalancering af konstanterne har vi så A=400a, således har vi til løsning i ledende orden:

$$y(x) \sim \frac{400a}{(x-a)^4} \quad as \ x \to a.$$

B . LIGO Staff ca 1988 (da jeg var på Staff as a Grad. Stud.) var kun ~30 personer.

LIGO STAFF, CALTECH
Bridge Lab

	Room	Phone		Room	Phone
Alex Abramovici	358W	4895	Pat Lyon	130A	4597
		446-4169			
Cynthia Akutagawa	357W	4098	Boude Moore	31A	4438
		714/594-6948			792-6406
Bill Althouse	30A	4481	Fred Raab	354W	4053
		449-6716			249-6242
Midge Althouse	36A	2975	Martin Regehr	360W	2190
		449-6716			568-1910
Fred Asiri	32A	2971	Bob Spero	361W	4437
		957-5058			796-0682
Betty Behnke	102E	2129	Kip Thorne	128A	4598
		446-4828			
Andrej Čadež	359W	4219	Bert Tinker	365W	4610
		446-2668			805/492-5917
Ron Drever	355W	4291	Massimo Tinto	358W	4018
		796-0403			449-2007
Ernie Fransgrote	102E	2131	Steve Vass	365W	4610
		449-5228			355-9780
Yekta Gürsel	358W	2136	Robbie Vogt	101E	3800
		449-9238			794-7823
Jeff Harman	365W	2160	Steve Winters	354W	-
		805/495-2354			584-1931
Greg Hiscott	35A	2974	Mike Zucker	356W	4017
		362-7306			789-4345
Larry Jones	32A	2970			
		805/265-9602			

MISC. PHONE NUMBERS

Bridge Lab	365W	4610	Tony Riewe, JPL 144-201		41864
Roof Machine Shop		4894	Rai Weiss, MIT		617/253-3527
Citgrav Computer		449-6081	Susan Merullo, MIT		617/253-4894
CES Lab Control Room		3980	MIT Lab		617/253-4824
CES Lab Computer		3977			
CES Lab, Louie (North End)		3978			
CES Lab, Huey (East End)		3978			
CES Lab, Dewey (South End)		3979	FAX—MIT LIGO Project		617/258-7839
Conference Room	28A	2965	FAX—Caltech LIGO Project		818/304-9834

10/20/88

C. Dataanalyseprimer
C.1 Fejl tilføjes i Quadrature
Der er den gamle eksperimentelle/statistiske maksime, at *"Fejl tilføjer i Kvadratur"* , som nu er afledt til at være sand (i de fleste tilfælde) og skyldes udbredelsen af usikkerheder. Denne beskrivelse vil også give os en alternativ vej til udledningen af sigmaet for middelresultatet ovenfor. Så overvej situationen, hvor vi måler mængden af interesse indirekte, dvs. vi ønsker at måle 'z', men vi har x,y ,... hvor z =f(x,y ,...). Vi har således den generelle sammenhæng:

$$\Delta z = \frac{\partial f}{\partial x} \Delta x + \frac{\partial f}{\partial y} \Delta y + \cdots,$$

(C-1)

hvorfra vi kan kvadratisk og gennemsnitlig over for at få:

$$\overline{(\Delta z)^2} = \left(\frac{\partial f}{\partial x}\right)^2 \overline{(\Delta x)^2} + \left(\frac{\partial f}{\partial y}\right)^2 \overline{(\Delta y)^2} + 2 \left(\frac{\partial f}{\partial x}\right)\left(\frac{\partial f}{\partial y}\right) \overline{(\Delta x \Delta y)} + \cdots,$$

(C-2)

Ved gennemsnitsberegning vil krydsudtrykkene, der er lineære, have fortegnsannullering. Omskrivning af gennemsnittet af de kvadrerede termer som deres varians (eller std dev squared) notation tydeliggør således:

$$\sigma_z{}^2 = \left(\frac{\partial f}{\partial x}\right)^2 \sigma_x{}^2 + \left(\frac{\partial f}{\partial y}\right)^2 \sigma_y{}^2 + \cdots.$$

(C-3)

Vender tilbage til tilfældet med gentagen måling på iid rv , vi har $f = \bar{x}_N$, og dette er simpelthen:

$$\sigma_z{}^2 = (\sigma_x{}^2 + \sigma_y{}^2 + \cdots)/N^2.$$

(C-4)

og tilføjelsen af fejlled er i kvadratur. Hvis vi bruger fejlen add i kvadraturrelation, kan vi direkte evaluere sigmaet for middelværdien som:

$$\sigma_z = \frac{\sigma}{\sqrt{N}}.$$

(C-5)

C.2 Fordelinger
Lad os nu gennemgå nogle af de nøglefordelinger, der kan resultere. Alle de vigtigste fordelinger af interesse kan opnås fra en maksimal entropi-evaluering [24]. Dette tager Maxwells foreslåede distributionsbaserede statistiske mekanikforening til et nyt niveau (Jaynes [68]), og giver større forståelse for de fordelingsbaserede grundlag for fysiske systemer. Familier af distributioner forstås at definere en manifold (neuromanifold),

211

og dette er diskuteret i [41] og [44]. Nogle distributioner er specielle på andre måder, som det afsløres af deres allestedsnærværende udseende. Især den gaussiske fordeling vil skille sig ud i denne henseende. Den tidligere egenskab, som fejl tilføjer i kvadratur, er forklaringen på dette, da denne egenskab ligger til grund for, hvordan tilføjelse af Gaussisk støjkilder (eller gentagne målinger) vil resultere i en ny total Gaussisk (med Gaussisk støj). Dette viser sig igen at generalisere til, hvor den gentagne måling er med enhver baggrundsfordeling, selv en der ændrer sig, vil give anledning til en total måling, der har en tendens til at være en gaussisk.

Den geometriske fordeling (emergent via maxent)

Her taler vi om sandsynligheden for at se noget efter k forsøg, når sandsynligheden for at se den begivenhed ved hvert forsøg er "p". Antag, at vi ser en hændelse for første gang efter k forsøg, det betyder, at de første (k-1) forsøg var ikke-begivenheder (med sandsynlighed (1-p) for hvert forsøg), og den sidste observation sker derefter med sandsynlighed p, giver anledning til den klassiske formel for den geometriske fordeling:

$$P(X=k) = (1-p)^{(k-1)} s$$

(C-6)

For så vidt angår normalisering, dvs. summerer alle resultater til én, har vi:

$$\text{Samlet sandsynlighed} = \Sigma_{k=1} (1-p)^{(k-1)} p = p[1+(1-p)+(1-p)^2+(1-p)^3 + \ldots] = p[1/(1-(1-p))]=1.$$

Så den samlede sandsynlighed summerer allerede til én uden yderligere normalisering nødvendig. I figur C.1 er en geometrisk fordeling for det tilfælde, hvor p=0,8:

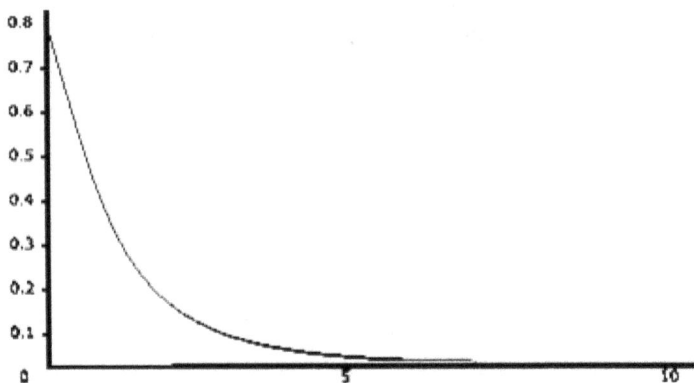

212

Figur C.1 Den geometriske fordeling , $P(X=k) = (1-p)^{(k-1)} p$, med p=0,8 .

Den Gaussiske (alias normal) fordeling (fremkommer via LLN-relation og maxent)

$$N_x (\mu, \sigma^2) = exp(-(x-\mu)^2 /(2 \sigma^2))/ (2 \pi\sigma^2)^{(1/2)}$$

For normalfordelingen er normaliseringen nemmest at få via kompleks integration (så det springer vi over). Med gennemsnitlig nul og varians lig med én (figur C.2) får vi:

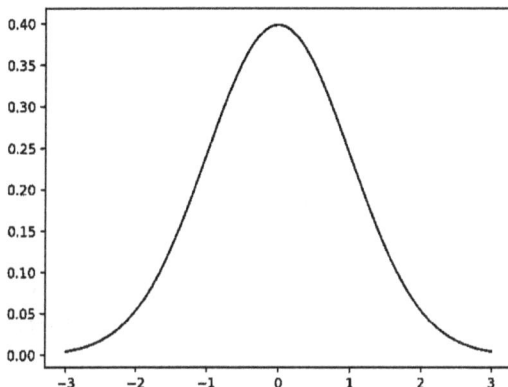

Figur C.2 Gaussfordelingen , aka Normal, vist med gennemsnitlig nul og varians lig med 1: $N_x (\mu, \sigma^2) = N_x (0,1)$.

C.3. Martingales

Dette afsnit giver en definition af Martingale-processer og viser, hvor mange velkendte processer der er Martingale. Når vi taler om ligevægt eller ergodicitet eller stationaritet, har vi normalt at gøre med matematiske objekter, der er martingaler. Egenskaberne ved ligevægt, en rettidig konvergens af et sæt af værdier i stabil tilstand, f.eks. en konvergens, er en fundamental egenskab ved martingaler, og deres hyppige optræden repræsenterer processer, der når frem til ligevægt. Konvergerende processer er grundlæggende for beskrivelser i statistisk mekanik ([44]) såvel som for situationer (med lignende matematik) inden for områderne statistisk læring og AI [24].

Martingale Definition[69]

En stokastisk proces $\{X_n ; n=0,1, \dots\}$ er martingal, hvis, for n=0,1, ...,

1. $E[|X_n|] < \infty$

213

$$\text{2.} \quad E[X_{n+1}|X_0, \ldots, X_n] = X_n$$

Def.: Lad $\{X_n; n=0,1, \ldots\}$ og $\{Y_n; n=0,1, \ldots\}$ være stokastiske

processer. Vi siger, at $\{X_n\}$ er martingal med hensyn til (wrt) $\{Y_n\}$ hvis,

for n=0,1, …:

1. $E[|X_n|] < \infty$

2. $E[X_{n+1}|Y0, \ldots, Y_n] = X_n$

Eksempler på Martingales:

       (a) Summe af uafhængige stokastiske variable: $X_n = Y_1 +$

       $\ldots + Y_n$.

       (b) Varians af en sum $X_n = \left(\sum_{k=1}^{n} Y_k\right)^2 - n\sigma^2$

       (c) Har fremkaldt Martingales med Markov Chains! ….

       (d) For HMM-læring er sekvenser af

       sandsynlighedsforhold martingale ….

Den asymptotiske ekvipartitionssætning (AEP) og Hoeffding- uligheder (kritisk i statistisk læring [24]) er begge blevet generaliseret til Martingales.

Fremkaldte Martingales med Markov-kæder[69]

Lad $\{Y_n; n=0,1, \ldots\}$ være en Markov Chain (MC) proces med

overgangssandsynlighedsmatrix $P=\|P_{ij}\|$. Lad f være en afgrænset højre

regulær sekvens for P:

$f(i)$ er ikke-negativ og $f(i) = \sum_{k=1}^{n} P_{ij}f(j)$. Lad $X_n = f(Y_n) \rightarrow E[|X_n|] <$

∞(da f er begrænset). Har nu:

$E[X_{n+1}|Y_0, \ldots, Y_n]$

$= E[f(Yn_{+1})|Y0, \ldots, Y_n]$

$= E[f(Y_{n+1})|Y_n]$ (på grund af MC)

$= \sum_{k=1}^{n} P_{Y_{n},j}f(j)$ (def. af $_{Pij}$ og f)

$= f(Y_n)$

$= X_n$

I HMM har læring sekvenser af sandsynlighedsforhold, som er en martingale, bevis:

Lad $Y_0, Y_1, \ldots$ være iid rv.s og lad f_0 og f_1 være sandsynlighedstæthedsfunktioner. En stokastisk proces af fundamental betydning i teorien om at teste statistiske hypoteser er rækkefølgen af sandsynlighedsforhold:

$$X_n = \frac{f_1(Y_0)f_1(Y_1)\ldots f_1(Yn)}{f_0(Y_0)f_0(Y_1)\ldots f_0(Yn)},\ n = 0,1, \ldots$$

Antag $f_0(y) > 0$ for alle y:

$$E[X_{n+1} \mid Yo,\ \ldots,\ Yn] = E[X_n \left(\frac{f_1(Y_{n+1})}{f_0(Y_{n+1})}\right) \mid Y_0,\ \ldots,\ Y_n] = X_n E[\frac{f_1(Y_{n+1})}{f_0(Y_{n+1})}]$$

Når den fælles fordeling af $Y_{k'erne}$ (brugt i 'E'-funktionen) har f_0 som sin sandsynlighedstæthed, har:

$$E[\frac{f_1(Y_{n+1})}{f_0(Y_{n+1})}] = 1$$

Så $E[X_{n+1} \mid Yo,\ \ldots,\ Yn] = X_n$

Så sandsynlighedsforhold er martingale, når den fælles fordeling er f_0.

Random Walk er Martingale [69, s. 238]
Har komponent-vist bevis for tilfældig gang for T_Em , både teoretisk og beregningsmæssigt for en række forskellige emanatorer i nul-krydsning analyse på Real komponent i [70]. Da tilfældig gang er Martingale (konvergens til middel=sqrt(N)) har Emanation-processen Martingale-processen. I [45] vil vi se, at der kan være en forenet udbredelsesteori afledt af valget af emanatorteori, hvor alle sådanne teorier er martingale. Der gives således et argument for, hvorfor QFT-projektionen af emanationsprocessen skal have processer, der også er martingale. Kvantemartingaler ville så forholde sig til de mere velkendte klassiske martingaler, herunder deres rolle i klassisk statistisk mekanik ([44]).

Supermartingales og Submartingales [69]
Lad $\{X_n ; n=0,1, \ldots\}$ og $\{Y_n ; n=0,1, \ldots\}$ være stokastiske processer. Så kaldes $\{X_n\}_{en}$ *supermartingale* med hensyn til $\{Y_n\}$ hvis, for alle n:

(i) $E[X_n^-] > -\infty$, hvor $x^- = \min\{x,0\}$

(ii) $E[Xn_{+1} \mid Y0,\ \ldots,\ _{Yn}] \le Xn$

(iii) X_n er en funktion af $(Y_0, \ldots, Y_n)$ (eksplicit på grund af ulighed i (ii))

Den stokastiske proces $\{X_n ; n=0,1, \ldots\}$ kaldes en *submartingale* mht $\{Y_n\}$ hvis, for alle n:

215

(i) $E[X_n^+] > -\infty$, hvor $x^+ = \max\{x,0\}$

(ii) $E[X_{n+1}|Y_0, \ldots, Y_n] \geq X_n$

(iii) X_n er en funktion af $(Y_0, \ldots, Y_n)$

Med Jensens ulighed for konveks funktion φ og betingede forventninger har:

$$E[\varphi(X)|Y_0, \ldots, Y_n] \geq \varphi(E[X|Y_0, \ldots, Y_n])$$

Så har midler til at konstruere submartingales fra martingaler (med supermartingales det samme bortset fra et tegn flip).

Martingale konvergenssætninger[69]

Under meget generelle forhold vil en martingal X_n konvergere til en grænse tilfældig variabel X, når n stiger.

Sætning

(a) Lad $\{X_n\}$ være en submartingale, der tilfredsstiller

$$\sup_{n \geq 0} E[|X_n|] < \infty$$

Så eksisterer der en rv X_∞, hvortil $\{X_n\}$ konvergerer med sandsynlighed en:

$$Prob\left(\lim_{n \to \infty} X_n = X_\infty\right) = 1$$

(b) Hvis $\{X_n\}$ er en martingal og er ensartet integrerbar, så konvergerer $\{X_n\}$ ud over ovenstående i middelværdien:

$$\lim_{n \to \infty} E[|X_n - X_\infty|] = 0$$

Og $E[X_\infty] = E[X_n]$, for alle n.

En sekvens er ensartet integral, hvis:

$$\lim_{c \to \infty} \sup_{n \geq 0} E[|X_n|I\{|X_n| > c\}] = 0$$

Hvor I er indikatorfunktionen: 1 hvis $|X_n| > c$, og 0 ellers.

'Maksimal' ulighed for Martingales[69]

Chebyshevs ulighed anvendt på en sekvens kan 'strammes' til en finere ulighed kendt som Kolmogorov-uligheden med hensyn til maksimum af sekvensen. Dette overføres til Martingales:

Lad $\{X_n ; n=0,1, \ldots\}$ være iid rvs med $E[X_i]=0 \forall$ i og $E[(X_i)^2 = \sigma^2 <$

∞. Definer $S_0 = 0$, $S_n = X_1 + \ldots + X_n$, for $n \geq 1$. Fra Chebyshevs ulighed:

$$\varepsilon^2 Prob(|S_n| > \varepsilon) \leq n\sigma^2, \quad \varepsilon > 0$$

216

En finere ulighed er mulig:

$$\varepsilon^2 Prob \left(\max_{0 \leq k \leq n} |S_n| > \varepsilon \right) \leq n\sigma^2, \ \varepsilon > 0$$

Kendt som Kolmogorov-uligheden, kan den generaliseres til at give en maksimal ulighed på submartingales :

Lemma 1 : Lad $\{X_n\}$ være en submartingale , for hvilken $X_n \geq 0$ for alle n. Så for enhver positiv λ:

$$\lambda \, Prob \left(\max_{0 \leq k \leq n} |X_k| > l \right) \leq E[X_n]$$

Lemma 2 : Lad $\{X_n\}$ være en ikke-negativ supermartingale så for enhver positiv λ:

$$\lambda \, Prob \left(\max_{0 \leq k \leq n} |X_k| > l \right) \leq E[X_0]$$

Mean-Square Convergence Theorem for Martingales[69]

Lad $\{X_n\}$ være en submartingale wrt $\{Y_n\}$, der opfylder, for en konstant k, $E[(X_n)^2] \leq k < \infty$, for alle n. Så konvergerer $\{X_n\}$ som n $\rightarrow \infty$ til en grænse rv X_∞ både med sandsynlighed en og i middelkvadrat:

$$Prob \left(\lim_{n \to \infty} X_n = X_\infty \right) = 1, \text{ og } \lim_{n \to \infty} E[|Xn - X_\infty|^2] = 0,$$

Hvor $E[X_\infty] = E[X_n] = E[X_0]$, for alle n.

Martingales mht. σfeltformalisme

Gennemgang af aksiomatisk sandsynlighedsteori, har tre grundlæggende elementer:

(1) Prøverummet, et sæt, Ω hvis elementer ω svarer til de mulige resultater af et eksperiment;

(2) Familien af elementer, en samling *F* af delmængder *A* af Ω (sigma-felterne). Vi siger, at hændelsen A opstår, hvis udfaldet ω af forsøget er et element i A;

(3) Sandsynlighedsmålet, en funktion P defineret på *F* og som opfylder:

(i) $0 = P[\varnothing] \leq P[A] \leq P[\Omega] = 1$ for $A \in F$

(ii) $P[A_1 \cup A_2] = P[A_1] + P[A_2] - P[A_1 \cap A_2]$ for $A_i \in F$

iii) $P [\cup_{n=1}^{\infty} A_n] = \sum_{n=1}^{\infty} P[An]$ hvis *Ai* $\in$ *F* er indbyrdes usammenhængende.

Derefter kaldes det tredobbelte (Ω, *F,* P) et sandsynlighedsrum.

Baglæns Martingale Definition (wrt sigma underfelter)

Lad $\{Z_n\}$ være rv'er på et sandsynlighedsrum (Ω, F, P) og lad $\{G_n;$ $n=0,1,\ldots\}$ være en aftagende sekvens af sub sigma-felter af F, dvs.

$$F \supset F_n \supset F_{n+1}, \text{ for alle n.}$$

kaldes $\{Z_{n\}}$ en baglæns martingal mht $\{G_n\}$ hvis for n=0,1, ...:

    (i) Z_n er G_n-målelig

    (ii) $E[|Z_n|] < \infty$, og

    (iii) $E[Z_{n} | G_{n+1}] < Z_{n+1}$

$\{Z_n\}$ er en baglæns martingal, hvis $X_n = Z_{-n}$, n=0,-1,-2,... danner en martingal wrt $F_n = G_{-n}$, n=0,-1,-2,...

Baglæns Martingale konvergenssætning

Lad $\{Z_n\}$ være en baglæns martingal med en faldende sekvens af sub sigma-felter $\{G_n\}$. Derefter:

$$Prob\left(\lim_{n\to\infty} Z_n = Z\right) = 1, \text{ og } \lim_{n\to\infty} E[|Z - Z_n|] = 0,$$

og $E[Z_n] = E[Z]$, for alle n.

Stærk lov om store tal bevis

Lad $\{X_n; n=1,2,\ldots\}$ være iid rvs med $E[|X_1|] < \infty$. Lad $\mu = E[X1_{]}$, $S0 = 0$, og $Sn = X1_{+}\ldots+Xn$, for $n \geq 1$. Lad Gn være sigmafeltet genereret af $\{Sn,$ $Sn_{+1},\ldots\}$. Vi kan udlede den stærke lov for store tal ud fra den observation, at $Z_n = S_n/n$ ($Z_0 = \mu$), danner en baglæns martingal wrt G_n. Har $E[|Z_n|]< \infty$ og Z_n er G_n-målbar ved konstruktion, så mangler bare relation (iii):

$S_n \equiv E[Sn | Sn_{]} = E[_{Sn} |_{Sn}, Sn_{+1},\ldots] = E[Sn | Gn_{]} = \sum_{k=1}^{n} E[X_k|G_n] = n\, E[X_k|G_n]$,

med den sidste lighed for $1 \leq k \leq n$, således:

$$Zn = Sn_{/}n = E[X_k|G_n]$$

Så $E[Z_{n\_1}|G_n] = (n-1)^{-1} E[Sn_{-1}|Gn_{]} = (n-1)^{-1} \sum_{k=1}^{n-1} E[X_k|G_n] = Z_{n\,}!!!$

Brug nu baglæns martingale konvergenssætning til at vise den stærke lov:

$$Prob\left(\lim_{n\to\infty} \frac{S_n}{n} = \mu\right) = 1$$

218

C.4. Stationære processer

En **stationær** proces er en stokastisk proces $\{X(t), t \in T\}$ med den egenskab, at for ethvert positivt heltal 'k' og eventuelle punkter $t_1, \ldots, t_k$ og h i T, den fælles fordeling af $\{X(t_1), \ldots X(t_k)\}$ er det samme som den fælles fordeling af $\{X(t_1 +h), \ldots X(t_k +h)\}$.

En ergodisk sætning giver betingelser, hvorunder et gennemsnit over tid

$$\overline{x_n} = \frac{1}{n}(x_1 + \cdots + xn)$$

af en stokastisk proces vil konvergere efterhånden som antallet n af observerede perioder bliver stort. Den stærke lov om store tal er en sådan ergodisk sætning.

Stationære processer giver en naturlig ramme for generalisering af loven om store tal, da middelværdien for sådanne processer er en konstant $m=E[X_n]$, uafhængig af tid. Ligesom der er stærke og svage love af stort antal, er der en række ergotiske sætninger...

Stærk Ergodisk Teorem [69]

Lad $\{X_n ; n=0,1, \ldots\}$ være en strengt stationær proces med en endelig middelværdi $m=E[X_n]$. Lade

$$\overline{X_n} = \frac{1}{n}(X_0 + \cdots + X_{n-1})$$

være prøvetidens gennemsnit. Derefter, med sandsynlighed en, konvergerer sekvensen $\{\overline{X_n}\}$ til en eller anden grænse rv angivet $\bar{X}$:

$$Prob\left(\lim_{n\to\infty} \overline{X_n} = \bar{X}\right) = 1, \text{ og } \lim_{n\to\infty} E[|\bar{X} - \overline{X_n}|] = 0,$$

og $E[\overline{X_n}] = E[\bar{X}] = m$.

Asymptotic Equipartition Property (AEP)

$$\lim_{n\to\infty}\left[-\frac{1}{n}\log p(X_0, \ldots, X_{n-1})\right] = H(\{X_n\})$$

Med sandsynlighed et, forudsat at $\{X_n\}$ er ergodisk.

Bevis: For $\{X_n\}$ en stationær ergodisk endelig Markov-kæde brugsrelation, der:

$$H(\{X_n\})= \lim_{k\to\infty} H(Xk|X_1, \ldots, X_{k-1}) \text{Eller } H(\{X_n\})=\lim_{l\to\infty}\frac{1}{l} H(X_1, \ldots, X_l)$$

$H(X_n|X_0, ..., X_{n-1}) = -\sum_{i,j} \pi(i)P_{ij} \, \log P_{ij}$, hvor $\pi(i)$er prior på X $_i$og

P_{ij}er overgangssandsynligheden for at gå fra X $_i$til X $_j$. Dermed

$H(\{X_n\}) = -\sum_{i,j} \pi(i)P_{ij} \, \log P_{ij}$, mens,

$-\frac{1}{n}\log p(X_0, ..., X_{n-1}) = \frac{1}{n} \sum_{i=0}^{n-2} W_i - \frac{1}{n}\log \pi(X_0)$, hvor$W_i =$

$-\log P_{i,i+1}$

Ergodisk sætning gælder:

$$\lim_{n\to\infty}\left[-\frac{1}{n}\log p(X_0, ..., X_{n-1})\right] = E[W_0] = -\sum_{i,j} \pi(i)P_{ij} \, \log P_{ij}$$

$$= H(\{X_n\})$$

Det generelle AEP-bevis bruger baglæns martingalkonvergenssætningen i stedet for den ergodiske sætning.

C.5. Summe af stokastiske variable
Hoeffdings ulighed
Hoeffdings ulighed giver en øvre grænse for sandsynligheden for, at summen af stokastiske variable afviger fra dens forventede værdi (Wassily Hoeffding , 1963 [71]). Det er generaliseret til martingalforskelle af Azuma [72] og til funktioner af stokastiske variable $\{X_n\}$ med afgrænsede forskelle (hvor funktion er empirisk middelværdi

af rækkefølgen af variable: $\bar{X} = \frac{1}{n}(X_1 + ... + X_n)$ genskaber specialtilfældet af Hoeffding).

Minde om:

Lad X $_1$,...,Xn $_{være}$ uafhængige stokastiske variable. Antag, at X $_i$er næsten sikkert afgrænset: $P(X_i \in [a_i, b_i]) = 1$. Definer det empiriske gennemsnit af sekvensen af variable som:

$$\bar{X} = \frac{1}{n}(X_1 + ... + X_n)$$

Hoeffding (1963) beviser følgende:

$$P(\bar{X} - E[\bar{X}] \geq k) \leq \exp\left(-\frac{2n^2 k^2}{\sum_{i=1}^{n}(b_i - a_i)^2}\right)$$

$$P(|\bar{X} - E[\bar{X}]| \geq k) \leq 2\exp\left(-\frac{2n^2 k^2}{\sum_{i=1}^{n}(b_i - ai)^2}\right)$$

For hvert X næsten sikkert afgrænset har en anden relation, hvis $E(X) = 0$ kendt som Hoeffding Lemma:

$$E[e^{\lambda X}] \leq \exp\left(\frac{\lambda^2 (b-a)^2}{8}\right)$$

Beviset begynder med at vise Lemmaet som den svære del.......

Hoeffding Lemma Bevis

Da $e^{\lambda X}$ det er en konveks funktion, har vi

$$e^{\lambda X} \le \frac{b-X}{b-a} e^{\lambda a} + \frac{X-a}{b-a} e^{\lambda b}, \forall a \le x \le b$$

Så,

$E[\,e^{\lambda X}] \le E\left[\frac{b-X}{b-a} e^{\lambda a} + \frac{X-a}{b-a} e^{\lambda b}\right] = \frac{b}{b-a} e^{\lambda a} + \frac{-a}{b-a} e^{\lambda b}$ (sidste er siden $E[X]=0$)

Konveksitetsmetoden involverer en linjeinterpolation, lad os skifte til disse parametre med

p = -a/(ba), og indfør hp = -a λ (så har h = λ(ba)):

$$\frac{b}{b-a} e^{\lambda a} + \frac{-a}{b-a} e^{\lambda b} = e^{\lambda a}[1\text{-}p + p\, e^{\lambda(b-a)}] = e^{-hp}[1\text{-}p + p\, e^h]$$

$E[\,e^{\lambda X}] \le e^{L(h)}$ hvor L(h) = -hp + ln(1-p+p e^h) →L(0) = 0.

L '(h) = -p + p e^h/(1-p+p e^h) →L '(0) = 0.

L ''(h) = p(1-p)e^h →L ''(0) = p(1-p).

L $^{(n)}$(h) = p(1-p) e^h> 0

Brug af Taylor-serien til L(h):

L(h) = L(0) + hL '(0) + $\frac{1}{2}$h^2 L ''(0) + (flere positive udtryk i højere orden i h)

L(h)$\le \frac{1}{2}$h^2 p(1-p)

Da vi har E[X]=0, har p=-a/(ba) er $\in$[0,1], så klassisk logistisk funktion, hvor den maksimale værdi af p(1-p) på området [0,1] er ¼ (når p=1/2), så:

L(h)$\le \frac{1}{8}$h^2 og E[$e^{\lambda X}$]$\le e^{\frac{1}{8}\lambda^2(b-a)^2}$

Hoeffding Ulighedsbevis (for yderligere detaljer, se [71])

Overvej Sum på iid X_i, hvor S_m = m $\bar{X}$ hvor $\bar{X}$ har m led i sit empiriske gennemsnit:

P(S_m-E[S_m] $\ge$ k)$\le e^{-tk}$E[$e^{t(S_m-E[S_m])}$] (Chernoff Bounding Technique)

= $\prod_{i=1}^{m} e^{-tk}$ E[$e^{t(X_i-E[X_i])}$]({X_n} er iid)

$\le \prod_{i=1}^{m} e^{-tk} e^{\frac{1}{8}t^2(b_i-a_i)^2}$ (Hoeffding Lemma)

$= e^{-tk} e^{\frac{1}{8}t^2 \sum_{i=1}^{m}(b_i-a_i)^2}$

Har f(t) = - tk + $\frac{1}{8}t^2 \sum_{i=1}^{m}(b_i - a_i)^2$; Vælg t=4k/$\sum_{i=1}^{m}(b_i - a_i)^2$ for at minimere den øvre grænse for at få:

$$P(\ S_m\text{-}E[\ S_m]\ \geq k)\leq e^{-2k^2/\sum_{i=1}^{m}(b_i-a_i)^2}$$
$$P(\ \bar{X}\text{-}E[\ \bar{X}]\ \geq k)\leq e^{-2m^2k^2/\sum_{i=1}^{m}(b_i-a_i)^2}$$

(C-8)

Chernoff Bounding Teknik:

$P[X \geq k] = P[e^{tX} \geq e^{tk}]\leq e^{-tk}E[\ e^{tX}]$ (Chernoff bruger Markov Ulighed til sidst).

(C-9)

Referencer

[1] Newton, Isaac. " Philosophiæ Naturalis Principia Mathematica. 5. juli 1687 (tre bind på latin). Engelsk version: "The Mathematical Principles of Natural Philosophy", Encyclopædia Britannica, London. (1687).

[2] Leibniz, Gottfried Wilhelm Freiherr von; Gerhardt, Carl Immanuel (oversættelse) (1920). De tidlige matematiske manuskripter af Leibniz. Open Court Publishing. s. 93. Hentet 10. november 2013..

[3] Dirk Jan Struik , A Source Book in Mathematics (1969) s. 282–28.

[4] Leibniz, Gottfried Wilhelm. Supplementum geometriae dimensoriae , seu generalissima omnium tetragonismorum effectio per motum : simuleret multiplex konstruktion lineae ex data tangentium conditione , Acta Euriditorum (sep. 1693) s. 385–392.

[5] Euler, Leonhard. Mechanica sive motus scientia analyse exposita ; 1736.

[6] Laplace, PS (1774), " Mémoires de Mathématique et de Physique, Tome Sixième " [Memoir om sandsynligheden for årsager til begivenheder.], Statistical Science, 1 (3): 366–367.

[7] D'Alembert, Jean Le Rond (1743). Traité de dynamiske .

[8] Lagrange, JL, Mécanique analytique , bind. 1 (1788), bind. 2 (1789). Udvidet genudgivet Vol. 1 1811 og Bd. 2 1815.

[9] Lagrange, JL (1997). Analytisk mekanik. Vol. 1 (2. udgave). Engelsk oversættelse af 1811-udgaven.

[10] William R. Hamilton. Om en generel metode i dynamik; hvorved Studiet af Bevægelserne af alle frie Systemer til at tiltrække eller frastøde Points reduceres til Søgning og Differentiering af en central Relation eller karakteristisk Funktion. Philosophical Transactions of the Royal Society (del II for 1834, s. 247-308).

[11] William R. Hamilton. Andet essay om en generel metode i dynamik'. Dette blev offentliggjort i The Philosophical Transactions of the Royal Society (del I for 1835, s. 95-144).

[12] Hamilton, W. (1833). "Om en generel metode til at udtrykke lysets og planeternes veje ved hjælp af koefficienterne for en karakteristisk funktion" (PDF). Dublin University Review: 795–826.

[13] Hamilton, W. (1834). "Om anvendelsen på dynamik af en generel matematisk metode, der tidligere er anvendt på optik" (PDF). British Association Report: 513-518.

[14] WR Hamilton (1844 til 1850) Om kvaternioner eller et nyt system af imaginære i algebra, Philosophical Magazine,

[15] Simon L. Altmann (1989). "Hamilton, Rodrigues og quaternion-skandalen". Matematik Magasinet. Vol. 62, nr. 5. s. 291–308.

[16] Werner Heisenberg (1925). " Ober kvanteteoretiske Umdeutung kinematiske og mekanikere Beziehungen ". Zeitschrift für Physik (på tysk). 33 (1): 879–893. ("Kvanteoretisk genfortolkning af kinematiske og mekaniske relationer")

[17] Schrödinger, E. (1926). "En bølgende teori om atomers og molekylers mekanik" (PDF). Fysisk gennemgang. 28 (6): 1049-1070.

[18] Dirac, Paul Adrien Maurice (1930). Kvantemekanikkens principper. Oxford: Clarendon Press.

[19] Feigenbaum, MJ (1976). "Universalitet i kompleks diskret dynamik" (PDF). Los Alamos Teoretical Division Årsrapport 1975–1976.

[20] Morse, Marston (1934). Variationsregningen i det store. American Mathematical Society Colloquium Publication. Vol. 18. New York.

[21] Milnor, John (1963). Morse teori. Princeton University Press. ISBN 0-691-08008-9.

[22] Fizeau, H. (1851). "Sur les hypothèses slægtninge à l'éther lumineux ". Comptes Rendus. 33: 349–355.

[23] Shankland, RS (1963). "Samtaler med Albert Einstein". American Journal of Physics. 31 (1): 47–57.

[24] Winters-Hilt, S. Informatik og maskinlæring: fra Martingales til metaheuristik. (2021) Wiley.

[25] Goldstein, Herbert (1980). Klassisk mekanik (2. udg.). Addison-Wesley.

[26] Neother , E. (1918). " Invariante Variationsproblem ". Nachrichten von der Gesellschaft der Wissenschaften zu Göttingen.Mathematic-Physikalische Klasse.1918: 235-257.

[27] Landau, Lev D.; Lifshitz, Evgeny M. (1969). Mekanik. Vol. 1 (2. udgave). Pergamon Press.

[28] Percival, IC og D. Richards. Introduktion til dynamik. (1983) Cambridge University Press.

[29] Fetter, AL og JD Walecka, Theoretical Mechanics of Particles and Continua, Dover (2003).

[30] Kapitza , PL "Dynamisk stabilitet af pendulet med vibrerende ophængningspunkt," Sov. Phys. JETP 21 (5), 588-597 (1951) (på russisk).

[31] Lyapunov, AM Det generelle problem med bevægelsesstabilitet. 1892. Kharkiv Matematisk Selskab, Kharkiv, 251s. (på russisk).

[32] Arnold, VI Ordinære differentialligninger. MIT Press. (1978).

[33] Longair , MS Teoretiske begreber i fysik: et alternativt syn på teoretisk ræsonnement i fysik. Cambridge University Press. 2. udgave: 2003.

[34] Baker, GL og J. Gollub. Kaorisk dynamik: en introduktion. Cambridge University Press. 1990.

[35] Mandelbrot, Benoît (1982). Naturens fraktale geometri. WH Freeman & Co.

[36] PJ Myrberg . Iteration der rellen Polynom zweiten Karakterer. III, Annales Acad. Sci Fenn A, U 336 (1963) nr. 3, 1-18, MR 27.

[37] Arnold, Vladimir I. (1989). Matematiske metoder for klassisk mekanik (2. udgave). New York: Springer.

[38] Woodhouse, NMJ Introduktion til analytisk dynamik. Springer, 2. udgave . 2009.

[39] Bender, CM og SA Orszag. Avancerede matematiske metoder for videnskabsmænd og ingeniører: Asymptotiske metoder og forstyrrelsesteori. Springer. 1999.

[40] Winters-Hilt, S. The Dynamics of Fields, Fluids, and Gauges. (Physics Series: " Physics from Maximal Information Emanation" Bog 2.)

[41] Winters-Hilt, S. The Dynamics of Manifolds. (Physics Series: " Physics from Maximal Information Emanation" Bog 3.)

[42] Winters-Hilt, S. Kvantemekanik, stiintegraler og algebraisk virkelighed. (Physics Series: " Physics from Maximal Information Emanation" Bog 4.)

[43] Winters-Hilt, S. Kvantefeltteori og standardmodellen. (Physics Series: " Physics from Maximal Information Emanation" Bog 5.)

[44] Winters-Hilt, S. Thermal & Statistical Mechanics, and Black Hole Thermodynamics. (Physics Series: " Physics from Maximal Information Emanation" Bog 6.)

[45] Winters-Hilt, S. Emanation, Emergence og Eucatastrophe. (Physics Series: " Physics from Maximal Information Emanation" Bog 7.)

[46] Winters-Hilt, S. Klassisk mekanik og kaos. (Physics Series: " Physics from Maximal Information Emanation" Bog 1.)

[47] Winters-Hilt, S. Dataanalyse, bioinformatik og maskinlæring. 2019.

[48] Feynman, RP og AR Hibbs. Kvantemekanik og stiintegraler. McGraw-Hill College. 1965.

[49] Landau, LD; Lifshitz, EM (1935). "Teori om spredningen af magnetisk permeabilitet i ferromagnetiske legemer". Phys. Z. Sowjetunion . 8, 153.

[50] Landau, Lev D.; Lifshitz, Evgeny M. (1980). Statistisk fysik. Vol. 5 (3. udgave). Butterworth-Heinemann.

[51] Braginskii , VB Måling af svage kræfter i fysikforsøg. (1977). University of Chicago Press.

[52] Drever, RWP; Hall, JL; Kowalski, FV; Hough, J.; Ford, GM; Munley, AJ; Ward, H. (juni 1983). "Laserfase- og frekvensstabilisering

ved hjælp af en optisk resonator" (PDF). Anvendt fysik B. 31 (2): 97–105.

[53] Bunimovich , VI Fluktuationsprocesser i radiomodtagere . Gostekhizdat , USSR. 1950.

[54] Stratonovich , RL Udvalgte problemer i teorien om fluktuationer i radioteknologi. Sovjetisk radio, USSR.

[55] Papoulis, Athanasios; Pillai, S. Unnikrishna (2002). Sandsynlighed, tilfældige variable og stokastiske processer (4. udgave). Boston: McGraw Hill.

[56] Reed, M, og Simon, B. Metoder for moderne matematisk fysik. III. Spredningsteori. Elsevier, 1979.

[57] Rutherford, E. (1911). "LXXIX. Spredningen af α- og β-partikler af stof og atomets struktur". London, Edinburgh og Dublin Philosophical Magazine og Journal of Science. 21 (125): 669-688.

[58] Sommerfeld, Arnold (1916). "Zur Quantentheorie der Spektrallinien ". Annalen der Physik . 4 (51): 51-52.

[59] Hibbeler, R. Engineering Mechanics: Dynamics. 14. Udgave. 2015.

[60] Hibbeler, R. Engineering Mechanics: Statics and Dynamics. 14. Udgave. 2015.

[61] Layek , GC En introduktion til dynamiske systemer og kaos 1. udg. 2015. Springer.

[62] Citroner, DS En elevvejledning til dimensionsanalyse. Cambridge University Press. 1. udgave: 2017.

[63] Langhaar , HL Dimensional Analysis and Theory of Models, Wiley 1951.

[64] Feynman, RP (1948). Den fysiske lovs karakter. MIT Press (1967).

[65] Ince, EL Almindelige differentialligninger. Dover 1956.

[66] Abromowitz , M. og IA Stegun . Håndbog i matematiske funktioner. Dover 1965.

[67] Fuchs, LI Om teorien om lineære differentialligninger med variable koefficienter. 1866.

[68] Jaynes, ET Sandsynlighedsteori: Videnskabens logik . Cambridge University Press, (2003).

[69] Karlin, S. og HM Taylor. Et første kursus i stokastiske processer 2. udg . Akademisk presse. 1975.

[70] Winters-Hilt, S. Unified Propagator Theory og en ikke-eksperimentel udledning for finstrukturkonstanten. Advanced Studies in Theoretical Physics, Vol. 12, 2018, nr. 5, 243-255.

[71] Wassily Hoeffding (1963) Sandsynlighedsuligheder for summer af afgrænsede stokastiske variable, *Journal of the American Statistical Association* , 58 (301), 13-30.

[72] Azuma, K. (1967). "Vægtede summer af visse afhængige tilfældige variabler" (PDF). *Tôhoku Matematisk Journal* . **19** (3): 357-367.

[73] Compton, Arthur H. (maj 1923). "En kvanteteori om spredning af røntgenstråler af lette elementer". Fysisk gennemgang . 21 (5): 483-502.

[74] Mason og Woodhouse. "Relativitet og elektromagnetisme" (PDF). Hentet 20. februar 2021.

[75] Merzbach, Uta C. ; Boyer, Carl B. (2011), *A History of Mathematics* (3. udgave), John Wiley & Sons.

[76] Robinson, Abraham (1963), Introduktion til modelteori og til algebras metamatematik, Amsterdam: North-Holland, ISBN 978-0-7204-2222-1, MR 0153570

[77] Robinson, Abraham (1966), Ikke-standardanalyse, Princeton Landmarks in Mathematics (2. udgave), Princeton University Press, ISBN 978-0-691-04490-3, MR 0205854

[78] RD Richtmyer (1978), *Principles of Advanced Mathematical Physics* Vol. 1 & 2, Springer-Verlag, New York.

[79] Tufillaro , N., T. Abbott og D. Griffiths. Svingende Atwoods maskine. American Journal of Physics, 52, 895-903, 1984.

[80] https://en.wikipedia.org/wiki/Logistic_map

[81] Winters-Hilt S. Emner i kvantetyngdekraft og kvantefeltteori i buet rumtid. UWM PhD-afhandling, 1997.

[82] Winters-Hilt S, IH Redmount og L. Parker, "Fysisk skelnen mellem alternative vakuumtilstande i flade rumtidsgeometrier," Phys. Rev. D 60, 124017 (1999).

[83] Friedman JL, J. Louko og S. Winters-Hilt, "Reduced Phase space formalism for sfærisk symmetrisk geometri med en massiv støvskal," Phys. Rev. D 56, 7674-7691 (1997).

[84] Louko J og S. Winters-Hilt, "Hamiltonsk termodynamik af Reissner-Nordstrom-anti de Sitter sorte hul," Phys. Rev. D 54, 2647-2663 (1996).

[85] Louko J, JZ Simon og S. Winters-Hilt, "Hamiltonian thermodynamics of a Lovelock black hole," Phys. Rev. D 55, 3525-3535 (1997).

[86] Amari, S. og H. Nagaoka. Metoder til informationsgeometri. Oxford University Press. 2000.

[87] Winters-Hilt, S. Feynman-Cayley-stiintegraler vælger chirale bi-sedenioner med 10-dimensionel rum-tid-udbredelse. Advanced Studies in Theoretical Physics, Vol. 9, 2015, nr. 14, 667-683.

[88] Winters-Hilt, S. Virkelighedens 22 bogstaver: chirale bisedenion-egenskaber for maksimal informationsudbredelse. Advanced Studies in Theoretical Physics, Vol. 12, 2018, nr. 7, 301-318.

[89] Winters-Hilt, S. Fiat Numero : Trigintaduonion-emanationsteori og dens relation til finstrukturkonstanten α, Feigenbaum-konstanten C $_\infty$og π. Advanced Studies in Theoretical Physics, Vol. 15, 2021, nr. 2, 71-98.

[90] Winters-Hilt, S. Chiral Trigintaduonion-emanation fører til standardmodellen for partikelfysik og til kvantestof. Advanced Studies in Theoretical Physics, Vol. 16, 2022, nr. 3, 83-113.

[91] Robert L. Devaney. En introduktion til kaotiske dynamiske systemer. Addison -Wesley.

[92] Landau, Lev D. ; Lifshitz, Evgeny M. (1971). *Den klassiske teori om felter* . Vol. 2 (3. udgave). Pergamon Press .

[93] Penrose, Roger (1965), "Gravitationssammenbrud og rum-tids-singulariteter", Phys. Rev. Lett., 14 (3): 57.

[94] Hawking, Stephen & Ellis, GFR (1973). Rumtidens struktur i stor skala. Cambridge: Cambridge University Press.

[95] Peebles, PJE (1980). Universets struktur i stor skala. Princeton University Press.

[96] B. Abi et al. Måling af det positive muon anomale magnetiske moment til 0,46 ppm
Phys. Rev. Lett. 126, 141801 (2021).

[97] Einstein, A. "På et heuristisk synspunkt vedrørende produktion og transformation af lys" (Ann. Phys., Lpz 17 132-148)

[98] Balmer, JJ (1885). " Meddel über die Spectrallinien des Wasserstoffs " [Note om brints spektrallinjer]. Annalen der Physik und Chemie . 3. serie (på tysk). 25: 80–87.

[99] Bohr, N. (juli 1913). "I. Om opbygningen af atomer og molekyler". London, Edinburgh og Dublin Philosophical Magazine og Journal of Science. 26 (151): 1-25. doi:10.1080/14786441308634955.

[100] Bohr, N. (september 1913). "XXXVII. Om opbygningen af atomer og molekyler". London, Edinburgh og Dublin Philosophical Magazine og Journal of Science. 26 (153): 476-502. Bibcode:1913PMag...26..476B. doi:10.1080/14786441308634993.

[101] Bohr, N. (1. november 1913). "LXXIII. Om opbygningen af atomer og molekyler". London, Edinburgh og Dublin Philosophical Magazine og Journal of Science. 26 (155): 857-875. doi:10.1080/14786441308635031.

[102] Bohr, N. (oktober 1913). "Spektraet for helium og brint". Natur. 92 (2295): 231-232.

[103] Max Planck. Om loven om fordeling af energi i det normale spektrum. Annalen der Physik vol. 4, s. 553 ff (1901)

[104] Arthur H. Compton. Sekundær stråling produceret af røntgenstråler. Bulletin for Det Nationale Forskningsråd., Nr. 20 (v. 4, pkt. 2) okt. 1922.

[105] Davisson, CJ; Germer, LH (1928). "Refleksion af elektroner af en krystal af nikkel". Proceedings of the National Academy of Sciences of the United States of America. 14 (4): 317-322.

[106] Michael Eckert. Hvordan Sommerfeld udvidede Bohrs model af atomet (1913-1916). The European Physical Journal H.

[107] Max Born; J. Robert Oppenheimer (1927). "Zur Quantentheorie der Molekeln " [Om kvanteteorien om molekyler]. Annalen der Physik (på tysk). 389 (20): 457-484.

[108] Dirac, PAM (1928). "Electronens kvanteteori" (PDF). Proceedings of the Royal Society A: Mathematical, Physical and Engineering Sciences. 117 (778): 610-624.

[109] Dirac, Paul AM (1933). "The Lagrangian in Quantum Mechanics" (PDF). Fysikaliske Zeitschrift der Sowjetunion . 3: 64-72.

[110] Feynman, Richard P. (1942). Princippet om mindste handling i kvantemekanik (PDF) (PhD). Princeton University.

[111] Feynman, Richard P. (1948). "Rum-tid tilgang til ikke-relativistisk kvantemekanik". Anmeldelser af moderne fysik. 20 (2): 367-387.

[112] Erdeyli , A. Asymptotiske udvidelser. 1956 Dover.

[113] Erdeyli , A. Asymptotiske udvidelser af differentialligninger med vendepunkter. Gennemgang af litteraturen. Teknisk rapport 1, kontrakt Nonr-220(11). Referencenummer. NR 043-121. Institut for Matematik, California Institute of Technology, 1953.

[114] Carrier, GF, M. Crook og CE Pearson. Funktioner af en kompleks variabel. 1983 Hod Books.

[115] Van Vleck, JH (1928). "Kortsvarsprincippet i den statistiske fortolkning af kvantemekanik". Proceedings of the National Academy of Sciences of the United States of America. 14 (2): 178-188.

[116] Chaichian , M.; Demichev , AP (2001). "Introduktion". Stiintegraler i fysik bind 1: Stokastisk proces og kvantemekanik. Taylor og Francis. s. 1ff. ISBN 978-0-7503-0801-4.

[117] Vinokur, VM (2015-02-27). "Dynamisk Vortex Mott Transition"

[118] Hawking, SW (1974-03-01). Sorte huls eksplosioner? Natur. 248 (5443): 30-31.

[119] Birrell, ND og Davies, PCW (1982) Quantum Fields in Curved Space. Cambridge monografier om matematisk fysik. Cambridge University Press, Cambridge.

[120] Maldacena, Juan (1998). "Den store N-grænse for superkonforme feltteorier og supergravitation". Fremskridt i teoretisk og matematisk fysik. 2 (4): 231-252.

[121] Witten, Edward (1998). "Anti-de Sitter rum og holografi". Fremskridt i teoretisk og matematisk fysik. 2 (2): 253-291.

[122] Caves, Carlton M.; Fuchs, Christopher A.; Schack, Ruediger (2002-08-20). "Ukendte kvantetilstande: quantum de Finetti- repræsentationen". Tidsskrift for matematisk fysik. 43 (9): 4537-4559.

[123] Jackson, JD Classical Electrodynamics, 2. udgave. Wiley 1975.

[124] Lorentz, Hendrik Antoon (1899), "Simplified Theory of Electrical and Optical Phenomena in Moving Systems" , *Proceedings of the Royal Netherlands Academy of Arts and Sciences* , **1** : 427–442.

[125] Misner, Charles W., Thorne, KS, & Wheeler, JA Gravitation. Princeton University Press, 2017. ISBN: 9780691177793.

[126] Penrose, R., W. Rindler (1984) Bind 1: Two-Spinor Calculus and Relativistic Fields, Cambridge University Press, Storbritannien.

[127] Tolkien, JRR (1990). *Monstrene og kritikerne og andre essays* . London: HarperCollins Publishers .

Indeks

D

243

S

www.ingramcontent.com/pod-product-compliance
Lightning Source LLC
Chambersburg PA
CBHW050456190326
41458CB00005B/1303